모든 움직이는 것들의 과학

모든 움직이는 것들의 과학

한근우 지음

사과나무

모든 움직이는 것들의 과학

초판 1쇄 발행 2018년 10월 22일

지은이 한근우
펴낸곳 도서출판 사과나무
펴낸이 권정자
등록번호 1996년 9월 30일(제11-123)
주소 경기도 고양시 덕양구 충장로 123번길 26, 301-1208
전화 (031) 978-3436
팩스 (031) 978-2835
이메일 bookpd@hanmail.net
블로그 http://blog.naver.com/giruhan
트위터 @saganamubook

값 15,000원
ISBN 978-89-6726-030-9 03400

이 도서는 2018년 경기도 우수 출판콘텐츠 제작지원사업 선정작입니다.

이 도서의 국립중앙도서관 출판시도서목록(CIP)은 서지정보유통지원시스템 홈페이지(http://seoji.nl.go.kr)와 국가자료공동목록시스템(http://www.nl.go.kr/kolisnet)에서 이용하실 수 있습니다.(CIP제어번호: CIP2018028598)

어느 날 타임머신이 발명된다면
1991년으로 날아가
한창 잘 나가던 삼십 대의 우리 아버지를 만나
이 말만은 전할 거야.
아버지 육년 후에 우리나라 망해요.
사업만 너무 열심히 하지 마요.

– 강백수 노래, '타임머신'

• 머리말 •

과학기술은 세상을 어떻게 진보시켰나?

"인류의 역사는 곧 도구(기술)의 역사다."

약 138억 년 전, 빅뱅이라는 대폭발로 인해 우주가 탄생되었고, 무수한 행성 가운데 지금 우리가 살아 숨 쉬는 지구도 존재하게 되었다. 초기 인류만 해도 지구상에서 자연계 먹이사슬의 끝자리에 위치하곤 했다. 그러나 수백만 년에 걸쳐 신체적·지적 능력이 진화하면서 우리 조상들은 나날이 자연에 적응해 갔다. 지능 향상과 함께 도구 제작 기술도 발전했고, 그렇게 제작된 것은 사냥 도구로 유용하게 사용되었다. 그 덕분에 인류는 단숨에 먹이사슬의 최상단 지위로 뛰어 올랐다.

발명하는 인간, 호모 인벤티쿠스

고등 생명체를 구분하는 데 있어서 도구의 사용 여부로 판단 기준을 삼기도 한다. 원시적 도구인 돌멩이나 나뭇가지 등을 이용하기 위해서는 그것을 쥘 수 있는 신체 기관이 발달되어야 하고, 더불어 그 도구를 적절히 사용하기 위한 지능도 필요하다. 지구상에서 도구를 이용하는 것은 인간뿐만이 아니다. 침팬지, 고릴라, 보노보 등과 같은 유인원들도 도구를 능숙하게 다룬다. 바다 생물 중에는 문어가 높은 지능을 갖고 있다고 한다. 문어는 나름 도구를 이용할 줄 알고 생존을 위해 코코넛 껍질을 은신처로 사용하기도 한다. 하지만 이들 생명체들의 도구 사용은 단순함 그 이상을 뛰어넘기는 어려워 보인다.

지구상 도처에는 도구로 사용할 만한 재료들이 널려 있지만 인간을 제외한 아무리 지능이 뛰어난 생물이라 할지라도 흔한 재료들로 무언가를 만들거나 가공하는 일 없이 단순한 용도로만 사용한다. 딱 거기까지다.

하지만 인간은 그러한 재료들을 단순히 사용하는 데 그치지 않고 상황과 용도에 맞게 가공해냈다. 종전에는 없었던 기술(technology)과 도구를 만들어낸 것이다. 즉 인류는 발명(invention)이라는 행위를 등에 업고 발전에 발전을 거듭하여 여기까지 온 것이다.

발명의 역사는 인류의 역사만큼이나 길다. 인류가 삶을 영위하는 동안만큼은 그들 주변에서 갖가지 도구들이 발명되고 사라지는 과정이 반복되었다. 이렇게 해서 탄생된 발명품 중에는 수만 년 전 무명의 발명가가 만든 수레바퀴처럼 우리 생활 깊숙이 자리잡은 것들도 많다. 그 옛날 등장한 발명품들은 인간의 근육을 최소화해서 무거운 짐을 쉽고 빠르게, 그리고 멀리 옮기는 등 일상적인 일을 보조하기 위한 발명이었다. 이렇듯 발명은 단순한 형태의 수레바퀴에서부터 뗏목, 돛단배, 증기기관, 자동차, 항공기, 인공위성, 우주로켓, 로봇, 항성 간 우주탐사선에 이르기까지 다양한 형태로 진화해 갔다.

사람은 떠나도 발명품은 영원하다

"오늘은 내가 2년 반 동안 손꼽아 기다려왔던 날입니다. 살다 보면 획기적이고 혁신적인 제품이 우리 모두의 삶을 바꿔 놓습니다. 누구든 이런 혁신적인 제품을 하나라도 만들어낸다면 정말 운이 좋은 거지요."

11년 전 청바지에 검정 티셔츠 차림의 남자가 청중들 앞에서 무언가 특별한 물건을 소개했다. 그의 손에는 한 입 베어 문 사과 모양이 새겨진 자그마한 패널 하나가 들려 있었다.

이제 그를 다시는 볼 수 없지만 그가 남긴 제품은 지금도 여전히 지구촌 곳곳에서 뜨거운 변화를 일으키고 있다. 애플의 창립자 스티브 잡스(1955~2011)가 대중화를 일으켰던 스마트폰은 이제 우리의 손바닥에 껌딱지처럼 붙어 신체의 일부인 양 착각하게 만든다. 아침에 눈뜨면서부터 잠자리에 들 때까지(아니 잠도 함께 잔다!) 우리는 그(그녀)와 함께 밥도 먹고, 대화를 나누고, 보고 듣고 함께 잔다. 스마트폰은 어느 새 우리의 '반려 기계'가 되어 있었다.

우리는 흔히 기술의 발전과 함께 새롭게 등장한 발명품은 그 동안에는 없었던 물건이라고 생각하기 쉽다. 하지만 모든 발명품에는 꼬리에 꼬리를 물고 이어지는 혁신이라는 연결고리가 존재한다.

기원전 3500년경에 등장한 나무바퀴만 보더라도 인간의 근육으로 이동했던 수레에서 말이 끄는 마차, 증기기관, 내연기관 자동차, 전기자동차, 자율주행 자동차 등으로 이어졌다. 내연기관의 경우도 육지에서의 이동 수단용 기계동력 장치를 넘어 선박, 잠수함, 항공기, 로켓 등으로 계속해서 진화해가고 있다. 이처럼 한 분야에서 일어난 혁신이 완전히 다른 영역의 변화를 이끌어내는 과정을 '벌새효과'라고 한다. 식물의 진화에서 종의 개체수를 늘리기 위해 꽃가루와 꿀을 동시에 만들고, 그 꿀과 꽃가루를 차지하기 위해 벌새의 날개 구조가 진화되었다는 데에서 유래한 용어이다. 마찬가지로 발명과 기술의 발전에 있어서도 정확히 맞아떨어지는 이론이다.

〈모든 움직이는 것들의 과학〉이라고 제목을 붙인 이 책은 인류 문명의 발전이라는 큰 그림에서 선명하게 채색되었던 발명과 혁신의 흔적을 뒤좇는다. 인간이 처한 환경에서 가장 중요한 시공간, 즉 땅, 물, 하늘 그리고 미래, 이렇게 네 가지를 모티프로 하여 쓰여졌다.

전체적인 구성은 1부 '땅 위를 걷는 사람들', 2부 '물 위를 걷는 사람들', 3부 '하늘을 걷는 사람들', 4부 '미래를 걷는 사람들' 등 4개의 부이다. 각 파트는 시간 순으로 진행되며, 각 꼭지는 주제별로 나누어져 있다. 따라서 '움직이는 것들의 역사' 중 과거에서 시작해 이후의 발전을 거쳐 역사의 이정표가 되었던 내용들을 다룬다. 책의 앞부분은 과거 속으로 깊숙이 파고들지만, 후반에서는 현대를 조명하고 미래지향적인 발전 방향을 제시해 준다.

끝으로 이 책으로 인해 독자들이 기술과학 분야를 보다 재미있고 친근하게 느낄 수 있기를 바란다. 더불어 인간의 상상을 뛰어넘는 과학기술의 발전이 어디까지일까를 생각하며, 미래를 보는 시각을 기르는 데 도움이 되었으면 한다.

2018년 9월 저자

1부 땅 위를 걷는 사람들

陸

C·O·N·T·E·N·T·S

2부 물 위를 걷는 사람들 海

3부 하늘을 걷는 사람들

空

1부 — 땅 위를 걷는 사람들

陸

중력의 임무

몇 해 전 어느 날, 유치원생 아들과 공원에서 야구를 했다. 야구공을 주거니 받거니 하다가 그만 글로브 속에 들어가야 할 공이 아들 녀석 이마로 떨어지고 말았다. 순간 아이는 자지러지게 울기 시작했다. 다행히 큰 상처가 난 건 아니지만 크게 놀란 눈치였다. 나는 미안한 마음에 어쭙잖게 과학이론을 늘어놓기 시작했다.

"지구에는 말이야, 사람과 동물 그리고 모든 사물을 끌어당기는 힘이 있어. 너와 함께 놀던 공도 마찬가지야. 그러니 아빠를 미워하지 말고 지구를 미워해~."

말이 끝나기 무섭게 아이는 "중력! 나도 그런 것쯤은 알고 있다고. 뉴턴이나 아인슈타인도 알고 있다고! 끌어당기는 힘보다는 중력이라는 말이 더 멋지잖아." 아들은 '나도 이 정도 과학은 알고 있다'는 듯이 시크하게 말했다. 여전히 아픈 이마를 감싼 채.

사과의 낙하에서 영감을 얻은 뉴턴(Isaac Newton, 1642~1727)은 만유인력의 법칙(law of universal gravity)과 중력(gravity)을 발견했다. 오늘날 중력이란 단어는 그 원리를 정확히는 설명할 수 없을지라도 유치원생도 알 수 있을 만큼 일상적인 용어가 되었다. '중력'은 물리적인 체감 외에 대중문화의 소재로도 자주 등장한다. 몇 년 전 국내 유명 락밴드 넬(Nell)은 〈Holding Onto Gravity〉라는 제목의 노래를 발표했다. 제목에서 짐작할 수 있듯이 가사에는 중력이라는 단어가 빈번히 등장한다.

떨어지는 사과를 보고 뉴턴은 만유인력을 발견했다.

이상하리만치 걸음이 무겁지
공기의 무게가 느껴지는 것 같고
세상 그 모든 중력이 온통 내게만 머무는 것같이…

헤어진 연인에 대한 애틋함을 '중력'이라는 물리적 용어로 비유하고 있다. 이쯤 되면 도대체 헤어날 수 없는 힘 중력이 무엇이기에 우리를 구속하고 있는지 궁금해진다.

추락하는 것은 날개가 없다? 지구상에 존재하는 보통의 물체를 높은 곳에서 떨어뜨리면 곧바로 땅을 향해 돌진하게 된다. 예를 들어 하늘을 날던 드론이 땅으로 곤두박질치거나, 당신의 주머니 속 동전이나 지폐가 떨어져 누군가에게 횡재를 주기도 하다. 모두 같은 이치다. 단순히 물체가 낙하하는 위치의 높고 낮음의 문제가 아니다. 이렇게 끌어당기는 힘은 지구상에 존재하는 모든 물질끼리도 서로 끌어당기면서 일어난다. 이것이 그 유명한 '만유인력'이다. 뉴턴은 만

영화 '마션' 포스터

유인력의 법칙을 통해 중력을 정량적이고 수학적으로 설명할 수 있었다. 또한 지구상에서 발생한 자연현상과 우주의 신비를 풀어헤칠 중요한 단서가 중력을 통해 제공되기도 한다.

이렇듯 우리는 중력이라는 단어를 쉽게 입밖으로 말하기는 하지만 그 현상을 쉽게 인식하긴 어렵다. 감각이 예민한 사람이라면 놀이동산에서 타는 '자이로 드롭'을 통해 느낄 수 있다고 할 것이다. 아니면 매일같이 이용하는 엘리베이터 안에서도 중력을 느낄 수 있다고 할 것이다. 하지만 이런 환경에서 중력을 느끼는 건 너무나 짧은 '순간'이다. 중력의 신비를 느끼기에는 아쉬운 시간이다. 우주여행이 가능한 그날까지 마냥 기다리고만 있어야 하는 걸까? 아쉽지만 시각적으로나마 우리는 간접 체험을 할 수 있다. 바로 SF 영화를 통해서 말이다.

많은 SF 영화의 단골 소재 중 하나가 우주이다. '2001 스페이스 오디세이(2001: A Space Odyssey)', '스타트렉(Star Trek)', '마션(The Martian)' 등 우주를 배경으로 한 다양한 영화들이 있다. 이런 영화를 보면 그나마 중력의 신비로움을 잠시 느낄 수 있다.

중력을 잘 묘사한 영화 중에는 2013년에 개봉한 SF 영화 '그래비티(Gravity)'가 있다(평점 별 5개가 전혀 아깝지 않은 명작이다). 영화 속 배경은 지구에서 600킬로미터 상공 무중력 상태의 우주이다. 주인공 스톤 박사는 허블 우주망원경 수리를 위해 동료 매트와 함께 우주를 탐사하던 중 폭파된 인공위성 잔해와 부딪치는 사고를 겪게 된다. 이 사고로 매트는 우주 어디론가 사라져버리고, 겨우 목숨을 건진 스톤 박사는 우주 미아가 되어버린다. 하지만 모든 영화가 그렇듯 주인공 스톤 박사는 어찌어찌해서 지구로 귀환할 찬스를 잡는다.

영화의 마지막 장면은 스톤 박사 혼자 힘으로 간신히 지구로 귀환해 대지의 중력을 느끼며 흐느끼는 모습으로 끝을 맺는다. 영화는 '중력에 감사하는 마음', '평범한 일상이 곧 위대한 선물' 같은 중력의 중의적 의미를 느끼게 해준다.

지구에서 살아 숨쉬는 모든 생물들이 존재할 수 있는 이유도 바로 중력 때문이라고 할 수 있다. 중력은 지구상에 공기가 존재할 수 있도록 붙들어 두는 역할을 한다. 당연히 공기는 생물이 안락하게 살 수 있도록 지구 표면을 따뜻하게 유지해준다. 또한 우리가 매일같이 확인하는 날씨와도 관련이 있다. 차가운 공기와 더운 공기에 의한 지구의 대기 변화로 시시각각 날씨가 변한다. 이 역시 중력의 영향으로 발생된 자연현상이다.

거역할 수 없는 중력의 영향력은 지구 밖도 예외가 아니다. 지구 주위를 맴돌고 있는 달의 공전도 중력 덕분이다. 만약 중력이 없다면 달은 순식간에 지구 곁에서 멀리 날아가버렸을 것이다. 마찬가지로 태양은 어마무시한 질량을 가지고 있어서 태양 주변의 행성들을 사로잡아 태양계를 이루고 있다.

1
바퀴
움직이는 도구의 탄생

사람들은 왜 바퀴에 열광할까?

우리가 태어나서 처음으로 접하게 된 바퀴(wheel)는 '보행기'였다. 누워만 지내던 젖먹이에게 '보행기'는 걸음마를 익히는 기구이자 장난감이었다. 한동안 어른들의 보살핌(구속?) 안에서만 지내던 아이에게 보행기는 곧 자유의지(자유)를 발산하는 도구였을 것이다. 젖먹이 시절부터 우리는 회전하는 바퀴에 호감을 느끼고 성장해 간다(아기 때 사용했던 보행기는 거동이 불편해지는 노년이 되면 또 다시 한몸이 된다). 유아기의 동반자였던 '보행기'는 또 다른 형태의 바퀴로 우리와 인연을 이어간다.

화창한 주말. 공원을 산책하다 보면 가족 나들이 나온 사람들이 많다. 가벼운 산책을 하거나 잔디에 누워 한가롭게 책을 읽는 등 여유가 느껴지는 광경이다. 이런 여유로운 배경 속에 바람을 가르고 씽씽 달리는 기구들이 눈을 사로잡기도 한다. 인라인 스케이트, 자전거, 킥보드, 힐리스, 유모차 등 모양과 용도는 다르지만 모두 둥근 바퀴가 여럿 달려 있다. 이런 바퀴 달린 장치를 타고 있는 그들을 보면 어른이든 아이든 그 순간만은 새처럼 자유롭다.

사람들이 바퀴 달린 레포츠에 열광하는 이유는 뭘까?

자전거나 인라인 스케이트를 이용하면 두 발로 걷는 것보다 훨씬 빠르다. 적은 운동량을 투입해 멀리 빠르게 이동하는 게 가능해진다. 비록 SF 영화 '아이언맨'의 주인공 토니 스탁의 슈트까지는 아니더라도, 바퀴 달린 기구를 이용해 달리다 보면 자신의 신체 능력이 크게 향상됐다는 착각마저 든다. 주변에서 흔히 볼 수 있는 바퀴 하나만으로 인간의 물리적인 한계를 넘어설 수 있다면? 이것은 꽤 매력적인 유혹이다.

만약 생활 주변을 자유롭게 굴러다니는 바퀴가 없다면 우리는 어떻게 될까?

'인류를 바꾼 최고의 발명품들'을 키워드로 검색해 보면 공식적이든 비공식적이든 항상 바퀴가 1위를 차지한다. 대부분 사람들이 인류 역사에서 가장 중요한 물건으로 바퀴를 꼽는 것이다. 바퀴가 없었다면 지금처럼 발달한 문명도 없었을 것이다.

바퀴로 인해 다양한 형태의 이동 수단이 생겨났고, 이로써 사람들이 더 빨리, 더 멀리 이동하는 것이 가능해졌다. 그 결과 마을과 마을을 잇는 길이 생겨나고, 동시에 시장(market)이 형성되고 이후 거대한 도시가 건설된다. 바퀴가 사용된 이동 수단의 발달로 도로가 생겨나고, 도로는 도시와 도시를 연결하고 나아가 국가 간 무역에서도 중요한 역할을 하게 된다. 도로의 발달로 새로운 물건과 소식이 빠르게 퍼져 나가면서 인류 문명의 발달을 증폭시켰다.

바퀴의 탄생

고대의 이름 모를 한 발명가는 무거운 짐을 손쉽게 운반할 도구를 궁리한 끝에 수레바퀴를 발명해낸다. 바퀴가 등장하기 전에는 무거운 짐을 옮기는 일은 모조리 인간 근육의 몫이었다. 하지만 인간의 탄탄한 근육만으로는 무거운 짐을 감당하기에는 역부족이었고, 인류는 새로운 이동 수단을 필요로 했다.

이 발명품은 둥글고 기다란 나무막대(굴림대)를 흡사 썰매와 같은 판자 아래에 나란히 놓고 밀거나 당겨 이동시키는 것이다. 이렇게 하면 썰매와 땅 사이의 마찰력이 줄어드는 효과로 인해 무거운 짐을 쉽게 옮길 수 있다. 굴림대와 썰매가 조합된 이동 수단도 초창기에는 인간의 근육에 크게 의존했다. 오늘날 보다 빠르게 멀리 이동하는 이동 수단이 각광받듯이 고대 사람들도 마찬가지였다. 이를 위해 고대인들은 말, 소, 개, 코끼리 등의 가축을 키워 무거운 썰매를 끌도록 조련한다. 굴림대나 썰매를 이용해 이동의 마찰력을 크게 줄였던 인류는 대형 건축물에 도전해 결국 완성해냈다. 이집트의 '피라미드', 영국의 '스톤헨지'와 우리나라에서도 볼 수 있는 '고인돌'의 건설은 이러한 이동 수단이 없었다면 불가능했을 유적들이다.

고대의 이동 수단은 맨몸으로 짐을 옮기는 것보다 탁월한 효율을 보였다. 하지만 먼 거리 지역으로 큰 짐을 옮기기 위해선 쉴 새 없이 굴림대를 옮기고 또 옮겨야만 했다. 이런 운송 수단의 불편함으로 발명된 것이 바로 '바퀴(wheel)'이다. 그런데 바퀴가 처음 등장한 계기가 무거운 짐을 운반하기 위한 이동 수단이 아니었음이 학자들로부터 제기되었다.

처음 등장한 바퀴는 나무로 만들어진 형태가 아니라 흙으로 만들어졌으며, 용도는 도공이 사용하는 물레라는 것이다. 이후 우리가 흔히 연상하는 '탈것'의 모습으로 사용된 바퀴는 기원전 약 3500년 경 메소포타미아(오늘날 이라크) 지역에서 발견된다. 정확한 년도를 확인할 수 없지만 비슷한 시기에 고대문명의 발상지였던 중국이나 인도에서도 바퀴를 사용했던 것으로 보인다. 이후 바퀴는 유럽과 지구촌 곳곳으로 그 기술이 전파된다.

최초로 사용된 바퀴는 지름이 넓은 통나무로 만들어졌다. 제작된 통나무 바퀴는 단순히 통나무의 단면을 잘라낸 거친 형태였다. 때문에 바퀴 수명이 상당이 짧은 것이 흠이었다. 바퀴로 사용된 나무 결이 제각각이어서 쉽게 부러지거나 쪼개지기 일쑤였다. 이런 단점을 보완해 메소포타미아 지역에서는 발명된 바퀴들을 기반으로 개선책을 마련했다. 그 지역 발명가들은 여러 장의 널빤지를 서너 장씩 이어 붙이고, 둥그런 모양으로 깎아내 강도를 보강했다. 이전보다는 어느 정도 강도가 보강되었지만 근본적인 개선책은 아니었다. 그들은 더욱 강도 있는 바퀴를 만들어내기 위해 나무와 구리 따위로 테를 만들어 바퀴를 더욱 보강한다. 그 결과 바퀴의 강도가 이전보다 더욱 향상되었다.

향상된 바퀴의 등장: 바퀴살

무명의 바퀴 전문가들은 바퀴에 관한 연구를 계속하는 중에 바퀴의 강도는 끌어올리고 무게는 낮추는 것을 고민하게 된다. 속이 꽉 찬 형태의 기존 바퀴는 가공이 어렵다는 단점이 있어 이를 개선하는 방향으로 아이디어가 흘러갔던 것. 이런 고민 속에 등장한 형태가 바퀴살(spoke)이다.

초기의 바퀴살은 바퀴 중심을 기준으로 사이 사이에 구멍이 뚫려 있는 형태였다. 구멍과 구멍 사이에는 직선의 나무 살이 단단히 지지하는 구조였다. 원판의 바퀴 사이에 공간이 있었던 터라 가벼우면서 강도 있는 바퀴를 만들 수 있었다. 차츰 바퀴 구멍이 커졌고 서부 영화에 등장하는 역마차의 바퀴살과 유사한 형태로 발전한다. 바퀴살 형태의 바퀴는 기원전 2000년경부터 사용하게 된다.

그런데 흥미로운 사실은 기원전부터 발전을 거듭한 바퀴가 지구상 모든 문명에서 사용되었던 것은 아니라는 점이다. 특히 1492년 콜럼버스(1450~1506)가 발견한 신대륙 아메리카에서 찬란한 문명을 꽃피웠던 잉카, 아즈텍, 마야 등에서는 바퀴를 이용한 탈것이라는 개념이 없었다. 물론 그러한 문명에서도 바퀴를 도구로 사용했었다. 하지만 그곳에서 발견된 유물들을 보면 이동 수단이 아닌 장식용이나 장난감으로 사용되었다. 그들 문명에서는 16세기 전까지 바퀴가 나름의 용도로만 사용되었는데 바퀴의 발명으로 지구상 모든 인류에게 크나큰 문명의 혜택을 선사한 것은 아니라는 점이다.

고대 잉카, 아즈텍, 마야 등에서는 바퀴를 이용한 탈것이라는 개념이 없었다.

이런 의문에 학자들은 몇 가지 가설을 내세웠는데, 16세기 전까지만 해도 아메리카 대륙에서는 대형 척추동물이 없다는 것에 주목했다. 이는 야생말의 경우 기원전 1만 년쯤에 북미 원주민들에 의해 모두 멸종되었으며, 그나마 존재했던 들소도 길들이기 어려워 바퀴를 이용한 수레의 사용에 문제가 있었을 것이라는 가설을 내세운 것이다.

기원전 2000년 이후 사용된 '바퀴살이 달린 바퀴'는 이전에 사용된 바퀴들보다 구조적으로 좀더 복잡했다. 바퀴의 중심에는 바퀴통(hub)이라는 부품이 있고, 그 주위에 일정 간격을 두고 바퀴살이 배치되었다. 바퀴살과 조립된 허브는 바퀴 전체를 지탱하는 핵심 부품이었다. 새로운 구조의 이 바퀴는 회전할 때 지면과 직접 맞닿는 부분이 바퀴 테(felly)로 구성되었다. 초기에 발명된 '바퀴살 달린 바퀴'의 경우 바퀴 테가 단순히 나무 조각으로 만들어지다 보니 쉽게 파손되는 경우가 많았다. 좀더 강도 있는 바퀴 테 구조를 위해 기원전 200년경부터는 바퀴 테를 단단한 금속이 감싸는 형태로 발전했다. 그 결과 험한 대지를 이동할 때도 바퀴는 쉽게 파손되지 않았고 전쟁터에서도 거침없는 질주가 가능했다.

'바퀴살 달린 바퀴'의 발명은 가볍고 빠른 이동 수단의 대중화에 크게 일조하게 된다. 특히 절대 권력의 왕국 통치자들은 빠르고 가벼운 바퀴에 크게 흥미를 느꼈다. 그들은 왕국의 바퀴 발명가들에게 전쟁에 유리한 빠르고 가벼운 전차를 만들 것을 주문한다. 이후 발명된 전차는 핏빛 전장을 누비며 위협적인 존재임을 과시했다. 동시에 그 누구와도 맞설 수 없는 절대 권력 통치자의 권위를 한껏 내세울 수 있는 도구가 되었다.

바퀴와 축

대부분 바퀴의 한가운데에는 일정한 크기의 구멍이 존재하는데 그 사이에는 축(또는 봉)이 끼워져 있다. 구멍 사이에 위치한 축을 중심으로 바퀴는 자연스럽게 회전하는 구조가 된다. 바퀴와 연결된 축의 형태에 따라 다양하게 구분되는데, 윤축(wheelset), 독립차륜(independently rotation wheels), 캐스터(caster) 등이 있다. 윤축과 독립차륜은 기원전 4000년쯤 발명된 바퀴이며, 그에 비해 캐스터는 약 300년으로 역사가 짧다.

윤축은 2개의 바퀴가 축의 양쪽 끝에 고정된 구조이다. 바퀴와 연결된 두 바퀴가 일체형을 이루고 있어, 어느 한쪽이 회전하게 되면 양쪽 바퀴가 모두 회전한다.

독립차륜은 양쪽 바퀴가 축에 고정된 상태로 좌측과 우측 바퀴가 제각각 회전이 가능한 구조이다. 수천 년 동안 서서히 발전되어 온 윤축이나 독립차륜과 달리 캐스터는 비교적 짧은 역사를 가지고 있는데, 바퀴가 고정된 축 방향이 아닌 '수직축'과 '수평축'으로 자유롭게 움직인다. 이런 축의 특성 때문에 캐스터가 사용된 이동수단은 좁은 공간에서도 전후좌우 이동에 어려움이 없었다. 이 3가지 형태의 바퀴들은 각기 독특한 개성으로 오랜 세월을 거쳤지만 사라지지 않고 오늘날까지 우리 주변에 남아 있다.

윤축

독립차륜

다소 연약해 보이는 레일(rail) 위를 빠르게 달리는 고속철이나 지하철의 바퀴 구조는 대부분 윤축이다. 윤축을 사용한 열차의 레일은 곡선보다는 직선에 가깝게 설치되어 있는데 이는 열차가 급격한 곡선 구간을 주행할 때 안쪽보다 바깥쪽 바퀴에 더 많은 회전이 필요하여 자칫 균형을 잃어 탈선의 위험이 있기 때문이다. 이러한 이유로 레일은 대부분 곧게 뻗어 있는 구조로 설계된다. 철도 차량과 달리 자동차는 아스팔트는 물론 거친 오프로드를 자유롭게 이동하고 급격한 곡선 구간도 쉽게 회전이 가능한데, 양쪽 차축의 바퀴를 독립적으로 회전할 수 있는 '독립차륜'이 사용되기 때문이다.

캐스터

그리고 유모차, 마트의 카트, 바퀴 달린 의자, 손수레 등은 좁은 공간에서도 이동이 자유로운 캐스터가 사용된다. 캐스터가 달린 카트는 어느 한쪽 손잡이에 더 큰 힘을 가하면 어느새 스르륵~ 원하는 방향으로 쉽게 이동이 가능하다. 단순히 바퀴의 회전만 비교한다면 앞의 바퀴들에 비해 단연 최고다.

마차 혁명

현대인의 대표적인 이동 수단은 자동차다. 자동차는 엔진이나 전동기 등의 동력원을 이용해 움직이기 때문에 인간의 근육 따위를 필요로 하지 않는다. 그런데 시장에 출시된 승용차의 제원을 자세히 살펴보면 '270마력급 엔진을 사용'한다거나 '82마력급 소형 엔진을 적용'한다는 문구가 눈에 띈다. 자동차의 마력이란 어떤 의미인가?

마력은 증기기관의 대중화에 기여한 제임스 와트(James Watt, 1736~1819)가 만든 단위이다. 와트는 증기기관의 성능을 일관되게 측정하기 위한 단위를 만들었는데, 1마력을 '1765년 영국산 말 한 마리의 힘'이라고 정의했다. 당시만 해도 바퀴를 이용한 이동 수단은 여전히 말이 주 동력원이었기 때문이다. 어찌 되었건 오늘날 도로에서 말이 끄는 마차를 보기란 어려운 일이지만 '마력'이라는 이름은 동력의 단위로 남아 계속 사용되고 있다.

인류 문명과 함께 진화한 과학은 전쟁과 깊은 연결고리를 가진다. 인류의 위대한 유산 '바퀴'도 예외가 아니어서 자동차의 조상 격인 마차의 역사도 전쟁과 함께 했다. 메소포타미아, 이집트 등에서 발견된 유물에는 성난 말이 끄는 전차 그림이 어김없이 등장한다. 특히 대부분 그림에는 왕으로 보이는 인물이 전차 위에 서서 용맹스럽고 권위 있는 포즈를 취하고 있다. 당시에 사용된 마차는 단순 이동 수단 말고도 누군가의 특권을 과시할 목적으로 주로 사용되었다(오늘날에도 크게 바뀌지 않은 듯하다).

고대에서는 마차가 특권을 상징했다.

군대와 특권층이 주로 사용하던 마차는 점차 일반인들에게도 보급된다. 일반인들에게 확산된 마차는 승용이나 무거운 짐을 운반할 수 있는 실용적인 이동 수단으로 바뀌었다. 곧이어 실용성 측면에서 바퀴가 2개에서 4개로 늘어나기도 한다. 바퀴의 개수가 늘어나자 마차에는 이전보다 더 많은 짐과 승객을 태우는 것이 가능해졌다. 이와 함께 많은 마차에 사용된 주 동력원인 말도 1마리에서 6마리까지 늘어난다. 상황이 이렇다 보니 마차의 크기와 주 동력의 규모가 곧 신분을 나타내기도 했다. 서양의 경우 최대 6마리, 동양의 경우 4마리 말이 끄는 마차에는 황제가 승차하고 있다는 상징을 나타내기도 한다.

자동차가 막 보급된 초창기만 해도 여성 운전자에 대한 곱지 않은 시선이 많았다. 하지만 자동차의 조상 격인 마차가 이동 수단으로 널리 보급된 13세기에는 상황이 정반대였다. 당시만 해도 마차는 대부분 귀족들의 전유물이었는데, 흥미로운 것은 모든 귀족들이 마차를 사용한 것은 아니라는 점이다. 마차의 이용자는 대부분 여성과 아이였고, 남성의 경우 노약자나 이용하곤 했다. 일반 귀족 남성은 마차를 기피했고, 이동을 위해서는 직접 말을 타고 갔다. 이런 사실들은 13세기에 작성된 기록물이나 그림에 잘 나타나 있는데, 왕실이나 귀족 가문의 일상적의 풍경을 보면 여성과 함께 마차가 자주 등장한다. 당시에는 마차가 여성적 도구라는 인식이 강했던 것이다.

마차에 대한 남성들의 인식이 변한 것은 16세기에 접어들 무렵인데 귀족 남성들도 여성들처럼 마차를 이용하는 것에 크게 부끄럼을 느끼지 않게 된 것이다. 이런 유행은 유럽 전역으로 확산된다. 이런 분위기 속에서 마차의 편안함의 매력에 푹 빠진 나머지 일촉즉발의 전쟁터에서조차 걷거나 말을 타는 대신 마차를 더 선호했다고 한다. 이런 상황을 우려한 헝가리에서는 장교는 반드시 말을 타고 걸어야 한다는 규정을 제정하기도 한다.

16세기 유럽에서 마차가 크게 인기를 끌었지만 독일에서는 그다지 환영받지 못했다. 1588년 독일의 왕자 율리우스 폰 브라운슈바이크(Julius von Braunschweig)는 '마차를 운전하는 것은 독일 남성의 품위와 충성심 등을 손상시키는 행위이기 때문에 재미로 운전하는 것을 금한다'라고 공표했다. 새로운 이동 수단의 대중화 과도기에 생겨난 웃지 못할 에피소드이다.

2

증기기관

산업혁명의 견인차

증기기관의 탄생

기원전 4000년 전부터 인류가 사용한 이동 수단인 바퀴는 단순한 손수레에서 중세의 화려한 마차로까지 발전했다. 하지만 16세기의 마차는 그 외양이나 대중적인 인식을 변화시킨 것을 제외하면 기술이나 실용적인 부분에서는 오히려 발달이 더뎠다. 16세기 상황만 보면 이동 수단의 발전은 더 이상 없을 것처럼 보였다. 하지만 이런 우려는 18세기 '증기기관'의 탄생으로 완전히 사라져버린다.

18세기 이전까지만 해도 인류에게 동력이란 '인간이나 동물의 힘으로 발생된 물리적 에너지'가 전부였다. 단순한 이동 수단인 바퀴를 굴리기 위해서도 사람이나 동물의 원초적인 힘이 필요했다. 하지

외연기관

실린더 밖에서 연료를 직접 연소시켜 발생한 열로 동력을 얻는 기관. 증기기관·전력을 생산하는 기관 등이 있다.

만 인간과 동물의 힘을 이용하는 데에는 언제나 힘과 속도의 한계에 부딪혔다. 동력의 한계는 이동 수단에서뿐만 아니라 자본가를 비롯한 산업 전반의 애로사항이었다. 이런 분위기에서 생물체가 아닌 기계를 이용한 동력장치, 즉 증기기관(steam engine)이 요란한 소리와 함께 등장했다. 증기기관은 수증기에서 발생한 열에너지를 운동에너지로 변환하는 장치로, 이런 장치를 통칭해 외연기관(外燃機關, external combustion engine)이라고 한다. 오늘날 증기기관은 다양한 열 에너지원을 이용해 지구상에서 사용하고 있는 동력원(power source) 중 약 80%를 생산해고 있다. 증기기관이 발명된 지 수백 년이 흘렀지만 그 위력은 여전히 건재하다.

증기기관은 크게 왕복식 증기기관과 회전식 증기기관으로 구분된다. 왕복식 증기기관은 초창기에 많이 사용된 방식으로, 피스톤의 왕복운동을 이용해 동력을 발생하는데 서부 영화에 자주 등장하는 증기기관차나 증기선박에 이 같은 원리의 증기기관이 적용되었다. 회전식 증기기관은 오늘날 많이 사용되는 방식으로 터빈의 회전운동을 통해 동력을 만들어 내는 것으로, 전기를 생산하는 발전소, 항공모함, 대형 유조선 등 대체로 큰 출력을 필요로 하는 시설에 이용되고 있다.

아에올리스의 공

증기기관의 역사는 꽤 오래 전으로 거슬러 올라간다. 실용적인 면에서는 다소 미흡하지만 그 시초는 고대 그리스의 발명가이자 수학자인 헤론(Ἥρων, 10~70)이다. 헤론은 기록으로 남아 있는 가장 오래된 증기기관 아에올리스의 공(aeolipile)을 발명했는데 그는 자신의 저서 〈공기 역학〉에 이 장치에 대해 기록했다. 그 구조는 속이 텅 비어 있는 금속 구(球)를 중심으로 그 아래에 있는 솥에서 물이 끓으면서 수증기를 만들어낸다. 금속 구 주변에 몇 개의 관이 연결되어 있고, 이 관을 통해 수증기가 자유롭게 드나들게 된다. 금속 구는 이 수증기의 힘을 통해 회전하게 된다.

토머스 뉴커먼의 증기기관

헤론은 증기의 힘을 이용하면 기계적인 동력을 발생할 수 있다는 것을 실험을 통해 발견한 것이다. 이를 기반으로 그는 고대 그리스 신전의 문을 자동으로 여닫는 장치를 고안하기도 했다. 작동 원리는 신전 입구에 위치한 성화에 불을 붙이면서 시작된다. 이후 내부에 설치된 증기기관이 동력을 발생해 문이 자동으로 열리게 하는 방식이었다. 물론 무거운 신전의 문을 손쉽게 열고 닫기 위해서는 불을 지피기 위해 꽤 많은 땔감이 필요했다. 때문에 실용화에는 큰 어려움이 있었을 것이다.

헤론 이후에도 다양한 증기기관이 발명되었지만 모두 실용성과는 거리가 멀었다. 제대로 실용성을 갖춘 증기기관은 영국의 발명가 토머스 뉴커먼(Thomas Newcomen, 1663~1729)에서 시작된다. 17세기 영국의 광산에서는 채굴 중 갱도가 자주 물에 잠기는 문제로 골머리를 썩고 있었다. 갱도 안에서 일하던 인부들이 수시로 물을 퍼나르기는 했지만, 사람의 힘만으로는 해결할 수 없는 문제였다. 이러한 문제를 해결하기 위해 1693년 군사공학자 토머스 세이버리(Thomas Savery, 1650~1715)가 증기를 이용한 양수 펌프를 발명한다. 세이버리가 발명한 증기기관은 물을 빨아올리기 위한 기압과 물을 밀어내기 위한 증기압을 동시에 이용하는 동작원리 장치였다. 세이버리의 장치가 발명되자 갱도에 넘쳐나는 물을 순식간에 지상으로 내뿜어버릴 것으로 기대했다. 하지만 이 장치는 30미터 이상 퍼올릴 수 없어 곧 광산업자들로부터 외면을 받았다.

세이버리의 증기기관이 큰 관심을 끌 즈음 토머스 뉴커먼은 가까이에서 세이버리의 장치를 볼 수 있었다. 뉴커먼은 당시 세이버리의 기관 제작과 관련해 부품 제작·설치 일을 주업으로 하고 있었다. 이런 계기로 세이버리 기관을 다른 사람보다 자세히 관찰할 수 있었고, 곧 첨단 기술인 증기기관의 매력에 푹 빠졌다.

이후 토머스 뉴커먼은 본격적으로 증기기관의 연구를 시작해 수년간의 연구 끝에 1712년 세이버리 기관보다 펌프 효율을 크게 개선한 뉴커먼 기관을 발명한다. 건물 4층 높이만한 이 증기기관은 기존에 발명된 여타 기관에 비해 성능이 향상되어 광산의 배수용 펌프로 널리 보급되었다.

증기기관의 르네상스

뉴커먼이 발명한 증기기관은 많은 이들로부터 관심을 끌기에 충분했다. 그 중에는 증기기관의 르네상스 시대를 이끈 혁신가 제임스 와트(James Watt, 1736~1819)도 있었다. 최근 제4차 산업혁명이라는 키워드가 빈번하게 언급되고 있는데, 산업혁명이라는 말과 함께 늘 등장하는 것이 제임스 와트의 증기기관이다. 그 이유는 와트가 개선한 증기기관의 등장으로 본격적으로 인간과 기계가 공존하는 산업사회가 시작되었기 때문이다.

제임스 와트

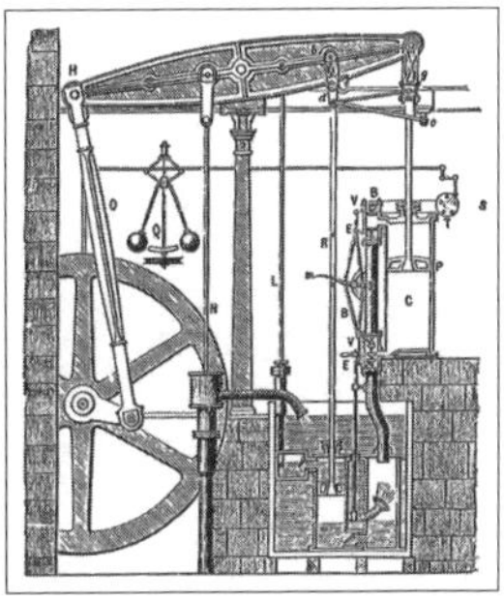
와트의 증기기관

발명가이자 기계공학자였던 제임스 와트는 흔히 증기기관의 최초 발명가로 알고 있는 사람이 많다. 하지만 실제로는 이미 제작된 증기기관에 응축기를 부착해 효율을 높여 크게 대중화 시킨 인물이다(에디슨이 발명한 백열등도 이미 최초의 발명자들이 여럿 있었던 것처럼 말이다). 그럼에도 와트가 위대한 인물로 평가 받는 이유는 와트식 증기기관 하나로 인류 역사의 방향을 크게 돌려놓았기 때문이다. 즉, 기술혁신의 '나비 효과'를 만들어낸 것이다.

와트의 증기기관은 초기에는 갱도 안의 물을 퍼내기 위한 단순히 양수기의 용도로만 사용되었다. 하지만 그 응용 범위는 점차 확대되어서 증기철도나 증기선박, 증기자동차 등 다양한 기계동력장치로 그 범위가 확장되었다.

나비효과

미국의 기상학자 에드워드 로렌츠(Lorenz, 1917~2008)가 1972년 과학 강연회에서 '예측 가능성-브라질에서의 한 나비의 날갯짓이 텍사스에 돌풍을 일으킬 수도 있는가'라는 제목의 강연에서 유래됐다. 흔히 사소한 사건 하나가 미래에 엄청난 파급을 낳는다는 의미로 사용된다.

1712년에 뉴커먼이 발명한 증기기관은 보일러, 피

스톤(기체나 액체의 압력을 받아 실린더 안을 왕복운동하는 원형의 부품), 실린더(증기기관에서 피스톤이 왕복운동을 하는 부분), 냉각장치 등으로 구성되어 있다. 이렇게 구성된 장치에 보일러를 가동하면 수증기가 발생하는데 그 압력으로 피스톤을 밀어낸다. 이후 냉각장치를 통해 실린더에 차가운 물이 공급되면 피스톤은 순식간에 처음 위치로 이동하는 원리를 가진다(이러한 물리적인 동작이 반복되면 일정한 크기의 기계적인 동력을 발생할 수 있다).

하지만 뉴커먼기관에는 치명적인 단점이 있었다. 증기를 압축하기 위해서는 반드시 냉각장치를 통해 실린더 전체를 냉각해야 했다. 때문에 열 손실이 빈번했고, 보일러 가열을 위한 석탄의 사용량도 많았다. 당시에는 이러한 단점에도 불구하고 뉴커먼기관을 대체할 장치가 없어 광산업자들은 계속되는 적자에도 불구하고 사용할 수밖에 없었다.

뉴커먼기관의 이런 단점은 50여 년 후 제임스 와트에 의해 해결된다. 제임스 와트는 젊은 시절 스코틀랜드 글래스고 대학에서 대학 기구들을 유지·보수하는 일을 했는데 1763년 어느 날 영국의 한 대학으로부터 뉴커먼기관의 수리 요청을 받게 된다. 수리 과정에서 그는 뉴커먼기관의 근본적인 문제점을 여럿 발견한다. 특히 냉각장치로 인한 실린더 효율 문제에 대해 심각성을 인지하게 되고 이후 효율을 높일 수 있는 여러 방법에 대해 깊이 고민했다.

와트는 여러 해 동안 구조 개선을 위한 연구에 몰두한 결과 1769년 드디어 뉴커먼기관의 효율 문제를 해결할 방법을 찾아낸다. 기존 증기기관에서 문제가 되었던 냉각장치를 제거하는 대신 응축기

(condenser)라는 부품을 추가해 효율을 크게 개선한 것이다. 그는 개선책을 바탕으로 '화력기관에서 증기와 연료의 소모를 줄이는 새롭게 고안한 방법'으로 특허를 취득했다.

응축기(condenser)
압축장치에서 전달된 고온 고압의 가스를 응축 액화하는 장치로 흔히 냉장고, 에어컨 등의 공조장치에 사용된다.

와트가 장착한 응축기는 실린더와 별개로 증기를 압축시킬 수 있고 발생된 증기를 통해 피스톤을 자유롭게 움직일 수 있는 구조였다. 개량된 증기기관은 반복적인 동작에도 응축기만 냉각하면 되어 기존 실린더의 열 보존 문제를 깨끗이 해결한 것이다. 시스템 개선으로 석탄 사용량이 약 30% 줄어드는 효과를 만들어냈다. 증기기관 운용에 경제적인 이득을 기대한 광산업자들은 너도나도 와트의 증기기관을 도입했다.

그후 와트의 증기기관은 갱도에서 물을 빼내는 단순한 작업에만 국한되지 않았다. 증기기관의 경제적인 가치를 간파한 자본가들은 제조업 중심의 산업현장에 동력원으로 사용하기 시작함으로써 마침내 사람과 기계와의 경쟁이 시작되었다! 이런 사회적 분위기 속에서 기계로 인해 일자리를 잃은 노동자들은 기계파괴운동, 이른바 러다이트 운동(Luddite Movement)을 벌이기도 했다.(간접적이나마 자본주의의 이념 갈등에까지 이르게 된다. 이것 역시 증기기관과 관련된 하나의 나비효과 파장이 아닐까 싶다.)

러다이트 운동

어찌됐건 증기기관은 인류에게 있어서 가공할 만한 기술임에 의심의 여지가 없다. 이러한 와트의 공적을 기려 전기공학에서 사용하고 있는 일률과 동력 단위를 와트[W]로 표기하여 와트라는 이름은 늘 우리 곁에 남게 되었다.

3
철도
시간을 달린다

철마는 달리고 싶다

소설 〈1984〉, 〈동물농장〉을 쓴 조지 오웰(George Orwell, 1903~1950)과 함께 디스토피아적 미래상을 표현하는 소설의 양대 산맥인 〈멋진 신세계〉를 집필한 작가 올더스 헉슬리(Aldous Leonard Huxley, 1894~1963)는 증기기관의 혁신가 제임스 와트에 대해 이렇게 말했다.

"우리에게 오전 8시 17분이란 매우 특별한 의미이다. 그것이 통근열차의 출발 시각이라면 말이다. 그러나 우리의 조상들에게 그런 시각이란 존재하지 않았다. 이렇게 볼 때 와트와 스티븐슨은 시간을

철도로 인해 사람들은 정확한 시간 개념을 갖게 되었다.

발명한 사람들이기도 하다."

증기기관의 발달은 기존의 이동 형태에 큰 변화를 가져왔다. 기계식 동력장치가 등장하기 전까지만 해도 사람의 힘으로 운반하기 무거운 짐이나, 먼 거리를 여행할 때는 대부분 마차를 사용했다. 마차의 주 동력은 당연히 말이었다. 말이 달리는 속도는 보통 시속 60~70킬로미터였지만, 이는 말이 단독으로 초원을 거침없이 달릴 때나 가능한 이야기다. 만약 말이 마차를 끄는 데 사용될 경우에는 시속 18킬로미터 속도를 내기도 어려웠다. 또한 지친 말을 도중에 쉬게 하거나 먹이를 줘야 하는 상황이 빈번히 일어났다. 이런 상황에서 마차를 이용하기 위해서는 반드시 인내심과 평정심이 필요했다. 정확한 시간을 계획하고 마차를 이용하는 것은 애당초 불가능한 일이었다.

하지만 새롭게 등장한 증기기관차는 시속 50킬로미터의 속도로 쉬지 않고 달릴 수 있었다. 중간에 먹이를 주거나 쉬게 할 필요도 없었다. 간혹 예상치 못한 고장이나 사고로 지체되는 경우를 제외하고는 비교적 정확하게 목적지에 도착할 수 있었다. 오히려 마차의 지체되는 운행 시간에 익숙했던 사람들은 정확한 시간에 도착하고 출발하는 증기기관차를 놓치기 일쑤였다. 증기기관차가 활성화되면서 '점심때쯤…'이나 '해질 무렵…' 같은 막연한 시간 개념에서 '몇 시 몇

분' 단위로 비교적 정확한 시간 개념이 널리 퍼지게 되었다.

강원도 철원에 위치한 월정역은 남방 한계선 철책에 근접한 최북단 종착역이다. 과거 서울에서 원산으로 달리던 기차가 잠시 쉬어가던 간이역이었지만, 지금은 앙상하게 뼈대만 남은 기차와 함께 낡은 역사(驛舍)만이 쓸쓸히 그 자리를 지키고 있다. 뼈대만 남은 기차 앞에는 '철마는 달리고 싶다!' 라는 짤막한 글귀가 있는데, 하루빨리 '철마는 다시 달린다!'라고 적힌 기차를 만나고 싶다.

증기기관차가 발명된 영국에서는 초창기에 '철마(iron horse)'라고 부르던 시절이 있었다. 18세기 영국의 산업혁명 때만 해도 오지의 광산에서 채굴한 광석을 먼 도시까지 운반하려면 운송 수단이 필요했다. 그래서 등장한 것이 철마였는데, '윤축(輪軸)' 바퀴가 달린 수레를 말(馬)이 끌어 이동하는 방식이었다. 윤축 바퀴는 모두 금속으로 제작되어 있어서 울퉁불퉁한 땅으로 이동하지 않고 직선 형태의 철로(rail)로 이동했는데 이를 본 사람들이 '철마'라고 불렀던 것이다. 이후 철로 위를 거침없이 달리는 증기기관차로 이동 수단이 바뀌었지만 예전에 말이 철로를 이동하던 것을 기억하는 사람들은 여전히 증기기관차를 '철마'라고 부르곤 했다.

프랑스의 발명가 니콜라스 퀴뇨(Nicholas Joseph Cugnot, 1725~1804)는 증기기관을 이용해 이동 수단을 발명한 최초의 인물로 기록된다. 군사 기술자였던 퀴뇨는 대포를 쉽게 이동하는 방법을 연구했는데 이렇게 탄생한 것이 1769년에 발명된 증기 삼륜차다. 퀴뇨는 자신의 발명품이 증기기관을 이용했기 때문에 꽤 오랜 시간 이동이 가능할 것으로 예상했다. 그러나 애석하게도 그의 예상은 크게 빗나갔는데 증기 삼륜차의 최대 주행 시행은 고작 15분이었다. 비록 짧은 시간이지만 기계 덩어리가 움직였다는 데 만족해야만 했다.

1771년 퀴뇨는 그 동안의 단점을 보완한 증기 삼륜차를 야심차게 발표한다. 하지만 전작의 단점이 크게 보완된 점은 찾아볼 수 없고, 오히려 시험 주행 도중 벽에 부딪혀 어이없게도 박살이 나버렸다. 아쉽지만 퀴뇨의 삼륜차는 '말이나 사람이 끌지 않아도 되는 최초의 자동차'라는 수식어와 함께 '세계 최초의 자동차 사고'라는 불명예만 얻은 채 사라져버렸다.

트레비식의 증기기관차

레오나르도 디카프리오가 주연한 '캐치 미 이프 유 캔(2002)'이라는 제목의 영화가 있다. 우리말로 해석하면 '잡을 수 있으면 잡아봐' 라는 재미있는 뜻이 된다. 1965년 미국에서 일어난 실화를 바탕으로 제작된 이 영화에서 주인공 역을 맡은 디카프리오가 사기꾼으로 등장한다. 뜬금없는 말 같지만 영화 제목은 초기에 발명된 증기기관차의 이름과 유사하다.

뭔가 오만함을 느끼게 하는 이 이름의 작명가는 영국의 발명가 리처드 트레비식(Richard Trevithick, 1771~1833)이다. 트레비식의 아버지는 18세기 영국 광업의 메카였던 콘월(Cornwall) 광산에서 감독관으로 일했다. 그 덕분에 증기기관의 선구자 뉴커먼과 와트의 증기기관을 자주 접할 수 있었다. 아버지의 영향 때문이었을까? 트레비식은 19살이 되던 해부터 광산에서 일하게 되었고, 준비된 증기기관 엔지니어였던 트레비식은 입사 2년 만에 고문 기술자로 초고속 승진을 한다.

리처드 트레비식

당시 광산을 운영하던 자본자들에게는 한 가지 고민이 있었다. 대부분 광산에서 사용하던 '와트기관'에는 효율과 밀접한 관련이 있는 '응축기'가 달려 있었는데, 이 응축기로 인해 와트기관은 '뉴커먼기관'보다 뛰어난 성능을 자랑할 수 있었다. 하지만 응축장치를 사용하기 위해는 반드시 로열티를 지불해야 했다. 당시 광산 자본가들은 로열티가 불필요한 지출이라고 생각했고 그래서 더 뛰어난 증기기관의 등장을 기대했다.

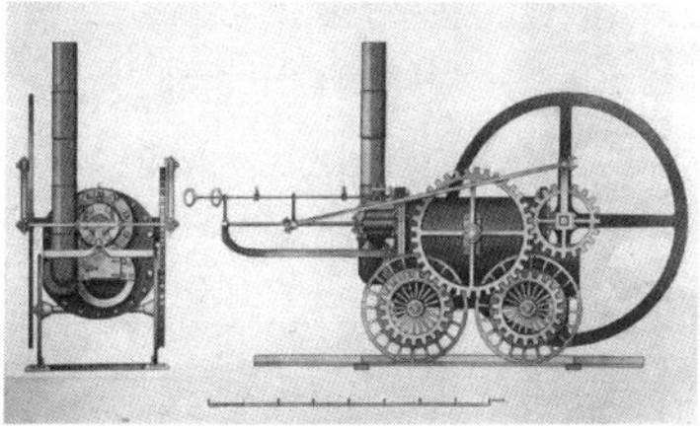

트레비식의 증기기관차

이런 분위기에 힘입어 리처드 트레비식은 개선된 형태의 증기기관을 발명해낸다. 1797년 발명된 이 모델의 핵심은 '와트기관'의 핵심 부품인 '응축기'가 제거된 것이다. 트레비식의 증기기관은 실린더를 통해 발생된 증기를 별도로 장착된 기다란 파이프를 통해 직접 뿜어내는 방식을 채택했다. 증기를 강제로 배출하고 응축기도 제거하자 기존 증기기관보다 성능이 향상되었다. 획기적인 증기기관에 대해 트레비식은 아기자기한 이름을 붙여주는데 이름하여 '칙칙폭폭(Puffer)'이다. 우리가 어린 시절 기차놀이를 하면서 외쳤던 그 '칙

트레비식의 증기기관차 시험장

칙! 폭폭!'이다. 트레비식은 고압의 증기가 빠져나갈 때 들리는 원초적인 소리 그대로 이름을 지은 것이다.

그는 여세를 몰아 1804년 '페니다렌(Penydarren) 호'라는 이름의 증기기관차까지 발명해냈다. 페니다렌 호는 대중들 앞에서 엄청난 성능을 발휘하는 모습을 시연해 보였다. 5톤 무게의 페니다렌 호가 선두에 자리하고, 그 뒤로 70여 명의 구경꾼과 뒤쪽 5칸에는 10톤 무게의 철재들이 가득 실렸다. 구경꾼이자 승객인 70명의 사람들이 큰 소리로 페니다렌 호를 연호하자 이윽고 증기기관차는 칙칙폭폭 소리를 내며 서서히 바퀴를 회전시켰다. 육중한 페니다렌 호는 계속 달려 9킬로미터 선로를 1시간 동안 달린 후 성공적으로 시연을 마쳤다.

생각보다 속도는 느렸지만 70명의 승객들은 환호하고 또 환호했다. 트레비식의 페니다렌 호는 선로를 주행한 세계 최초의 증기기관차가 되었다. 하지만 페니다렌 호는 치명적인 약점을 갖고 있었는데 5톤이 넘는 육중한 무게였다. 당시의 선로는 이 같은 무게를 견디도록 설계되지 못했다. 때문에 강도가 약해 잦은 파손이 일어나 정기적인 운행에는 어려움이 있었다.

이러한 단점을 극복하기 위해 1808년 트레비식은 캐치 미 후 캔(Catch Me Who Can), 우리 식으로 표현하면 '나 잡아봐라'라는 이름의 야심찬 모델을 선보인다. 캐치미후캔 호는 많은 사람들이 지켜보는 가운데 시연을 하게 된다. 몇 해 전 페니다렌 호를 기억하는 사람들은 큰 기대를 갖고 환호했다. 하지만 역시나 선로는 기차의 무게를 견디지 못했고 결국 캐치미후캔 호는 탈선하고 말았다. 아쉽게도 트레비식의 증기기관은 철도의 시대를 알리는 이정표로서의 역할에 만족해야만 했다. 이후 트레비식은 다양한 활동을 벌였지만 큰 성과 없이 "조국 영국의 진보에 기여했음을 자랑스럽게 여긴다"라는 아쉬운 말을 남기고 1833년 62년의 생을 마감했다.

철도의 아버지 조지 스티븐슨

퀴뇨와 트레비식이 발명한 증기기관차는 기계적인 동력으로 자유롭게 이동 가능한 수단으로 사람들에게 강렬한 인식을 심어주었다. 그들의 아이디어는 모두 혁신이었지만 상업적 성공과는 거리가 멀었다. 이처럼 잠재력이 큰 증기기관차를 상업적으로 활용할 수 있도록 기여한 사람은 영국의 발명가 조지 스티븐슨(George Stephenson, 1781~1848)이다.

스티븐슨은 어려운 가정형편 때문에 학교에 다니지 못하고 아버지와 함께 탄광에서 일하며 생계를 유지해야만 했다. 자연스레 증기기관을 자주 접할 수 있었는데 특히 1804년 트레비식이 발명한 증기기관차는 그의 발명 욕구를 자극하게 된다. 이후 스티븐슨은 1811년부터 증기기관 엔지니어로 일하게 되었고, 평소 증기기관에 많은

조지 스티븐슨

관심을 가졌던 터라 증기기관 기술을 꼼꼼히 살펴보면서 기술력을 축적해갔다.

어느 정도 기술에 대한 자신감이 붙자 스티븐슨은 스스로 증기기관차를 만들 계획을 세웠다. 때마침 킬링워스라는 광산 운영자가 석탄 운반이 가능한 증기기관차 제작을 의뢰했고 스티븐슨은 그 동안의 노하우를 기반으로 본격적인 설계에 들어갔다. 그는 특히 앞선 선구자들이 발명한 증기기관차의 단점을 보완하는 데 초점을 맞추었다. 이렇게 탄생된 증기기관차가 1814년 선보인 블뤼허(Blücher) 호다. 스티븐슨의 1호 증기기관차였다.

블뤼허 호는 많은 사람들이 지켜보는 가운데 '철마'가 이동하는 철로 위에 바퀴를 굴리며 첫 운행을 시작했다. 기차는 출발과 동시에 시속 6.4킬로미터의 속도로 느린 듯 (당시로서는) 아주 빠르게 달리기 시작했다. 꼬리처럼 붙어 있던 8량의 화물열차에는 30톤 가량의 석탄이 실려 있었는데 30톤의 무거운 화물이었지만 블뤼허 호는 깃털을 실은 것처럼 가볍게 근처 부두까지 운행하는 것으로 마무리했다.

시범 운행을 흥미롭게 지켜본 광산 자본가들이 스티븐스에게 블뤼허 호를 여러 대 제작을 요청하게 된다. 이후 16대가 제작되어 블뤼허 호는 철마를 대신해 광산에서 채굴된 석탄을 운송하는 데 본격적으로 투입되었다. 이로써 블뤼허 호는 상업적으로 활용된 최초의 증기기관차로 기록되는 영예를 차지했다.

스티븐슨은 블뤼허 호를 보다 향상된 증기기관차로 개발하기 위해 계속 연구에 몰두하는 한편 선로에도 큰 관심을 기울인다. 과거 트레비식의 증기기관차가 시범운행 도중 선로가 파손되어 탈선하는 사고를 떠올리며 선로의 강도를 개선하는 방법에 대해 고민한다.

조지 스티븐슨의 로코모션

당시 선로 제작에 쓰인 재료는 나무나 주철 등 주변에서 흔히 구할 수 있는 것들로 제작되었다. 이렇게 구성된 선로는 증기기관차에 비해 가벼운 '철마'가 이동하기에는 전혀 무리가 없었다. 하지만 30톤이 넘는 증기기관차가 이동하면 단단했던 주철도 엿가락처럼 쉽게 휘어버렸다. 스티븐슨은 선로의 변형이나 파손을 방지하기 위해 연철을 이용한 레일을 개발한다. 이로써 기관차의 무게를 견디도록 설계된 레일은 무거운 증기기관차도 무리 없이 운행이 가능하게 되었다.

블뤼허 호 시범운행 이후 철도 운송산업에 대한 잠재력을 확신하게 된 스티븐슨은 증기기관차 전용 철도 건설 사업을 시작했다. 1825년 9월 27일 첫 번째 철도 '스톡턴-달링턴 철도'가 개설되었다. 개설된 철도와 함께 새롭게 개발된 로코모션(Locomotion)이라는 이름의 증기기관차를 선보였다. 로코모션은 시속 39킬로미터로 달릴 수 있었는데, 이전에 개발된 모델에 비해 6배나 빠른 속도였다. 또한 화물칸은 80톤 가량의 화물을 싣고 달릴 수 있었다.

사업에 탄력을 받은 스티븐슨은 철도를 계속 확장할 계획을 세운다. 두 번째로 계획된 곳은 '리버풀-맨체스터' 철도였다. 하지만 이번 작업은 순조롭게 진행되지 못했다. 마차나 운하를 이용해 화물 이송을 주업으로 했던 운송업자들의 극심한 반발에 부딪힌 것이다. 그들이 내놓은 반대 의견이 다양했다.

"암소에 더 이상 우유를 기대할 수 없다."

"암탉도 더 이상 달걀을 낳지 못할 것이다."

"인간은 기차의 빠른 속력을 견뎌낼 수 없고, 장시간 탑승 시에는 미쳐버릴 것이다."

대부분 증명이 안 된 유언비어에 지나지 않았다. 마침내 영국 의회가 '리버풀-맨체스터' 철도 건설을 승인하자 이러한 반발은 순식간에 사라져버렸다.

영국에서 스티븐슨의 상업용 증기기관차가 활성화되면서 1840년대 이후 전 세계에서 철도 건설 경쟁이 본격화되었다. 이런 철도 붐의 여파로 1914년까지 주요 선진국이 건설한 철도망은 54만 2247킬로미터에 달했다. 이후 철도는 점차적으로 마차와 운하를 대체하는 독보적인 교통수단으로 자리잡게 되었다.

4

자전거

자유로운 영혼의 반려기계

자전거의 탄생

요람에서 누워만 지내던 젖먹이가 난생 처음 접한 바퀴 달린 이동 수단은 '보행기'였다. '보행기'는 젖먹이 아이가 유일하게 자유로이 (비록 제한적인 자유이지만) 이동할 수 있는 이동 수단이었던 것이다.

어느덧 젖먹이가 스스로 일어서서 두 발로 걷게 되면 더 이상 보행기는 아이의 흥미를 끌지 못한다. 신체적으로 성장한 아이는 새로운 바퀴에 관심을 갖게 된다. 이전에 자신이 타던 보행기와는 또 다른 형태의 바퀴 달린 이동 수단, 그것은 바로 '자전거'이다.

자전거는 보행기보다 바퀴가 훨씬 크고 바퀴 개수도 2개에서 4개까지 다양했다. 특히 바퀴가 2개인 '두발 자전거'는 지금껏 아이가 보았던 바퀴들과는 사뭇 다르다. 처음으로 두발 자전거를 타던 날, 마음만큼은 이미 운동장 스무 바퀴를 달릴 것 같았다. 하지만 현실은 냉혹하다. 1미터도 못 가서 비틀거리며 넘어지기 일쑤였다. 아이는 자유를 얻기 위해서는 희생이 필요하다는 것을 깨닫는다.

혼자 힘으로 운전하기 어려웠던 자전거는 아빠(혹은 형, 누나)의 도움으로 조금씩 멀리 달릴 수 있다. 점점 자신감이 붙은 아이는 앞을 향해 거침없이 달렸고, 자전거의 뒤꽁무니를 붙잡고 함께 달리던 아빠는 아이가 눈치채지 못하게 가만히 손을 놓는다. 아이 스스로 달리게 된 자전거는 좌우로 비틀거리더니 이내 안정을 찾고 거침없이 운동장을 질주한다.

짧은 생애를 살았던 아이에게 진정한 자유가 무엇인지 처음으로 몸으로 체험한 날이었다. 페달만 밟으면 자전거는 아이가 원하는 곳 어디라도 데려다 줄 수 있을 것 같았다(유년시절만 해도 적어도 그럴 것 같았다). 자전거의 두 바퀴는 어린 시절 우리에게는 '자유'와 동의어였다. 이제 몸은 덩치 큰 성인이 되었어도 그 시절의 추억은 두뇌 어느 한구석에 영원히 휘발되지 않은 채 '자유'라는 이름으로 자리잡고 있다.

상대성이론으로 유명한 알베르트 아인슈타인(Albert Einstein, 1879~1955)은 자전거 애호가로 알려져 있다. 1930년 아들 에두아르드에게 보낸 편지에서 "삶은 자전거 타기와 같단다. 균형을 잡으려면 계속 움직여야 하거든"이라며 자전거를 인생에 비유했다.

우리나라 록 밴드 '산울림'의 리더인 김창완씨도 자전거 마니아로 유명한데 "너는 든든한 친구, 나의 반려 기계"라고 했을 정도이다. 자전거에 대한 진한 애정이 느껴지는 말이다. 고성능 스포츠카, 전기자동차, 운전자 없이 주행 가능한 자율자동차가 도시를 질주하는 오늘날에도 자전거는 '반려 기계'로 늘 우리와 함께한다.

자전거 애호가였던 아인슈타인은 "삶은 자전거 타기와 같다. 균형을 잡으려면 계속 움직여야 하거든"이라며 자전거를 인생에 비유했다.

자전거는 대개 앞뒤로 바퀴가 한 개씩 구성되며, 동물이나 동력장치가 아닌 순수하게 사람의 힘을 이용해 이동하는 기계이다. 자전거를 누가 최초로 만들었는지에 대해서는 논란이 분분하다. 그 중심에는 영국, 프랑스, 독일 등 각국들이 저마다의 논리를 펼치면서 자신들이 자전거의 '원조'임을 주장하고 있다. 하지만 대부분의 역사가들은 오늘날 자전거와 유사한 형태를 기준으로 자전거의 원조를 판단하는데, 그러한 기준으로 살펴보면 자전거의 원조는 독일 카를 폰 드라이스(Karl von Drais, 1785~1851)이다.

드라이스는 독일의 명문가 출신 귀족으로 괴짜 같은 사람이었다. 하이델베르크대학에서 수학, 물리학, 그리고 산림에 대해 공부했고 발명에도 관심이 많았다. 그는 당시 바덴 대공국(훗날 독일의 바덴뷔르템베르크 주로 편입) 산림청에서 책임자로 근무했는데 넓은 관할 지역을 관리하려면 발품을 많이 팔아야 했다. 산림 지역이다 보니 땅도 거칠고 언덕도 많아 늘 순찰에 어려움을 겪었다. 말하자면 관할지를

카를 폰 드라이스

쉽게 돌아다닐 이동 수단이 절실히 필요했던 것.

평소 발명에 관심이 많았던 드라이스는 1813년 바퀴가 네 개 달린 기계식 이동 수단을 발명한다. 흡사 마차와 비슷한 이 장치는 동물이 아닌 인간의 힘으로 이동이 가능했다.

최대 4명의 승차가 가능했고, 이동을 위해서는 한두 명은 반드시 손과 발을 이용해 크랭크 차축을 작동시켜야만 했다. 그리고 또 다른 한 명은 동력을 공급받은 이동 수단의 방향을 잡기 위해 핸들을 이리저리 움직여만 했다. 상상해 보라! 얼마나 우스꽝스런 장면인가. 언뜻 보기에도 실용성과는 멀어 보인다.

하지만 드라이스는 동물을 전혀 필요로 하지 않는 이동 수단이라고 자부하며 언론에 자신의 발명품을 홍보한다.

그런데 재미있는 건 의외로 홍보 효과가 있었다는 점이다. 특히 당시 제정 러시아의 알렉산드르 1세(1777~1825)는 이 발명품에 찬사를 아끼지 않았다. 이것을 계기로 드라이스는 자신의 발명품에 크게 자부심을 가지게 되었다. 여세를 몰아 그는 특허 출원을 시도하지만, 예상과 달리 특허청에서 받아주지 않았다. 특허 심사관의 특허 거절의 이유 중 하나인 "신이 인간에게 선사한 두 발이 걷기 외에 기계장치의 동력으로 사용되는 것은 적합하지 않다"라는 의견이 반영된 것이다.

이후 드라이스는 대중들의 관심을 끌기 위해 오스트리아 빈에서 열린 국제회의 행사에서 선보이고 싶었지만 뜻을 이루지 못했다.

드라이지네

괴짜 드라이스는 '말이 끌지 않는 이동 수단의 대중화'라는 목표를 쉽게 포기하지 않았다. 그는 1817년 또 다른 형태의 장치를 발명해 내는데, '드라이지네(draisine)'라는 이름의 이 새로운 이동 수단은 라틴어로 '빠른 발'이라는 뜻이었다. '드라이지네'의 바퀴는 철제 타이어로 구성되며 기존 마차에 비해 바퀴의 크기가 작았다. 전체적인 골격을 유지하는 프레임을 중심으로 앞뒤 바퀴가 고정되고, 그 중간에는 사람이 편히 앉을 수 있는 안장이 설치되었다.

'드라이지네'의 특징은 앞바퀴의 진행 방향을 이리저리 바꿀 수 있는 운전대 즉, 조향장치가 장착되었다는 점이다. '드라이지네'는 오늘날 자전거의 조상 격이지만 주행 방법은 사뭇 달랐다. 먼저 운전자가 안장에 앉아 양쪽 발로 번갈아 땅을 밀어내면 바퀴가 회전한다. 이때의 추진력과 함께 핸들을 조절하면 원하는 방향으로 이동이 가능했다(어린 아이들이 타는 바퀴 달린 목마를 생각하면 이해가 빠르다).

드라이지네의 전체 무게는 약 23킬로그램으로 오늘날 자전거에 비해 상당히 무거웠다. 하지만 같은 거리를 이동할 때는 뛰거나 걸을 때보다 좀더 빠르고 힘이 적게 드는 상태로 이동이 가능했다. 이를 반영하듯 언론에는 우편마차가 4시간 걸려 이동한 거리를 드라이지

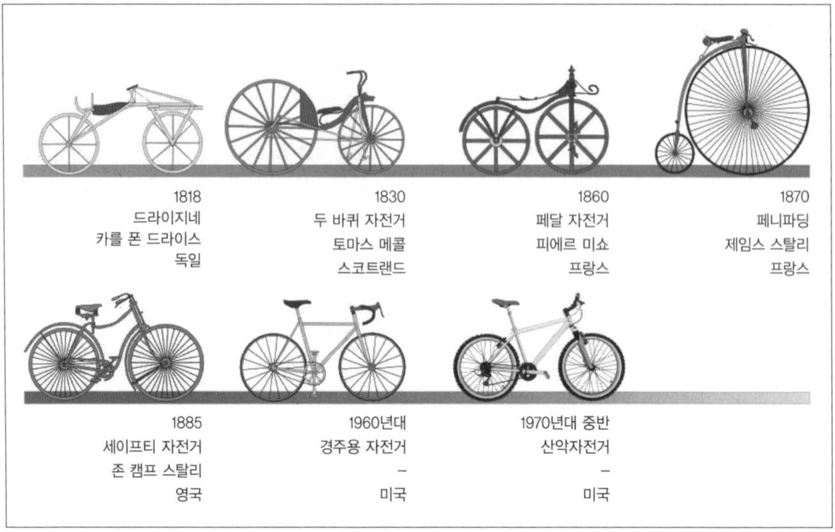

자전거 변천사

네를 타면 1시간 만에 도착이 가능하다는 기사를 보도하기도 했다.

실용성을 인정받은 드라이스의 '드라이지네'는 1818년 벨로시페드(velocipede)라는 이름으로 특허를 받게 된다. 이로써 드라이스는 '자전거의 아버지'로, 벨로시페드는 '자전거의 원조'라는 타이틀을 얻게 되었다.

뼛속까지 전달되는 충격, 본셰이커(Boneshaker)

선풍적인 이슈를 일으키며 등장한 벨로시페드는 예상외로 그 열기가 빠르게 식어갔다. 이동을 위해서는 두 발을 번갈아가면서 땅을 박차는 방식이라 여전히 불편했던 것. 또한 온몸을 움직여 운전을 하다 보니 사고도 빈번하게 일어났다. 큰 환호 속에 등장했던 벨로시페드였지만 이내 대중들의 기억 저편으로 사라져갔다.

피에르 미쇼

그로부터 50년이 지난 1867년, 자전거의 역사에서 혁신적인 발명품이 등장한다. 당시 프랑스의 유력 신문 〈르 모니퇴르 위니베르셀 뒤 스와(Le Moniteur Universel du Soir)〉에 광고 하나가 실렸다. '페달이 장착된 벨로시페드!'라는 카피를 내건 이 광고는 프랑스 발명가 피에르 미쇼(Pierre Michaux, 1813~1883)가 낸 것이었다.

광고에 등장한 혁신적인 이동 수단은 기존 드라이스의 벨로시페드와 확연한 차이가 있었다. 이 혁신적인 발명품은 앞바퀴 중심에 위치한 허브 양쪽으로 페달이 장착되어 있어, 두 발을 번갈아 페달을 돌리면 바퀴가 회전해 이동하는 원리였다. 벨로시페드의 전체 프레임의 재질은 나무가 아닌 튼튼한 금속이 사용되어 내구성이 향상되었다. 또 바퀴 지름이 34인치 이상으로 커졌고, 보다 큰 추진력을 얻기 위해 뒷바퀴에 비해 앞바퀴가 더 크게 제작되었다. 이전에 비해 바퀴가 커져 자연히 앞뒤 바퀴 간격이 좁아진 형태였다.

미쇼가 발표한 이동 수단은 곧 '자전거(bicycle)'라는 정식 명칭 외에도 '본셰이커(Boneshaker)'라는 별명을 얻게 되었다. 직역하면 '뼈가 흔들리는' 자전거 본셰이커에는 기본적으로 가죽 안장이 장착되어 있어 운전 시 발생되는 진동을 완충해주는 역할을 하고 있었지만 자갈이나 울퉁불퉁한 길을 운전할 때는 안장은 무용지물이 되고 만다. 안장의 장착 여부에 상관없이 모든 충격이 고스란히 뼛속까지 전달되어 붙여진 별명이다.

미쇼의 자전거가 출시된 초창기만 해도 비싼 가격과 조작의 어려움으로 대중들에게 외면을 받았다. 그는 이런 상황을 돌파하고자 자전거를 구매한 사람들에 무료로 운전강습 서비스를 제공했다. 미쇼의 예상은 적중해 그의 자전거 가게는 손님들로 북적이기 시작했다. 이례적으로 상류층 여성들도 편안한 복장으로 매장을 방문했다. 호기심에 찬 귀부인들이 선뜻 자전거를 구매했고 강습을 받는 이들도 많아졌다. 출시 초반과 달리 미쇼의 자전거를 타고 거리를 누비는 모습은 프랑스에서만큼은 흔한 풍경이 되어버렸다. 판매의 성공에 힘입어 미쇼는 벨로시페드 출시 1년여 만에 60명의 직원을 거느리게 되었다.

그런데 미쇼가 발명했다고 알려진 '페달이 장착된 벨로시페드' 등장에는 뭔가 석연치 않은 구석이 있었다. 1867년 페달식 벨로시페드 광고가 등장할 당시 관련 기술에 대한 언급이 많지 않았다. 당시 언론 기사에도 혁신적인 페달식 벨로시페드의 기술적인 부분은 일절 언급하지 않은 채 "열정 가득한 대장장이 미쇼가 몇 년에 걸쳐 페달식 자전거를 발명해 특허를 획득했다"라는 짤막한 기사만 써댔다. 하지만 기사와 달리 미쇼는 1867년 당시 자전거와 관련된 어떠한 특허도 내지 않았고, 1855년 만국박람회에서 전시했던 평범한 발명품에 관한 특허 서류가 전부였다.

미쇼는 페달식 벨로시페드 발명을 위해 "어려운 형편으로 수년 동안 굶주리며 생활했고, 대장간에서 번 돈도 모조리 발명에만 사용했다"라고만 했다. 몇몇 언론과 미쇼의 주장에도 불구하고 그가 페달식 벨로시페드 발명의 주인공이 아니라는 주장이 속속 제기된다.

피에르 랄르망

이런 주장의 뒷받침이 된 증거 중 하나가 1866년 11월 20일 미국에서 출원된 특허(미국 특허 제59915호)로 페달형 자전거에 관한 특허이다. 특허 출원의 주인공은 프랑스 국적의 발명가 피에르 랄르망(Pierre Lallement, 1843~1891)이었다. 랄르망은 1862년 19세 무렵 프랑스 동부 낭시에 살 때 페달에 관한 기본 설계를 완료했다는 것. 당시 유모차와 아동용 세발자전거 제조 공장에서 일하던 랄르망은 평소 독일의 드라이스가 발명한 드라이지네에 관심이 많았는데, 이를 기반으로 새로운 방식의 자전거를 발명해 보고자 했다. 랄르망의 아이디어는 기존에 개발된 자전거들과 달리 뒷바퀴 중앙에 위치한 허브에 크랭크(crank)를 달아, 양쪽 다리로 이것을 굴리면서 이동하는 방식이었다(크랭크는 다리의 수직운동을 회전운동으로 바꿔서 전달하는 장치이다).

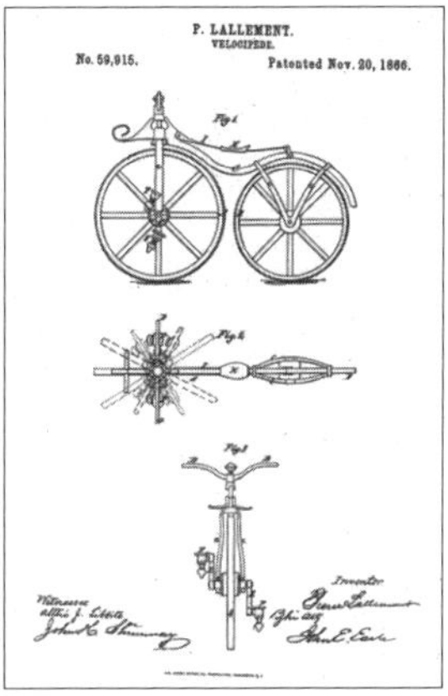

피에르 랄르망의 미국 특허(1866)

랄르망은 완성된 페달식 자전거를 갖고 1865년 7월 미국으로 건너가 이듬해인 1866년 미국에서 특허를 출원하게 된다. 여기서 흥미로운 점은 특허에 기재된 기술적인 내용 몇 가지 사항을 제외하고는

1867년 미쇼가 출시한 페달식 자전거와 매우 흡사했다는 점이다. 객관적인 증거로 미루어 보아 랄르망이 페달식 자전거의 최초 개발자라고 판단될 수도 있는 정황이었다.

하지만 최초의 페달식 자전거 발명에 관한 '진실 혹은 거짓' 논란은 쉽게 판별하기 어려웠다. 이런 논란 속에서 1894년 미쇼의 고향 바르뒤크에 그의 업적을 기리는 기념비가 세워진다. 미쇼가 최초의 페달식 벨로시페드 발명자로 공식적으로 인정받은 것이다.

그런데 미쇼의 업적이 공식적으로 인정받기 3년 전인 1891년, 독일에서는 자전거에 관한 짤막한 발표가 있었다. '자전거의 아버지'는 독일의 카를 폰 드라이스라는 것을 만천하에 공표한 것이다. 평소 자전거에 대한 자부심에 컸던 프랑스에서는 독일의 공표로 심기가 매우 불편해졌다. 이런 상황이 되자 평소 "페달식 벨로시페드의 발명자는 미쇼"라고 소리 높여 주장하던 앙리 미쇼(피에르 미쇼의 아들)의 주장이 쉽게 받아들여진다. 프랑스에도 하루 빨리 자전거의 영웅이 필요했던 것이다. 결국 미쇼는 자전거 역사의 한 부분에 이름을 올리게 된다.

안전 제일! 세이프티 자전거의 탄생

미쇼의 '본쉐이커' 등장 이후 자전거의 진화는 계속된다. 1869년에 출시된 모델들의 경우 앞바퀴가 뒷바퀴보다 큰 형태의 하이휠(high wheel) 자전거, 일명 페니파딩(penny-farthing)이 등장한다(자전거 탄 신사의 모습을 로고로 하는 국내 유명 B브랜드를 생각하면 이해가 빠를 것이다).

로슨의 세이프티 자전거

하이휠 자전거는 이전의 자전거들에 비해 커다란 앞바퀴 때문에 빠른 속도를 자랑했다. "이제 자전거가 말보다 더 빨리 달릴 수 있다"라는 광고를 앞세워 큰 인기를 끌게 된 것이다. 하이휠은 속도가 빨라 인기가 많았지만, 안장이 높아 승하차에 어려움이 있었다. 구조적인 특징 때문에 안장에서 굴러떨어지는 사고도 빈번했다. 곧 소비자들은 위험한 하이휠을 대신할 안전한 자전거를 요구했다.

소비자들의 요구에 따라 영국의 발명가 헨리 로슨(Henry John Lawson, 1852~1925)은 '세이프티 자전거(safety bicycle)'라 불리는 안전 자전거를 발명해 대중들에게 선보인다. 이 자전거는 하이휠에 비해 앞바퀴 크기가 줄어들었고 뒷바퀴와도 어느 정도 균형을 맞춘 형태였다. 앞바퀴 크기의 변화 외에도 가장 큰 변화는 페달이었다. 미쇼의 페달식 자전거 이후 줄곧 페달이 앞바퀴에 붙어 있는 전륜 형태가 대부분이었다. 하지만 로슨의 자전거는 오늘날의 자전거와 유사한 형태로 뒷바퀴에 체인이 연결되었다. 그래서 양쪽 바퀴 사이에 위치한 페달을 힘껏 구르면 뒷바퀴가 회전하여 이동하는 구조였다. 로슨은 혁신적인 세이프티 자전거로 1879년 특허를 획득하고 이것을 바이시클레트(Bicyclette)라고 이름 붙였다. 당시 바이시클레트는 현대적이고 혁신적인 자전거라는 평가를 받았음에도 불구하고

스탈리의 로버 자전거 광고

자전거의 다이아몬드 프레임

이렇다 할 인기를 끌지 못하고 사라져 버린다.

이후 세이프티 자전거의 발전은 발명가 존 캠프 스탈리(John Kemp Starley, 1854~1901)에게로 이어진다. 어려서부터 자전거 제작에 재능을 보이던 스탈리는 18살 되던 해인 1872년부터 자전거 사업을 하던 삼촌 제임스 스탈리(James Starley)와 함께 일을 시작하게 된다. 자전거에 대해 많은 것을 가르쳐 주었던 삼촌이 1881년 사망하자 캠프 스탈리는 자신만의 자전거를 발명하기 위해 창업을 했다. 창업 후 그는 세이프티 자전거 개발에 많은 시간을 쏟았다. 개발은 다년간 비밀리에 이루어졌는데, 자신이 발명한 세이프티 자전거의 시제품이 만들어지면 보안을 위해 인적이 드문 시골에서 시험 운행을 했다.

많은 시행착오 끝에 스탈리는 1885년 새로운 형태인 '로버'라는 이름의 세이프티 자전거를 출시한다. 이전과 다른 이 자전거는 운전자의 안전과 편리성을 향상시키는 것에 중점을 두었다. 그 중 하나가 로버 세이프티 자전거의 프레임(frame)이다. 일명 다이아몬드 프레임(diamond frame)이라 부르는 구조로 오늘날까지도 자전거에 가장 일반적으로 사용되는 방식이다.

이러한 구조 덕분에 운전자는 페달을 구르면서도 안정적인 자세를 취할 수 있어서 보다 안전한 주행이 가능해졌다. 스탈리는 운전자의 신장과 개인 취향을 고려해 안장을 위아래, 앞뒤로 조절이 가능하도록 설계해 편리성을 강조했다. 일부 보수적인 자전거 애용자들은 하이휠 자전거에 비해 로버 세이프티 자전거가 품위가 떨어진다고 비판하기도 했지만 로버 세이프티 자전거의 낮은 차체는 공기 저항을 줄여주는 역할을 해서 무게에 비해 매우 빠른 속도를 자랑했다.

세이프티 자전거, 타이어를 만나다

스탈리의 로버 세이프티 자전거에도 남은 숙제가 하나 있었다. 이전에 출시된 자전거들에 비해 속도와 안정성, 편리성은 어느 정도 확보되었지만 문제는 승차감이었다. 당시 대부분의 운전자들은 엉덩이 모양의 안장에 엉덩이를 맡긴 채 자전거를 타다 보면 어느새 몸 구석구석까지 전달되는 고통을 감수해야 했다. 스탈리는 이 같은 문제점을 보완하고자 안장에 스프링을 이용한 완충장치를 설치했지만 근본적인 해결책이 되지는 못했다. 이 같은 문제점은 전혀 예상치 못한 곳에서 해결되었다. 그것은 스코틀랜드의 수의사 존 보이드 던롭(John Boyd Dunlop, 1840~1921)에 의해 발명된 공기 타이어였다.

아일랜드의 작은 도시 벨파스트의 수의사였던 던롭은 어느 날 외아들 조니에게 세 바퀴 자전거를 선물한다. 하지만 자전거는 어린 조니가 끌기에 버거웠다. 낑낑대며 자전거를 끄는 어린 아들의 모습을 본 던롭은 바퀴가 쉽게 굴러 갈 수 있는 장치를 고민하게 된다. 그렇

존 보이드 던롭

최초의 자전거 타이어

게 탄생된 부품이 바로 지면과 바퀴 사이의 마찰을 줄이고 진동을 완화할 수 있는 타이어(tire)였다. 던롭이 발명한 타이어는 고무 재질로 된 얇고 기다란 판을 이용해 둥그런 모양의 튜브로 만들어 공기를 주입하는 형식이었다. 그는 수의사용 고무장갑이나 공기가 다 빠져나간 축구공에 공기를 넣으면 탱탱해지는 현상을 보고 착안한 것이다.

부성애가 통했을까? 던롭은 발명한 타이어를 아들 조니의 세 발 자전거에 달아주었는데, 이후로 아들은 울퉁불퉁한 길도 문제없이 쌩쌩 달렸다(그런데 아들 조니는 울퉁불퉁한 길을 달릴 때마다 엉덩이가 아닌 두통을 호소했다고 한다).

던롭은 자신이 발명한 타이어를 '마모에 저항하고 탄력성을 유지하면서 찢어지지 않는 타이어'라는 이름으로 1889년 특허를 받았다. 그리고 같은 해 '던롭 공기압축 타이어 주식회사'를 세운다(물론 던롭 이전 1845년에도 공기 타이어에 관한 특허가 있기는 했지만, 시대의 흐름을 타지 못해 실용화되지 못하고 사라져버린 바 있다).

던롭의 타이어는 1889년 로버 세이프티 자전거에 사용되어 선풍적인 인기를 끌게 된다. 타이어라는 날개를 달게 된 신형 로버 세이프티 자전거는 특히 여성들에게 인기가 높았다. 영국은 물론 미국에서도 선풍적인 인기를 끌게 되어 급기야 로버 세이프티 자전거로 도로가 점령당하고 만다.

하지만 던롭의 타이어에는 몇 가지 단점이 있었다. 바퀴가 타이어와 하나가 된 일체형 구조여서 가격도 비싸고, 공기가 새거나 펑크가 날 경우 그때마다 아교를 발라 때워야 했다. 그러다 보니 늘 전문 기술자의 도움이 필요했다.

미쉐린의 광고 포스터

이 같은 문제점을 해결한 새로운 타이어가 1891년 등장한다. 프랑스의 앙드레 미쉐린(Andre Micherin, 1853~1931)과 에두아르 미쉐린(Edouard Micherin, 1859~1940) 형제는 자전거 바퀴를 제작·수리하는 공장에서 일을 했다(타이어 이외에 세계적인 음식점이나 여행지를 소개하는 미슐랭(미쉐린) 가이드로도 잘 알려진 바로 그 미쉐린이다). 당시 미쉐린 형제는 자전거의 일체형 타이어를 수리하던 중 접착제를 붙이고 건조하는 등 일련의 수리 과정이 꽤 복잡하다는 것을 실감한다.

그 동안의 기술적 경험을 바탕으로 형제는 1889년 5월 미쉐린 타이어 회사를 창업했다. 창업 후 일체형 타이어의 단점을 보완하기 위한 타이어 발명에 힘을 쏟은 결과 1891년 세계 최초로 공기 주입식 타이어를 발명하고 같은 해 특허를 획득한다. 미쉐린 형제가 개발한 타이어는 바퀴와 타이어를 분리할 수 있는 구조로, 바퀴 테두리에 위치한 몇 군데 홈에 볼트를 이용해 고정하는 형식이었다. 구조적인 장점 때문에 펑크가 났을 때도 타이어를 쉽게 교체할 수 있었다.

이후 실용성을 갖춘 던롭과 미쉐린 타이어는 자전거뿐만 아니라 자동차 타이어에도 사용된다. 던롭과 미쉐린 두 회사 모두 오늘 날까지도 세계적인 메이커로 그 명성을 유지하고 있다. 존 캠프 스탈리가 이끌던 회사는 후에 자동차 개발에 집중하면서 영국의 대표적인 자동차 메이커 랜드로버(Land Rover)로 성장한다.(1888년 스탈리는 전기자동차를 개발한 이력도 있다.)

자전거와 여성

"왜 여자는 자전거를 탈 수 없나요?"

2012년 사우디아라비아에서 제작된 영화 '와즈다(Wadjda)'의 광고 문구이다. 사우디아라비아 최초의 여성 감독이 연출한 이 영화는 2014년 국내에서도 개봉되었다. 사우디는 평소 엄격한 이슬람 율법 때문에 더운 날씨에도 여성은 외출할 때 히잡으로 반드시 얼굴을 가려야 한다. 그런가 하면 낯선 남자와 대화하는 것도 금지하는 나라이다. 당연히 여성이 자전거를 타는 것도 법으로 금지하고 있었다.

영화 '와즈다'는 주인공인 10대 소녀 와즈다의 눈에 비친 사우디 여성에 대한 인권문제를 제기하고 있다. 와즈다는 이웃집 동갑내기 남자아이 압둘라가 자전거를 타는 모습을 보며 늘 부러워한다. 와즈다는 자전거를 손에 얻기 위해 코란 암송대회에 참가해 우승하는 등 우여곡절을 겪으면서도 포기하거나 낙담하지 않는 성격의 소녀로 묘사된다(사우디의 빨강머리 앤이다).

영화는 힘이 셌다! 영화가 개봉된 이듬해인 2013년 4월, 사우디에서는 법을 개정해 여성도 자전거를 탈 수 있도록 허용했다(단, 교통수단 아닌 취미생활로만 가능했으며, 자전거를 타는 동안 남성 후견인을 동반해야 했다). 영화 한 편으로 사우디아라비아 여성에게 굴레로 작용했던 악습이 하나씩 제거되는 것이다.

아멜리아 블루머

자전거는 율법이 엄격한 이슬람 문화권 나라에서도 (다른 문화권에 비하면 도입이 늦었지만) 여성의 권익 신장에 큰 도움을 주었다. 이는 19세기 서구에서도 마찬가지였다. 19세기에 살았던 서민층 여성들은 대부분 집이나 공장이 주요 생활 무대였다. 중상류층 여성들도 사정은 마찬가지였는데, 그녀들은 우아한 롱드레스를 입고 집안에 갇힌 채 한정된 공간에서만 생활해야 했다. 교통수단이라야 부유층의 전유물인 말이나 마차가 전부였고, 그나마 튼튼한 다리가 전부였던 서민들은 마을의 반경 16킬로미터가 그들의 생활 이동 범위의 전부였다.

보르도 여성 자전거 대회(1868)

하지만 미쇼의 벨로시페드가 등장하면서 상황이 변했다. 일반인들에게 자전거라는 개인용 이동 수단이 생겨나 활동 반경이 훨씬 늘어나게 된 것이다. 곧 여성들에게도 자전거는 동경의 대상이 되었다. 하지만 그녀들이 입고 있던 긴 드레스, 꽉 끼는 보정용 속옷, 모자 등으로 인해 선뜻 움직일 수 없었다. 의복에 구속된 여성들은 미국의 여성 운동가 아멜리아 블루머(Amelia Bloomer, 1818~1894)가 개발한 여성용 바지, 블루머(bloomer) 덕분에 활동성을 보장받게 된다.

블루머의 등장으로 여성들은 운동과 야외 활동이 잦아졌으며, 자연스럽게 평소 동경해왔던 자전거로 눈을 돌리게 된다. 아직 주위의 시선이 곱지 않았던 터라 초창기에는 일부 용기 있는 여성만이 간간히 자전거를 타고 거리를 누빌 뿐이었다. 하지만 사회의 시선도 여성들의 활화산 같은 자전거에 대한 욕구를 더 이상 막을 수 없었다. 자전거의 인기라는 불길은 삽시간으로 유럽 전역으로 번져갔다. 급기야 1868년 프랑스 보르도(Bordeaux) 지역에서는 여성 라이더만을 위한 자전거 경기가 열린다. 그후로 2~3년 동안 수십 차례 여성을 위한 자전거 경기가 개최되었다.

물론 여전히 자전거를 타는 여성에 대한 곱지 않은 시선이 많았다. 자전거는 백인 남성의 전유물이라는 인식이 강해서 여성, 유색 인종, 남성 노인이 자전거를 타는 것은 문제가 있다고 생각하는 보수주의자들이 많았기 때문이다.

자전거로 시작된 여성의 권리 신장이 20세기에까지 이어져 여성들의 경제활동 등 사회 진출의 기회가 늘어나게 되었고, 그 여세를 몰아 1918년 이후로 캐나다, 미국, 영국 등지에서 여성에 대한 참정권을 인정받는 계기가 되었다. 이로써 자전거는 여성 인권을 상징하는 '자유의 기계(freedom machine)'로 불리게 되었다.

5
자동차
남성의 욕망을 자극하는 기계장치

자동차의 시초

자동차는 내연기관이나 전동기를 통해 발생한 동력을 바퀴에 전달해 손쉽게 이동하는 기계장치이다. 자동차를 일컫는 영어식 표현인 'car'는 라틴어 'carrus'(바퀴 달린 탈것)에서 나온 말로 'automobile'은 그리스어 'autos'(스스로)와 라틴어 'movere'(움직이다)에서 어원을 찾을 수 있다.

21세기인 오늘날 약 6억 대 이상의 자동차가 지구촌 구석구석을 누비고 있다. 자동차는 전 세계에서 생산되는 화석연료의 5분의 1이라는 막대한 양을 소비하고 있어 지구환경에도 큰 영향을 미치고 있다. 또한 2015년 세계보건기구(WHO)에서는 매년 전 세계에서 125

퀴뇨의 증기 삼륜차

만 명이 교통사고로 안타깝게 목숨을 잃는다고 발표했다. 이러한 어두운 면에도 불구하고 자동차는 우리 삶에서 단순한 이동 수단 이상의 영향력을 갖고 있다. '집은 없어도 자동차는 있어야 하는' 시대로 인식되는 지금, 자동차는 다양한 용도로 자신의 위상을 표현하고 있다. 어떤 자동차를 타느냐 하는 것만으로도 사회적 지위, 돈, 권위, 개성을 나타내는 도구가 되기도 하고 때로는 이동하는 '개인 공간'으로서 여유와 편안함을 선사하기도 한다. 즉, 자동차는 인간의 욕망을 대표하는 기계장치인 것이다. 특히 젊은 남성들에게는.

근대식 자동차의 시초는 18세기 산업혁명을 주도한 증기기관을 기반으로 발명되었다. 그 중 1769년 프랑스의 발명가 니콜라스 퀴뇨(Nicolas Joseph Cugnot,1725~1804)가 군대용 대포를 끌기 위해 발명한 증기 삼륜차가 기계적인 동력을 이용해 움직인 최초의 자동차라고 할 수 있다. 이후 전기라는 새로운 에너지원으로 움직이는 자동차가 등장한다. 1838년 스코틀랜드의 발명가 로버트 데이비슨(Robert Davidson, 1804~1894)은 시속 6킬로미터로 움직이는 전기기관차(electric locomotive)를 발명했다. 앞서 발명된 기계식 증기기관 자동차에 비해 냄새가 적고, 진동과 소음이 작아 일반 시민들에게 큰 호응을 얻기에 충분했다. 이후 짧은 시간이나마 이들 증기기관차와 전기자동차는 바퀴 달린 이동 수단의 정복자가 될 것으로 여겨졌다.(20세기 초 미국 자동차 시장의 40퍼센트가 증기기관 자동차, 38퍼센트가 전기자동차였고, 나머지 22퍼센트만이 내연기관 자동차였다.)

내연기관의 탄생

밤늦게 야근을 하거나 열심히 공부하거나 또는 열심히 놀 때, 뱃속의 생체 알람과 함께 어김없이 야식이 우리를 유혹한다. 어제의 다이어트는 없다! 우리에게 내일도 없다! 라는 결의에 찬 다짐을 하며 라면, 떡볶이, 치킨, 피자 등을 과감히 선택한다. 하지만 우주의 질서는 변화할 기미가 없고, 태양은 늘상 그렇듯 동쪽에서 떠오르기 시작한다.

한밤중의 식탐에 무릎 꿇은 지구인들은 아침에 눈을 뜨고서야 후회를 한다. 하지만 또 다시 새벽이 다가올 무렵 또 무언가를 선택한다. 그렇다. 우리는 먹어야 생존한다. 단순히 허기를 채우고 싶다는 (아니, 가장 중요하다!) 인간의 욕구 충족에도 다양한 방법이 있다.

야식으로 충족된 우리 몸이 에너지를 일으키듯 마찬가지로 자동차의 뜨거운 심장인 엔진은 열기관(熱機關)의 하나이다. 엔진은 단순히 연료를 통해 발생된 열에너지로 동력을 만들어내는 것 같지만 그 방법은 다양하게 존재한다. 사용되는 연료가 태워지는 기관의 안이냐, 바깥이냐의 위치에 따라 크게 외연기관(外燃機關, external combustion engine)과 내연기관(內燃機關, internal combustion engine)으

내연기관
가솔린, 디젤 등의 연료를 통해 연소실 내부에서 연소시켜 에너지를 얻는 기관으로 가솔린기관과 디젤기관 등이 있다.

크리스티안 하위헌스

로 구분된다.

외연기관은 물을 끓이고, 그로 인해 발생한 고온·고압의 수증기로 피스톤을 작동시켜 동력을 만들어낸다(증기기관차를 떠올리면 이해가 쉽다). 그런데 기관의 크기와 열이 동력으로 전달되는 효율이 매우 낮아 오늘날 이동 수단으로 사용하는 것을 찾아보기 어렵다.

반면 내연기관은 단순히 물을 끓여 동력을 만드는 것이 아니다. 기관 내부에서 연료를 태워서 발생한 고온·고압의 연소 가스를 통해 피스톤을 움직여 동력을 얻는 방식이다. 외연기관에 비해 크기가 작고 효율이 높다는 장점으로 오늘날 거의 모든 동력장치들에 사용되고 있다. 내연기관은 연료의 종류와 용도에 따라 가솔린(gasoline), 디젤(diesel), 가스 터빈, 제트, 로켓 기관 등으로 구분된다.

외연기관의 대표 주자였던 증기기관을 작동하기 위해서는 많은 연료를 사용해야 했다. 그리고 커다란 몸집 때문에 이리저리 운반하기도 불편했다. 사람들은 이러한 단점을 넘어선 새로운 동력장치를 원했고 이러한 바람 속에 140여 년 전에 현대적인 형태의 내연기관이 등장해 오늘날까지 동력기관의 황제로 군림하고 있다.

내연기관을 맨 처음 개발한 사람은 수학자, 물리학자, 천문학자였던 크리스티안 하위헌스(Christiaan Huygens, 1629~1695)로 보고 있다. 자연과학 분야에서 명성이 자자했던 하위헌스는 1666년 프랑스 과학아카데미에 초청되었는데 당시 그는 군사 무기였던 화약을 사용하는 총과 대포에 관심이 많았다. 총과 대포의 원리는 화약이 폭발하면서 그 반동으로 금속 총알(대포알)들이 뿜어져 나오는 것이다. 하위헌스는 이 같은 모습을 보고 '증기의 힘으로 동력을 만들어낼 수 있듯이, 총에서 발생되는 폭발이라면 열에너지를 이용해 동력을 얻을 수 있다'라는 추론을 이끌어냈다. 하위헌스의 이런 예측이 오늘날의 내연기관으로 발전하는 단초가 되었다.

에티엔 르누아르

그러나 하위헌스의 아이디어는 이렇다 할 큰 진전 없이 200여 년이 흘러가버린다. 이후 1860년 에티엔 르누아르(Étienne Lenoir, 1822~1900)라는 벨기에 태생의 프랑스 발명가가 실용적인 내연기관을 발명해낸다. 그가 발명한 내연기관의 주연료는 당시 가로등을 켜는 데 사용했던 석탄가스였다. 르누아르가 발명한 장치의 기본은 다음과 같다. 연료와 공기가 혼합된 기체 그리고 실린더가 연속으로 동작하는 중에 점화장치가 연료를 점화한다. 이때 점화된 연료는 내연기관의 내부에서 순간 폭발이 일어나게 된다. 그 폭발력을 통해 피스톤이 움직이면서 기계적인 동력을 발생한다는 기본 원리이다.

르누아르가 개발한 2행정 엔진

르누아르의 기관은 배터리를 이용한 점화장치가 달려 있어 기존의 외연기관보다 쉽게 시동을 걸 수 있었는데, 구조가 간단해 운영이 쉽

알퐁스 보 드 로샤

다는 장점으로 많은 이들의 호응을 얻었다. 이로써 르누아르의 내연기관은 실용성을 인정받게 되었고, 일명 2행정 엔진(two cycle engine)으로 불리게 되었다. 2행정 엔진은 상승행정(압축→흡입/점화)과 하강행정(폭발→배기/소기) 2단계의 동작 모드를 가지고 있어 구조가 간단하고 회전 속도가 빠르다는 장점이 있었다. 하지만 배기행정이 불안하거나 유효 행정이 짧아 연료 소비율이 크다는 단점이 있었다.

이러한 단점을 극복할 획기적인 내연기관에 관한 이론이 1862년 등장하는데 그 이론을 제시한 사람은 프랑스의 과학자 알퐁스 보 드 로샤(Alphonse Eugène Beau de Rochas, 1815~1893)이다. 로샤의 내연기관은 흡입행정-압축행정-연소팽창-배기행정이 순차적으로 이루어지는 4행정 엔진(four cycle engine)기관에 관한 이론이었다.

기본 동작 모드를 살펴보면 흡입행정에서는 흡기 밸브가 열림과 동시에 내부의 피스톤이 실린더 아래 방향으로 움직인다. 내려갔던 피스톤이 다시 올라오면서 연료와 공기 혼합물이 강력한 폭발을 일으킬 수 있도록 고온·고압으로 압축하는 압축행정이 이루어진다. 이후 점화장치에서는 전기 불꽃이 발생해 순간 압축되었던 연료가 폭발한다. 다시 올라갔던 내부 피스톤이 아래로 내려가면서 강력한 동력을 발생한다. 그리고 마지막으로 배기행정 때는 피스톤이 또 다시 올라가면서 흡기밸브는 닫히고 배기밸브가 열리면서 뭉쳐 있던 배기가스를 밖으로 내보낸다. 이렇게 4행정이 1사이클(cycle)의 주기로 동작한 이후 연료가 바닥나기 전까지 이 같은 모드로 동작을 반복해 동력을 이끌어낸다.

니콜라우스 오토

그러나 아쉽게도 로샤는 이론만 제시했을 뿐 발명에는 재능이 없었던지, 자신이 제안한 4행정 기관을 직접 만들지는 못했다. 단지 1862년 관련 특허만 획득하는 데 만족해야 했다. 실용성이 돋보였던 로샤의 이론은 그후 십여 년 동안 이렇다 할 성과 없이 이론에만 머문 채 묻히게 된다.

4행정 엔진(1876)

드디어 로샤의 이론을 기반으로 새로운 4행정 엔진을 발명한 인물이 나타났다. 독일의 발명가 니콜라우스 오토(Nikolaus August Otto, 1832~1891)였다. 그는 일찍이 학업을 중단하고 생활 전선에 뛰어든 인물로, 독일 인근 국가를 돌며 주로 식료품과 주방용품을 파는 외판원으로 일했다. 직업상 다양한 국가를 넘나들다 보니 당대의 화제가 되는 발명품들을 남들보다 쉽게 접할 수 있었다.

이런 발명품 중 오토의 눈을 사로잡은 것이 르누아르의 2행정 기관이었다. 생계를 위해 외판원이라는 직업을 갖고 있었지만, 평소 기계장치와 발명에 관심이 많았던 터라 더욱 유심히 관찰했다. 2행정 기관은 당시 주류 동력장치로 인식되던 증기기관에 비해 구조가 간단하고 크기가 작아 흥미롭게 생각한 것이다. 그러나 르누아르의 2

행정 기관을 상업적으로 접근하기 위해서는 넘어야 할 산이 많았다. 가장 큰 문제점은 연료 효율이 턱없이 낮다는 점이다. 1마력의 동력을 1시간 가량 유지하기 위해서는 3000리터의 가솔린이 필요했다. 연료 효율이 낮다 보니 불필요한 열에너지가 기관 내부의 부품들을 늘 뜨겁게 달구는 바람에 엔진이 멈춤과 동작을 반복하기 일쑤였다.

오토는 본격적으로 내연기관을 연구하기 위해 투자자들을 찾아 나섰다. 때마침 설탕 제조업자의 아들인 오이겐 랑켄(Carl Eugen Langen, 1833~1895)을 알게 된다. 1864년 3월 오토와 랑켄은 공동 창업을 하고 이후 그들은 르누아르 엔진에 비해 연료 소모량을 절반으로 줄일 수 있는 제품을 1867년 파리 만국박람회에 출품한다. 그들의 기관은 연료 소비를 줄일 수 있다는 큰 장점으로 박람회에서 금메달을 받았다. 이후 기술력을 인정받아 대중적으로 인기를 끌 것으로 예상했지만 시장은 좀더 혁신적인 엔진을 원했던 터라 그들 엔진에 대한 관심도 서서히 식어버린다.

오토와 랑켄은 그동안 개발했던 내연기관의 경험을 바탕으로 1872년 독일 가스발동기 제작회사를 설립한다. 새롭게 설립된 회사에서 오토가 사장, 랑켄이 부사장을 맡았고 엔지니어로 고틀리프 다임러(Gottlieb Daimler, 1834~1900), 빌헬름 마이바흐(Wilhelm Maybach, 1846~1929)라는 인물들이 고용되었다(이 이름들에서 어딘지 고급진 냄새가 나지 않는가? 그렇다. 바로 세계적인 명차의 이름들이다!). 이렇게 구성된 드림팀은 새로운 형태의 내연기관 개발을 시작한다. 연구에 연구를 거듭한 끝에 1867년 드림팀은 알퐁스 보 드 로샤의 이론을 기반으로 한 4행정 기관을 세계 최초로 발명해낸다. 이듬해 그들은 연구의 결과물인 4행정 기관의 특허를 획득하게 된다.

고틀리프 다임러

빌헬름 마이바흐

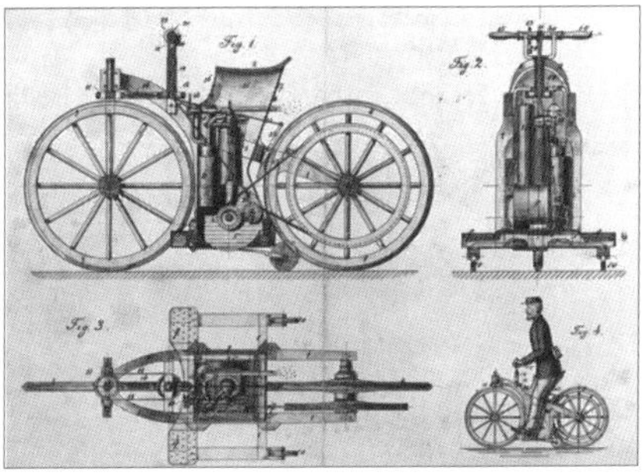

다임러와 마이바흐가 제작한 3륜 오토바이 도면

이후 개발된 내연기관은 니콜라우스 오토의 이름을 따서 '오토엔진'으로 이름 붙여져 시장에 출시되는데 오토엔진은 출시되자마자 선풍적인 인기를 끌며 다양한 이동 수단에 동력장치로 사용되었다. 이후 오토엔진은 10년 동안 약 3만대 가량 팔려나가는 기염을 토했다. 하지만 기쁨도 잠시, 완벽한 엔진 개발에 힘써왔던 엔지니어 다임러와 좀더 생산성 높은 엔진을 원했던 오토는 잦은 의견충돌을 보였다.

다임러는 오토엔진의 가스연료 방식에 대한 문제를 늘상 지적하며 이에 대한 해결책으로 연료 방식을 가솔린으로 교체할 것을 오토에게 제안했다. 하지만 오토는 자신의 노력이 들어간 오토엔진을 바꾸는 것을 용납할 수 없었다. 그래서 번번이 다임러의 의견이 무시되곤 했다. 이에 반발해 다임러는 동료인 마이바흐와 함께 1882년 회사를 나와 새롭게 기관제작소를 설립한다. 한뜻으로 뭉친 다임러와 마이바흐는 1885년 고속으로 작동 가능한 가솔린 내연기관을 발명해낸다.

여기서 특허와 관련해 혼란을 느낀 독자들이 있을 것이다. 앞에서 언급한 것처럼 최초의 4행정 기관에 대한 이론과 특허는 알퐁스 보드 로샤가 제시했었다. 물론 실용적인 발명품을 만들어낸 것은 오토지만 최초의 특허권자가 아니라는 이유로 1886년 법원으로부터 특허 취소 판결이 내려진다. 오토에게는 안타까운 상황이었지만 결과적으로 4행정 기관은 누구나 제약 없이 만들거나 판매가 가능해진 것이다. 이후 4행정 내연기관은 1886년 벤츠사의 3륜 자동차와 1889년 다임러사에서 제작된 4륜차에 사용되면서 오늘날과 같은 자동차의 원조가 되었다.

디젤기관을 탄생시킨 비운의 천재, 루돌프 디젤

대학시절 주유소에서 아르바이트를 했던 적이 있었다. 첫날 간단히 주유기의 사용법 등에 관한 교육을 받았다. 교육의 핵심은 주유기가 가솔린(휘발유)과 디젤(경유)로 구분되어 있으니 실수 없이 주유해야 한다는 점이었다. 차량마다 사용하는 연료가 다르기 때문에 잘못 주유할 경우 차량에 문제가 생긴다는 것. 다행히도 주유소에서 일하던 몇 달 동안 별다른 문제없이 급여를 꼬박꼬박 챙겨 받았다. 하지만 나보다 한 달 늦게 들어온 알바생은 디젤을 사용하는 SUV 차량에 가솔린을 주유해 버리는 대형사고(아뿔사!)를 일으켰다. 이후 그 동료에게 생긴 일은 독자 여러분의 상상에 맡기겠다.

오늘날 우리가 이용하는 대부분의 자동차들은 내연기관을 사용하고 있으며(최근에는 전동기를 사용하는 전기자동차가 속속 등장하기도 한다) 크게 가솔린과 디젤이라는 두 종류의 엔진이 사용되고 있다. 가솔린엔진은 앞서 살펴본 바와 같이 오토엔진이 계속 진화해 오늘날에 이르렀다.

루돌프 디젤

가솔린엔진은 연료와 공기가 적절히 압축된(약 10분의 1로 압축) 상태에서 점화장치에서 발생하는 불꽃이 폭발해 그 에너지를 이용해 동력을 일으킨다. 반면 디젤엔진은 흡입행정에서 흡입 공기를 압축행정에서 약 20분의 1로 압축한다. 이후 압축되고 뜨겁게 달궈진 공기 중에 연료(경유)를 분사해 자연 발화시켜 동력을 발생시키는 원리이다. 이런 기본 동작 원리의 차이로 인해 디젤엔진은 적은 연료로 오랜 시간 동력을 유지할 수 있는 장점을 가지고 있다.(연비가 좋은 디젤엔진이 장착된 승용차나 SUV 차량이 인기 있는 이유 중 하나가 이런 점 때문이다.) 디젤엔진은 이러한 장점으로 자동차는 물론 기차, 해양 선박, 발전기 등에 사용되고 있다. 특히 대량생산과 대량수송에 적합한 분야에서는 반드시 사용되어야 할 기계장치로 손꼽히고 있다.

오늘날까지도 산업 전반에 큰 영향을 미치고 있는 디젤엔진은 독일의 공학자 루돌프 크리스티안 카를 디젤(Rudolf Christian Karl Diesel, 1858~1913)이 개발했다. 이름에서도 알 수 있듯이 디젤엔진의 '디젤'은 그의 이름에 따왔다. 그런데 디젤이 비운의 천재라고 불리는 데는 그 이유가 있다. 그는 어린 시절부터 독일어, 프랑스어, 영

사디 카르노

어를 사용하는 데 큰 어려움이 없었고 초등학교에서는 줄곧 우등상을 받을 만큼 명석한 두뇌의 소유자였다. 10대 시절에는 국제 정세의 악화로 10년 동안 살았던 프랑스를 떠나야만 했다. 이후 영국에 잠시 머물다 친척들이 살고 있던 독일로 이주하게 된다.

평소 엔지니어가 꿈이었던 디젤은 공업학교를 거쳐 1875년 뮌헨 폴리테크닉에 입학해 본격적으로 기계공학을 공부하게 된다. 그곳에서 디젤은 '냉동 기술의 아버지'라고 불리는 카를 폰 린데(Carl Paul Gottfried von Linde, 1842~1934)를 스승으로 맞이한다. 특히 린데의 열역학 강의는 디젤의 인생 목표를 원대하게 확장시키는 계기가 되었다.

강의 내용은 프랑스의 물리학자인 사디 카르노(Nicolas Léonard Sadi Carnot, 1796~1832)의 열역학에 관한 것이었다. 카르노가 증명한 열역학은 '열은 높은 온도에서 낮은 온도로 옮겨질 때에만 힘이 발생하고, 그 반대의 경우 밖으로부터 힘을 주지 않으면 안 된다'라는 것이었다. 디젤은 강의를 통해 카르노의 이론을 바탕으로 한 새로운 엔진을 만들겠다는 야심찬 목표를 세운다.

우수한 성적으로 졸업한 디젤에게 스승 린데는 냉동기 회사에서 일할 것을 제안한다. 디젤은 그 제안을 받아들이고 회사에서도 열정적으로 연구를 했고, 그 결과 제빙기 특허를 획득하는 등의 성과를 냈다. 이로 인해 어느 정도 돈도 벌게 된다. 이후 안정된 직장생활과 함께 마사 플라시(Martha Flasche)라는 여인과 결혼도 한다. 하지만 이렇게 안락한 생활 중에도 늘 그의 머릿속에서는 학창시절부터 흥미를 느꼈던 카르노 이론이 떠나지 않았다. 아직 시장에 나와 있는 내연기관의 효율이 낮았던 터라 디젤은 에너지 낭비가 적은 내연기관을 꿈꾸었던 것이다.

디젤의 꿈은 1892년 특허출원으로 한걸음 나아가는 성과를 냈다. 이 특허는 1893년 정식으로 등록되었고, 같은 해 〈합리적 열 기관의 원리〉를 출판했다. 그의 연구 내용들은 디젤엔진을 개발하는 데 기본적인 이론임에는 의심의 여지가 없었다. 하지만 당시만 해도 실제 제품으로 연결되기는 어려워 보였다.

'뜻이 있는 곳에 길이 있다'는 말처럼 아우크스부르크 기계공작소(Maschinenfabrik Augsburgm, 오늘날 세계적인 트럭회사 만(MAN)의 전신이다)를 이끌었던 하인리히 폰 부츠(Heinrich von Buz)라는 구세주가 등장한다. 평소 고효율의 내연기관 개발에 관심이 많던 폰 부츠는 루돌프 디젤의 연구에 흥미를 보이며, 선뜻 회사의 선임 엔지니어 자리를 제안했다. 이후 실용적인 디젤엔진이 탄생되기까지 폰 부츠는 아낌없는 지원을 한다.

폰 부츠의 지원 아래 디젤은 1893년 야심차게 시작품(試作品)을 제작하고 실험에 돌입했다. 첫 실험은 실패로 돌아갔고 두 번째, 세 번째도 마찬가지였다. 이론적으로 전혀 문제가 없어 보였던 사항들이 실제 실험을 진행할 때는 문제점이 되었다. 이론과 실험 사이에 괴리가 존재했던 것이다. 디젤은 자신의 이론의 오류를 인정하고 계속해서 이론과 실험 장치를 보강해 나갔다. 지루하게 반복된 실험이

디젤의 시작품(試作品) 엔진

수년간 지속된 끝에 1897년 드디어 당시 제작된 엔진 중 가장 높은 효율을 자랑하는 엔진을 만들어낸다. 이 같은 성공의 기쁨을 사랑하는 아내에게 전하자 그녀는 남편을 자랑스러워하며 그의 이름을 따서 '디젤엔진'이라고 부를 것을 권했다.

혁신적인 발명품 '디젤엔진'을 내놓은 뒤 디젤은 순식간에 기술계의 스타로 우뚝 서게 되었다. 유수의 회사들이 경쟁적으로 그의 특허권에 로열티를 지불하고 디젤엔진을 만들고자 했다. 디젤은 40세에 백만장자가 되었다. 하지만 순조롭게만 작동할 것 같았던 '디젤엔진'은 여기저기서 기계적인 결함이 발견되었다. 설상가상으로 디젤엔진의 설계상의 허점을 노려 오히려 특허권이 자신에게 있다고 주장하는 사람들까지 생겨났다. 그들로부터 소송과 협박을 받는 등 디젤에게는 하루하루가 고통의 연속이었다.

결국 잇따른 사업 실패와 특허 소송 등으로 재산은 바닥이 났고 건강마저 잃게 된다. 꿈과 희망에 찬 젊은 시절, 부와 명예를 거머쥐었던 불혹의 나이도 허무하게 지나갔다. 화려했던 과거가 모두 지나가버리고 이제는 절망의 수렁 속으로 서서히 가라앉고 있다고 스스로 생각했다.

이런 어려움이 계속되는 가운데 디젤은 1913년 9월 영국 런던의 디젤엔진을 제조하는 한 회사와의 미팅을 위해 증기선 드레스덴(Dresden) 호에 올랐다. 그런데 분명 배에 승선했을 디젤이 개인 소지품만을 갑판에 남겨둔 채 감쪽같이 사라져버렸다. 승선 이후 배 안에서는 두 번 다시 그의 모습을 볼 수 없었다.

그로부터 얼마 후 같은 항로를 지나던 네덜란드 상선이 수면 위를 떠다니는 시신 한 구를 발견한다. 열흘 전 실종된 루돌프 디젤이었다. 그의 죽음을 두고 '자살이다' '음모에 의한 타살이다'라는 의견이 분분하며 여전히 논란이 존재한다. 어쨌든 비극적으로 생을 마감한 디젤이지만 오늘날 그의 심장과 같은 디젤엔진은 그의 이름과 함께 지구촌 곳곳에서 여전히 뜨겁게 살아 움직이고 있다.

증기·전기·내연기관의 애매한 삼각관계

2018년 오늘날의 자동차는 주로 내연기관이며, 버스나 상용차 등을 제외하면 대부분 가솔린엔진으로 굴러가는 자동차들이다. 최근 친환경 이동 수단인 전기자동차가 간혹 보이지만 하루에 수십 대를 찾아보기도 어렵다(하지만 제주도에서는 흔히 볼 수 있다). 그리고 산업혁명의 대명사인 증기기관을 이용한 증기자동차를 직접 보기 위해서는 큰 맘 먹고 박물관으로 행차해야 한다.

지금은 자동차가 필수품으로 자리잡았지만 20세기 초만 해도 자동차에 관한 기술은 걸음마 단계였다. 물론 자동차로 인해 세상이 이렇게 변할지 당시에는 아무도 예견하지 못했다. 당시 자동차 업계에서는 증기, 전기, 내연기관이 3파전을 벌이며 자동차 세계의 왕좌를 차지하기 위해 치열한 경쟁을 펼치고 있었다. 21세기에 와 있는

스탠리 형제

스탠리스티머(1903)

우리는 이미 정답을 알고 있지만, 당시만 해도 어떤 이동 수단이 자동차 왕국을 평정할지 가늠이 어려운 상황이었다. 20세기 초 미국의 자동차 시장은 40%가 증기기관으로 운행되었으며 38%가 전기, 22%가 가솔린이 차지하고 있었다.

증기기관은 19~20세기에 걸쳐 공장, 철도, 선박 등 그 활용 범위가 넓어 산업 전반에서 큰 호응을 얻고 있었다. 증기기관은 주로 광업이나 철도에서 사용되었는데 미국의 쌍둥이 형제 발명가 프랜시스 스탠리(Francis Stanley, 1849~1918)와 프리랜 스탠리(Freelan Stanley, 1849~1940)가 개발한 증기자동차 스탠리스티머(stanley steamer)는 대중들로부터 큰 호응을 받았다. 특히 1906년 미국 플로리다에서 열린 자동차 경주에 참가한 유선형 스탠리스티머는 시속 204킬로미터의 엄청난 속도로 달리는 모습을 보여주었다. 이 광경을 목격한 많은 사람들은 폭주하는 증기자동차를 보고 넋을 잃었고, 자동차의 유일한 대안은 증기기관이라는 신념을 거듭 확인한다(시속 204킬로미터로 달리는 스탠리스티머의 기록은 1911년까지 깨지지 않았다). 초창기 증기기관에 비해 시스템의 출력은 향상되고, 크기가 작아지고, 유지비가 적게 든다는 장점들은 초기 자동차 시장을 선점하는 데 있어서 매력적인 요소였다.

하지만 많은 사람들의 기대와 달리 증기기관이 대중적인 자동차로 성장하는 데에는 몇 가지 치명적인 단점이 있었다. 증기를 발생하기 위한 보일러와 그와 관련된 연료와 물의 무게였다. 특히 주행을 위해서는 쉴 새 없이 보일러로 물을 끓여야 했고, 만들어진 증기가 쉽게 증발할 위험이 있었기에 50킬로미터마다 물을 보충해야만 하는 불편이 있었다.

또한 주행을 하려면 증기를 발생시키기 위해 30분 이상 예열해야 하는 문제도 있었다. 이러한 단점을 극복하지 못한 채 미국의 증기자동차 제조사였던 도블 증기자동차(Doble Steam Motors Company)가 1932년 증기자동차 생산을 중단한다. 이로써 증기자동차는 역사 속으로 사라졌고 많은 애호가들의 신념은 무참히 꺾였다.

19세기 중반 들어 인류에게 큰 변화가 찾아왔다. 증기기관으로 시작된 제1차 산업혁명의 충격이 채 가시기도 전에 제2차 산업혁명(1865~1900년)이 또 다시 다가온 것이다. 전기와 컨베이어 벨트로 촉발된 제2차 산업혁명은 사회 전반에 전기라는 에너지를 사람들에게 각인시켜 주었다. 전기는 미래 기술이라는 진취적인 이미지로 산업 전반에 큰 변화를 주었고 자동차 분야도 예외는 아니었다.

전기자동차(EV, Electric Vehicle)란 화석연료와 엔진을 사용하지 않고, 배터리와 전동기(motor)를 이용해 이동하는 자동차를 말한다. 즉, 배터리에 축적된 전기에너지로 전동기를 회전시켜서 자동차를 움직이는 것이다. 흔히 사람들은 전기자동차가 최근에 등장한 미래형 자동차로 알고 있다. 하지만 전기자동차는 오늘날 주로 사용하고

전동기(motor)
도체에 전류가 흐를 때 발생하는 자기장의 힘을 이용해 회전력(전기적 에너지를 기계적 에너지로 변환)을 발생하는 장치

저항기(resistor)
전기회로에서 전류의 흐름을 방해하는 역할을 하는 전자부품으로 저항의 용량에 따라 전류량의 조절이 가능하다.

있는 가솔린이나 디젤엔진 자동차보다 먼저 상용화되었다.

전기자동차의 주 동력원은 전동기에 충전된 축전지로 전기에너지를 공급받아 동작을 한다. 단순히 전동기에 공급되는 전류를 저항기(resistor)로부터 조절함으로써 속도를 변화시킬 수 있었다. 그렇기 때문에 변속을 위해 기어를 사용하지 않는 등 구동 부품에 있어서는 구조가 단순하고 비교적 운전이 쉬워 많은 이들에게 미래형 자동차라는 찬사를 받는다. 이 같은 분위기 속에 당시 전구를 실용화해서 전기 왕국을 세운 토머스 에디슨(Thomas Alva Edison, 1847~1931)도 전기자동차에 크게 매료되었다. 당시 에디슨은 머지않아 가솔린 자동차의 왕으로 군림할 포드 자동차 회사(Ford Motor Company)의 창립자 헨리 포드(Henry Ford, 1863~1947)에게 "미래는 전기의 시대입니다. 그러니 가솔린엔진 따위에 시간을 낭비해서는 안됩니다"라고 확신에 찬 어조로 충고했다고 한다.

하지만 전기자동차 역시 몇 가지 치명적인 단점을 안고 있어 대중화에 큰 어려움이 있었다. 특히 전동기의 전기 공급원인 축전지에 관한 문제였다. 자동차용으로 사용된 축전지의 에너지 밀도는 턱없이 낮은 반면 중량은 너무 컸다. 축전지의 충전 시간이 너무 오래 걸린다는 것도 큰 문제였다(축전지 문제는 미래형 자동차로 불리는 오늘날에도 여전히 극복하기 어려운 숙제이다).

이런 축전지의 문제로 인해 전기자동차의 주행거리는 50킬로미터를 넘기는 것도 버거워, 운전자는 늘 축전지의 충전을 고심해야만 했다(초보 운전자들에게는 충전 과정도 매우 어려운 일로 여겨졌다). 때문에 초기 전기자동차는 일반인보다는 체계적으로 유지·관리가 유리했던 택시 회사 등에 주로 보급되었다. 오늘날에는 배기가스 배출이 없는 전기자동차가 친환경 이동 수단으로 크게 각광을 받고 있지만 당시만 해도 환경 오염에 대한 인식이 미흡한 시절이었다.

에디슨과 전기차

초기 오토엔진을 장착한 자동차들은 연료가 불완전 연소가 되었고 이로 인해 주행 중에 많은 양의 일산화탄소와 탄화수소를 내뿜으면서 돌아다녔다. 하지만 당시 사람들은 가솔린자동차의 주행 중 발생하는 배기가스는 단지 심한 악취만 날 뿐, 인체에는 무해한 것처럼 인식했다(하기야 60~70년대 우리나라에서도 자동차 배기가스를 맡으면 뱃속의 회충이 죽는다며 아이들이 자동차 뒤꽁무니를 따라다니던 웃지 못할 얘기도 있다).

그렇다면 가솔린자동차는 어떤 특출한 점 때문에 오늘날 자동차 왕국의 주역이 되었을까? 초창기 가솔린자동차는 앞서 살펴본 증기자동차나 전기자동차 비해 더 많은 단점을 가진 열등감에 사로잡힌 자동차였다. 기본적인 동력을 얻기 위한 가솔린자동차는 속도조절장치, 냉각장치, 기화장치 등 다양한 부품이 필요한 복잡한 기계장치였다. 많은 부품들을 사용하다 보니 그에 따라 고장도 빈번하게 일어났으며, 수리는 전문 기술자들의 도움 없이는 불가능할 지경이었다. 뿐만 아니라 처음 시동을 걸기 위해서는 강제적으로 엔진을 회전시

포드의 모델 T

켜야 했는데 모두 인간의 근력으로 해결해야 했다. 상황이 이렇다 보니 가솔린자동차는 기계를 잘 다루는 남성들의 전유물이 되었다.

하지만 단점투성이인 가솔린자동차도 나름 장점이 있었다. 가파른 언덕을 거침없이 주행했고, 조작만 잘하면 추가 연료 공급 없이 110킬로미터를 쉬지 않고 달릴 수 있었다. 이는 언덕길 주행이 어렵고, 50킬로미터 이상을 달릴 수 없어 도심을 벗어나기 어려웠던 전기자동차와 확연히 비교되었다. 또한 가솔린자동차는 때와 장소를 가리지 않고 연료를 공급받을 수 있는 데다 야간 주행에도 문제가 없었다. 조명용으로도 사용 가능했던 연료여서 수급에도 큰 어려움이 없었기 때문이다. 그동안 주로 도심에서 사용되었던 자동차가 긴 주행거리, 그리고 별도의 기반시설이 크게 필요치 않다는 장점으로 인해 기술 혜택에서 소외되었던 시골 마을에까지 크게 보급되는 계기가 되었다.

자동차계의 미운 오리새끼로 취급되었던 가솔린자동차가 쟁쟁한 증기자동차와 전기자동차를 따돌리고 지금은 우아한 백조가 되어 지구 곳곳을 누비고 있는 것이다.

2부
물 위를 걷는 사람들

부력(浮力)의 작용: 물과 함께 한 인류

물이란 무엇인가? 이 질문에 대해 국립국어원이 발간한 표준국어대사전에서는 다음과 같이 정의하고 있다(설명이 길고 복잡한 걸 보니 꽤나 중요한 개념인 듯하다).

"자연계에 강, 호수, 바다, 지하수 따위의 형태로 널리 분포하는 액체. 순수한 것은 빛깔, 냄새, 맛이 없고 투명하다. 산소와 수소의 화학적 결합물로, 어는점 이하에서는 얼음이 되고 끓는점 이상에서는 수증기가 된다. 공기와 더불어 생물이 살아가는 데 없어서는 안 될 중요한 물질이다."

즉, 물은 모든 생명의 원천인 것이다. 많은 학자들은 모든 지구 생명의 탄생은 물에서부터 이루어졌을 것이라고 주장하고 있다. 때문에 지구 밖 행성을 조사하는 무인 탐사선들은 가장 먼저 그곳에 물이 존재하는지를 찾아보는데, 물은 생명체가 살아가는 데 필수이기 때문이다.

인간은 세상 밖으로 나오기 전부터 물과 친밀하다. 어머니 뱃속 양수 속에서 안락하게 약 10개월 가량을 지낸 뒤 가족에게 기쁨을 안겨주며 세상 밖으로 나온다. 이렇게 태어난 우리 인간의 신체는 약 70퍼센트의 물을 머금고 평생을 살아간다. 물과 함께 태어나 물과 함께 사는 인생이라고 할 수 있다.

인간은 물을 떠나서는 생존할 수 없다. 초기 인류는 물을 찾아 이곳저곳을 헤매었고, 물이 풍족한 강 주변에 마을을 형성했다. 이렇듯 인류 문명의 발상지는 늘 큰 강을 끼고 발달해 왔다. 고대 이집트 문명의 발상지 나일강, 메소포타미아 문명의 티그리스강과 유프라테스강, 중국의 황하강 등이 대표적인 문명의 발상지다. 그곳에 정착한 인류는 농경사회를 이루고 물을 대기 위해 강을 이용했다. 고대 이집트인들은 피라미드를 건설하면서 거대한 돌덩이를 운반하기 위해 수로를 이용하기도 했다.

이렇듯 물 가까이 정착한 인류는 원활한 이동을 위해 '배'라는 수상 이동 수단을 발명해냈다. 배를 이용해 그들은 넓고 깊은 강 여기저기를 큰 두려움 없이 탐험하게 된다. 더 나아가 끝을 알 수 없었던 바다를 정복하기까지 한다. 배의 발달이 인류 문명의 발달로 연결된 것이다.

6

배(ship)

선박의 진화

고대의 선박

인류 문명의 발전에 있어서 물의 정복은 큰 원동력이 되었다. 말하자면 '물을 지배하는 자가 권력을 가졌'다. 무거운 짐을 옮길 때 수레바퀴를 이용한 이동 수단에 비해 배는 훨씬 더 효율적인 운반이 가능했다. 이는 물의 부력(浮力, buoyancy, 뜨는 힘)을 이용하기 때문인데, 동일한 속력으로 이동하는 육상 이동 수단(더 나아가 비행기와 비교해도)에 비해 운송 효율이 좋다고 할 수 있다. 예를 들어 자동차는 싣고 있는 짐의 무게에 비례해 주행 저항이 증가한다. 하지만 배의 경우 싣고 있는 무게의 $\left(\frac{2}{3}\right)^2$에 비례하기 때문에 자동차보다 저항이 작다. 따라서 같은 속력으로 이동할 경우 좀더 효율적으로 운행이 가능하다. 물론 초기에는 이런 과학적인 원리를 전혀 알지 못했을 것이다. 그들은 단지 물을 이용하게 되면 무거운 짐(또는 사람)을 육로에 비해 쉽게 이동할 수 있다는 단순한 논리로 접근했을 것이다. 그래서 물 위를 이동할 수 있는 도구인 배를 발명해낸다.

배를 이용하면 육로보다 이동이 훨씬 효율적이다.

육지에서의 초기 이동 수단 대부분이 나무를 이용했던 것처럼 물에서도 마찬가지였다. 나무는 주변에서 흔히 구할 수 있는 재료였고, 가공하기도 쉬웠으며, 물에 쉽게 가라앉지 않아 배를 구성하는 주재료로 적합했다(나무로 만들어진 배들은 철선이 등장하기 전까지 수천 년 동안 사용되었다).

통나무를 이용해 만든 뗏목

초기 수상(水上) 이동 수단은 통나무 위에 올라타 단순히 물 위를 표류하듯 이동하였고, 이후에는 통나무를 여러 개 연결해 뗏목을 만들어 이용했다. 또, 가공하기 쉬운 대나무나 버드나무 등을 바구니처럼 엮어서 둥글게 뼈대를 만들고, 그 표면에 짐승의 가죽을 씌워 사용하기도 했다. 이 같은 형태의 배는 하천이나 호수를 쉽게 건너거나, 물고기를 잡기 위해 사용되었을 것이다. 이후 투박한 형태의 배 모양에서 좀더 우아한 모양의 카누(canoe) 형태의 배가 등장하는데, 이 배는 짧은 널빤지를 이어 붙인 골격에 십여 명의 사람과 좀더 많은 짐을 실을 수 있도록 넓은 갑판을 만들었다. 이후 단순히 물 위를 표류하는 한낱 나무토막이 우리가 익히 보았던 배의 형태로 서서히 진화하기 시작한다.

고대 그리스와 이집트 선박

고대 그리스의 시인 호메로스(Homeros, 기원전 800?~750)의 〈오디세이아(Odysseia)〉는 트로이 전쟁의 영웅 오디세우스의 모험에 관한 이야기로 구성되어 있다. 주인공 오디세우스가 전쟁을 끝마치고 가족들이 기다리는 고향으로 돌아가려 하지만 뜻하지 않게 10년 동안 해상을 표류하면서 온갖 모험을 겪은 끝에 무사히 고향 이타케에 도착한다는 줄거리다.

오디세우스는 자신이 겪었던 10년의 모험 중 7년을 오기기아(Ogygia)라는 환상의 섬에 살던 님프(nymphs, 그리스 신화에 등장하는 요정) 칼립소(Kalypso)라는 여인과 함께 보내게 된다. 칼립소는 오디세우스를 너무나 사랑한 나머지 그를 영원히 오기기아 섬에 붙잡아 두고 싶어했다. 하지만 오디세우스의 처지를 안타깝게 여긴 신들의 명령으로 칼립소는 그를 놓아주기로 결심한다. 그리고 그가 안전하게 섬을 빠져나갈 수 있도록 배 만드는 것을 도와준다.

다음은 서사시 〈오디세이아〉에 나오는 구절로 오디세우스가 배를 만들 수 있도록 칼립소가 도와주는 과정을 묘사한 부분이다.

“돛대를 만들어 활대 끝에 붙이고, 조종하는 데 필요한 키도 만들었다. 파도가 칠 때 배를 보호하기 위해 나무를 잔뜩 가져와 뗏목 둘레에 울타리를 둘렀다. 칼립소는 또 돛을 만들 아마포를 조금씩 구해다 주었다. 그는 역시 뛰어난 솜씨로 돛을 만든 후 걸쇠와 밧줄로 단단히 붙들어 맸다. 마지막으로 지렛대로 뗏목을 들어 바다에 띄워 놓았다.”

얼핏 보면 선박 제조 설명서 같기도 하다. 기원전 9~8세기경에 쓴 것으로 추측되는 이 작품은 당시 사회상과 함께 미지의 세계를 모험할 수 있었던 배에 대해서도 잘 묘사하고 있다.

세계 4대 문명은 모두 강 유역에서 발생했으며 그곳에서 살아가는 사람들은 비옥한 토지와 함께 농업용수를 쉽게 이용할 수 있어 농업 발달에 유리했다. 또한 개방적인 위치에 건설된 도시들에는 시장이 형성되어 도시국가 간의 자유로운 무역이 활성화되었다. 국가 간의 무역에서는 수레바퀴를 이용해 육지로 이동하기도 하고, 때로는 돛 하나에 의지한 채 거친 파도를 뚫고 바다를 항해하기도 했다.

미노스 문명(Minoan civilization, 기원전 3650년경~기원전 1170년경)은 지중해 한가운데 있는 크레타(Crete) 섬을 중심으로 발전했다. 그러다 보니 강 유역에서 농경사회를 형성해 발전했던 다른 문명과는 다른 형태로 발전해 갔다. 미노스 문명도 인간이 살아가기 위한 근본적인 문제, 즉 먹고사는 문제에 있어서는 소나 양, 염소 등 가축을 키우고 곡식을 재배하는 기본적인 농업활동이 다른 문명과 크게 다르지 않았다.

그러나 사방이 바다로 둘러싸여 있어 고립된 지형으로만 여겨졌던 크레타 섬 사람들에게는 다른 문명에는 없는 기술이 있었다. 이 기술로 그들만의 독특한 문명을 만들어내는 데 크게 기여한다. 그것은 바로 '바다를 지배하는 기술'이었다. 즉 배를 만들 수 있는 기술이 뛰어났던 것이다.

대부분의 지중해 주변 고대 국가들은 육지를 기반으로 한 강력한 군사력만을 보유하고 있어서 바다로 진출하는 해상 무역이 쉽지 않았다. 어렵사리 진출한다 해도 해적들로부터 약탈당하기 일쑤였다.

지중해를 무대로 약탈을 일삼는 해적들을 소탕하기 위해 당시 막강한 해군력을 보유한 크레타 섬의 전설 미노스(Minos) 왕은 큰 배를 만들어 해적들을 제거해 나간다. 이후 인근 지역 상인들은 크레타 해군의 호위를 받으며 지중해 일대에서 안전하게 무역 활동을 할 수 있게 되었고, 크레타인들은 자연스럽게 지중해의 맹주로 떠오르게 되었다.

찬란한 문명과 함께 불멸의 왕국일 것만 같았던 미노스 문명은 이웃나라 그리스 군대에게 수도 크노소스(Knossos)를 점령당하면서 허무하게 무너지고 만다(역사학자들은 당시 크레타의 무적 해군이 지중해 인근에 원정을 떠나 있어서 수도를 방어할 수 없었을 것으로 추정한다).

그리스인들은 찬란했던 크레타 문명이 탄생시킨 크노소스의 온갖 기술들을 모두 흡수하기 시작한다. 그 중에 선박 제조 기술도 있었다. 이후로 지중해를 항해하는 배들 중 크레타와 그리스의 배를 구분할 수 없게 되었고, 점차 해상 무역의 주도권은 그리스에게 넘어갔다. 내륙의 잔잔한 강이나 호수를 건너는 데 적합했던 여타 문명들의 배와 달리 그리스의 배는 파도가 거친 바다를 넘나드는 것이 가능했다.

고대 이집트 선박

고대 이집트의 경우 화물 수송을 할 때 내륙의 강을 이용해 배로 운반하는 주운(舟運, Navigation)이 많았다. 이를 위해 이집트 인들은 파피루스(papyrus)라는 풀을 엮어 앞쪽이 휘어 올라가게 만든 갈대배를 만들었다. 이후 배의 추진력을 보강하기 위해 천으로 돛을 만들어 배 한가운데에 설치한다. 설치된 돛으로 인해 배의 수송 효율성이 높아졌고, 인접 국가들과의 교역도 활발해진다(배에 돛을 사용한 최초의 기원은 이집트라고 기록되고 있다).

이집트의 선박 기술은 점차 발달해 파피루스보다 강도 높은 나무를 이용해 만든 배가 등장한다. 목선(木船)의 기본 구조는 전체 균형을 잡아는 용골(龍骨, 선박 바닥 중앙을 받치는 길고 큰 목재), 늑골(肋骨, 선체의 겉모양을 이루는 갈비뼈 모양의 골격)을 기본 뼈대로 구성하고, 긴 널빤지를 이용해 살을 붙이는 식이었다. 목재를 이용한 배이다 보니 이전의 갈대배보다 더 많은 사람과 짐을 운반하는 것이 가능했다.

고대 그리스의 배도 이집트와 마찬가지로 널빤지를 이용한 기본 골격 구조를 가진 형태였다. 하지만 널빤지를 연결하는 방법에는 차이가 있었다. 이집트 배는 짤막한 널빤지를 사용해 선체를 구성했기 때문에 쉽게 변형되거나 강도가 낮은 단점이 있었다. 이와 달리 그리스 배는 이러한 단점을 보강하기 위해 기다란 목재를 이용해 단단히 선체를 구성하는 방식을 채택했다. 그리고 널빤지와 널빤지 사이는 나무 핀을 이용하거나 건축 기술을 응용해 장붓구멍(mortice)과 장부(tenon)를 만들어 연결했다. 이처럼 안정감 있게 만들어진 그리스의 배가 파도가 넘실거리는 바다를 항해하는 건 그리 어려운 일이 아니었다.

그리스는 탁월한 선박 기술을 앞세워 기원전 10세기 이후가 되자 국가 경제에서 해상무역이 차지하는 비중이 점차 커졌다. 해상무역이 활성화됨에 따라 연간 400여 척의 선박이 건조되었는데, 노가 3단으로 배열된 갤리선(galley)부터 4~5단의 대형 선박까지 건조하는 등 관련 기술의 발전이 빠르게 이루어졌다.

특히 뱃머리에 배치된 충각(衝角, ram)은 선박의 역사에 있어서 일대 혁신이었다. 충각은 숫양을 뜻하는 말로 날카로운 뿔처럼 생긴 설치물을 뱃머리에 배치한다. 충각은 주로 해전이 발생했을 때 적군의 배를 들이받아 파괴하려는 목적으로 사용했다. 대포와 같은 화약무기가 없었던 당시에는 먼 거리에 있는 적군의 배를 치명적으로 타격할 방법이 없었다. 하지만 충각이 달린 배로 전속력으로 충돌하게 되면 적군의 배에 커다란 구멍 뚫리게 되고 서서히 바다 속으로 가라앉게 된다. 말하자면 충각은 당대의 해전에서 혁신적이 무기였던 것이다.

당시 선박에서의 특징 중 하나가 노(櫓, oar)이다. 노는 물 위를 헤쳐 배가 앞으로 나아가게 하는 도구로 오늘날 조정 경기 같은 해상스포츠에서 쉽게 볼 수 있다. 고대 선박들은 대부분 돛과 노를 이용해 운항을 했는데 돛은 그날의 날씨와 바람에 따라 성능이 들쑥날쑥했다. 그래서 기동력이 전투의 승패를 좌우하는 해전에서는 돛이 무용지물이 되기도 했다. 때문에 돛은 보조 동력으로만 사용되고 노가 주 동력의 역할을 했다.

노는 1단에서 5단까지 다양하게 배열되었는데 해전에서의 기동력을 고려해 3단 노가 가장 선호되었다. 선박의 동력원이던 노잡이들의 위치를 효율적으로 배치하기 위해 배의 구조는 2층, 3층 등으로 만들어졌다. 기원전 500년경에 등장한 트라이림(Trireme)이라고 불리던 3단 노가 배치된 갤리선의 엔진 역할을 하는 것은 노잡이의 근육이 전부였다. 그들은 180개로 구성된 노를 쉴 새 없이 젓고 또 저어야만 했다. 3단 갤리선의 순항 속도는 해상의 날씨에 따라 좌우되었는데, 수평선이 보이는 화창한 날씨에 6~8시간 노를 저을 경우 약 100킬로미터를 항해할 수 있었다. 노잡이들에게 가장 중요한 요소는 팀워크로, 호흡이 흐트러지는 즉시 서로를 방해하는 방해꾼으로 전락하게 된다. 이 같은 혼란을 방지하기 위해 그들에게는 늘 고도의 정교한 훈련이 계속되었다.

로마제국, 지중해를 평정하다

기원전 8세기경 지금의 이탈리아 중부 작은 마을에서 도시국가 형태로 출발한 고대 로마는 이후 지중해 일대를 장악하면서 거대 제국을 건설한다. 대부분의 문명이 그렇듯이 로마인들도 초기에는 바다보다는 육지를 통해 확장해 나가는 것에 관심이 많았다. 그러다 보니 전쟁에서도 육지전에 강한 보병 위주로 군대가 편성되었다.

로마의 보병은 중보병과 경보병인 벨리테(Velites, 17~25세 그룹)로 크게 나뉘고, 중보병은 다시 하스타티(Hastati, 25~30세 그룹), 프린시페(Principes, 30~40세 그룹), 트리아리(Triarii, 40~45세) 등 세분화해 관리되었다. 초기 보병들의 주 무기는 약 56센티미터 길이의 글라디우스(gladius)라는 검을 사용했다. 글라디우스는 근접전에 유리해서 적을 무자비하게 살해하는 것이 가능했다. 이렇게 육탄전에 유리했던 로마 보병은 후에 해전에 있어서도 선상에서 벌어지는 근접전에 탁월한 전투력을 발휘하게 된다.

로마 병사가 적의 함선에 쉽게 진입할 수 있었던 것은 '코르부스(corvus, 까마귀)'라 불리는 새로운 장치 덕분이었다. 신개념의 이 장치는 길이가 약 11미터, 너비 1.1미터, 1미터 높이의 난간, 그리고 7미터로 고정되고 끝에 무거운 쇠갈고리가 달린 이동식 다리였다.

지중해와 에게해를 중심으로 찬란한 역사를 자랑하던 그리스는 알렉산더 대왕의 사망과 함께 쇠퇴의 길을 걷게 된다. 그와 반대로 인근 도시국가 로마는 금방이라도 터질 것 같은 풍선처럼 국력이 팽창했다. 로마는 강력한 전투력의 보병들을 앞세워 인근 도시국가를 하나씩 정복해갔고, 계속해서 주변 영토를 확장해가는 그들의 뇌 속에서 두려움이라는 단어는 없었다. 그들에게는 늘 새롭게 정복할 대상이 필요했다. 그래서 선택한 것이 지중해 바다였다.

하지만 로마인들은 타고난 육상 민족이었다. 바다를 지배하고자 하는 욕구는 넘쳐흘렀지만, 그들에게는 제국의 자체 브랜드격인 배가 한 척도 없었다. 모든 발명은 모방에서 시작된다고 했던가. 의욕에 비해 역량이 부족했던 로마인들은 선박 기술이 뛰어난 전통 그리스의 배를 참고해 제작을 했다.

로마의 갤리선

한편 당시 그리스와 함께 뛰어난 선박 기술을 보유하고 있던 페니키아는 로마와 포에니 전쟁(기원전 264~기원전 241)을 치렀지만 전쟁은 로마제국의 승리로 끝을 맺는다. 승자의 권리로 로마는 페니키아의 항만시설, 지중해 인근 해상 장악권, 그리고 페니키아의 선박기술 등을 모조리 접수할 수 있었다.

결국 로마인들은 페니키아와 그리스 배의 장점을 기반으로 로마 스타일의 배를 만들어낸다. 우선 로마의 배는 해상권을 장악하기 위해 해전을 치러야 했기 때문에 전함의 크기를 키우는 데 주력했다. 주요 선박은 3단 노를 채용했지만, 때로는 16단 노를 장착한 대형 선박을 건조하기도 했다. 2~3층 규모의 갤리선에 적게는 3명, 많게는 8명 이상의 노잡이들이 한조를 이루어 기다란 노를 힘차게 젓는 구조일 가능성이 높다. 아무래도 고대 선박의 엔진격인 노잡이가 많다는 것은 순간 추진력이 높아 전쟁에 유리했을 것으로 추측된다.

이렇듯 선박의 성능 향상과 선체의 크기는 어느 정도 비례하는 추세를 따르고 있었다. 하지만 선체가 커짐에 따라 구조적 결함도 함께 발생했다. 특히 선박을 구성하는 여러 가지 핵심 재료들의 마감과 그에 따라 물이 새지 않도록 하기 위한 수밀(水密, watertight)의

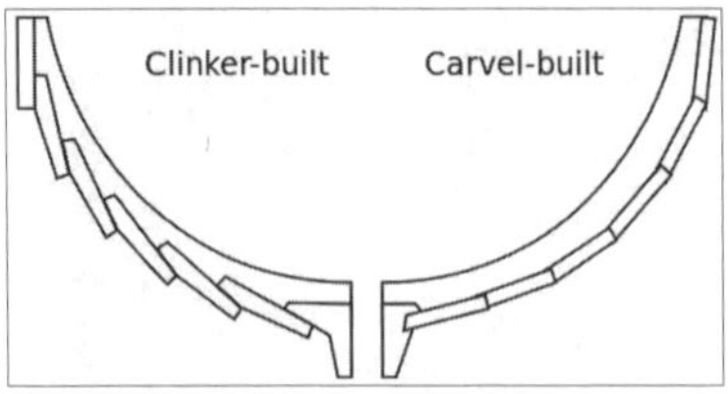

클링커식 이음과 카벨식 이음

유지가 큰 문제로 떠올랐다. 로마인들은 크고 안정적인 선박을 만들기 위해 용골의 구조를 외부로 돌출시켰다. 그리고 널빤지를 서로 겹쳐서 붙이는 방식인 클링커식 이음(clinker built)에서 널빤지의 면을 평평하게 이어 붙이는 카벨식 이음(carvel built) 방식을 채택한다. 그리고 연결된 널빤지는 청동 못을 이용해 선박의 뼈대에 단단히 고정했다. 이러한 건조 방식으로 로마식 대형 선박은 자재의 결착력과 수밀도를 높일 수 있었다.

초기 로마인들의 생각은 단순했다. 크고 빠른 배를 만들기를 원했던 것. 그래서 오로지 노의 개수와 노잡이를 늘리거나 그에 따라 선체의 크기를 늘리는 것만을 생각했다. 하지만 계속된 시행착오를 거치면서 그들은 깨달았다. 단순히 물리(재료)적 증가만으로 선박의 성능을 향상시키는 데에는 한계가 있음을 깨달았던 것이다.

선박의 기본 추진력은 노잡이들의 근육에서 발생된 동물적인 동력과 바람의 힘으로 얻을 수 있다. 당시 선박의 추진력 향상을 위해 가장 일반적으로 사용된 방법은 노의 개수를 늘리고 노잡이를 더 많이 배치하는 것이었다. 노잡이들은 지금으로 보면 선박의 엔진이다. 무생물인 엔진을 작동하기 위해서는 연료만 잘 넣어주면 원하는 곳으로 쉽게 갈 수 있다. 하지만 선박의 엔진인 노잡이들은 인간이다. 단순히 맛있는 음식만으로 그들의 노동력을 지배하기란 힘든 일이다. 안정된 노잡이를 만들어내기 위해서는 많은 시간적인 노력과 훈련이 필요했다.

로마인들은 선박의 추진력을 담당하는 또 다른 요소인 돛에 주목했다. 당시만 해도 돛은 마치 무인도에서 조난을 알리기 위해 사용되었던 깃발처럼, 선박 한가운데 세워진 설치물일 뿐이었다. 또 넓은 갑판을 원했던 것인지는 알 수 없지만, 넓은 공간에 하나의 돛만 덩그러니 설치되었다.

로마인들은 선박의 기동성을 향상시키기 위해 돛을 활용하기로 했다. 가운데 돛대를 중심으로 앞쪽에 두 번째 돛을 설치했는데 추가된 돛은 상대적으로 크기가 작았다. 이는 바람의 방향을 가르는 일종의 키 역할을 주로 담당했을 것으로 추측된다. 돛대의 개수와 배치에 따라 선박 운항에 큰 영향을 주는 것을 알게 된 로마인들은 돛의 개수를 더 늘려 3개 이상 설치하기도 했다. 거대한 상선이나 전함의 경우 돛의 개수가 늘어남에 따라 추진력을 향상시키는 데 큰 도움이 되었다(내륙에 인접한 해안가를 항해하는 작은 배나, 어선들은 여전히 하나의 돛으로 항해하곤 했다).

로마제국의 선박들은 기본 구조에서 선구적이었던 그리스나 페니키아의 배들에 비해 크게 진화하지 못했다. 하지만 로마인들은 선박 제조 기술을 개선하여 내구성을 높이고, 노의 개수를 늘리고, 돛을 추가하고 바람을 통제하는 등 기술적인 면에서 이전 문명의 배들에 비해 진일보했다. 로마제국의 배는 당시로서는 번개와 같은 속도였던 평균 4노트로 드넓은 바다를 항해했으며, 최대 속도 6노트를 돌파하기도 했다.

바이킹의 배, 부활하다

고대 로마의 정치가이자 장군인 카이사르(Gaius Julius Caesar, 기원전 100~44)는 제국의 영토 확장에 대한 야망을 누르지 못 하고 북유럽 제도로 뱃머리를 돌린다. 이윽고 거친 북해에 도달한 카이사르는 저 멀리 항해 중인 한 척의 배를 목격한다. 한결같이 로마 제국의 제물의 되어왔던 지중해의 배들과는 사뭇 다른 모습의 배였다. 흥미를 느낀 카이사르는 일정한 거리를 두고 정체불명의 배를 관찰한다. 카이사르의 〈갈리아 전기〉에는 다음과 같은 대목이 나온다.

"선체는 다른 배들과 달리 얇다. 아마도 쉽게 해변을 드나들 수 있을 것이다. 또한 선수(船首, 배의 앞머리)와 선미(船尾, 배의 뒷부분)는 두 마리의 뱀이 똬리를 틀고 있는 모습처럼 보이고, 하늘을 향해 높게 치솟아 있다. 이는 거친 북해의 파도를 헤쳐 나가기에 무리가 없어 보인다…."

카이사르가 흥미롭게 바라보았던 배는 스칸디나비아 지역에서 활동하던 바이킹(viking)족 선조들의 배일 것으로 추측된다(바이킹의 어원은 스칸디나비아 반도에 많이 분포한 협강(vik)에서 유래되었으며 '협강에서 온 자'라는 뜻을 가지고 있다).

바이킹의 배는 10여 세기 동안 바다의 신 에기르(Aegir, 북유럽 신화에 등장하는 바다의 신. 신화에 따르면 에기르의 노여움으로 바이킹들의 배가 난파되는데, 그래서 바이킹들은 출항 전에 값진 소지품을 던져 신에게 바쳤다)의 저주로 깊은 바닷속에 잠들어 있다가 19세기에 와서 여러 척의 선박들이 발굴되어 세상에 그 모습을 드러냈다. 특히 1904년 발굴된 오세베르그(Oseberg)와 1880년 발굴된 고크스타(Gokstad)로 이름 붙여진 선박의 발견은 바이킹족의 찬란했던 선박 기술과 민족 문화를 살펴볼 수 있는 중요한 열쇠였다.

오세베르그

오세베르그는 1904년 노르웨이의 오슬로피오르(Oslofjord) 인근 바닷가에서 발견되어 현재는 노르웨이 오슬로의 바이킹 박물관에 전시되어 있다. 800~850년 사이에 여왕의 전용 선박으로 사용되었을 것으로 추정되는 이 유물은 선박이라기보다 거대한 관을 연상시킨다. 선박 내부에는 여왕의 것으로 보이는 유골과 함께 말, 소, 개 등의 가축 뼈가 있었고 침대, 손수레, 곡식, 노 등 생활용품도 다량으로 발견되었다. 선박의 길이는 21.5미터, 너비 5.1미터, 깊이 0.85미터의 크기를 가졌다. 항해를 위한 주 동력원인 돛은 13미터 높이로 배 중앙에 위치해 있었으며, 노잡이의 순수한 힘으로 움직이는 노는 양쪽 측면에 15개 가량 배치되었다.

바이킹족의 중요 풍습 중 하나는 부족의 귀인이 죽으면 고인이 사용하던 배와 시신을 함께 불태워 바다로 떠내려 보내거나 혹은 배를 육지로 옮겨 시신과 함께 매장하기도 한다.

오세베르그는 여왕이 사용했던 선박이라서 그런지 곡선이 아름답고 생전의 여왕이 그 배에 오르는 우아함이 느껴지기도 한다. 오세

고크스타

베르그보다 앞서 1880년에 발견된 고크스타의 생전 주인은 남자였다. 발굴된 유해로 보아 키가 175센티 가량의 50대 남성이었다. 노르웨이 남부 고크스타에서 발견된 이 배는 길이 23미터, 너비 5.1미터, 깊이 2미터로 9세기경에 건조되었음에도 원형이 잘 보존되어 있었다.

선박에서 발견된 유물들에는 특이하게도 모형 배, 공작새, 비단, 철로 만든 띠가 있었으며, 오세베르그와 마찬가지로 말이나 개 등의 가축들 유해도 함께 발견되었다. 아마 남성 귀족이거나 용사가 아니었을까 추측된다. 고크스타는 오세베르그에 비해 상대적으로 남성미가 느껴지는 외관을 가지고 있다. 용골을 기본 구조로 한 선박 내부는 하단에 90센티미터 간격으로 목재 가로대를 덧대어 횡강력(橫強力)을 증가시켰다. 선박의 주 동력원인 12미터 가량의 돛과 5미터 가량의 노를 끼울 수 있는 구멍이 양쪽에 16개가 있었다. 그리고 선미에는 길이 3미터 가량의 조종 노가 달려 있어 방향을 잡는 데 도움이 되었다.

바이킹족의 선박은 이전에 건조되었던 여타 국가들의 선박과는 다른 몇 가지 특징을 가지고 있었다. 선박 외관을 이루는 널빤지 조립 방식에 있어서 지중해의 갤리선은 널빤지를 서로 맞붙이는 카벨식 이음(carvel built)을 적용한 반면 바이킹들의 선박은 위아래 판을 겹쳐 붙여서 조립하는 클링커식 이음(clinker built)을 선호했으며, 널빤지와 널빤지는 못을 박아 고정했다.

물고기가 헤엄칠 때 방향을 유지하는 데는 꼬리지느러미가 중요한 역할을 한다. 같은 원리로 바이킹족의 선박에는 물고기의 꼬리지느러미와 같은 역할을 하는 조정 노가 선미 우측에 장착되어 있다. 때문에 해전이 일어나거나 폭풍우가 잦은 바다에서도 신속하게 항로를 유지할 수 있었다. 그들은 선미의 조정 노를 '스튀리(styri)'라고 불렀는데 일부 학자들은 이 용어가 "조정하다"라는 영어식 표현인 '스티어(steer)'로 선박에서 우현을 뜻하는 스타보드(starboard)로 변천했을 것이라고 추측하고 있다(선박에서 좌현을 표현하는 단어는 포트(port)이다).

지중해를 무대로 활동하던 갤리선은 크고 무거운 선체 구조로 인해 북해의 거친 바다를 항해하려면 도중에 침몰되는 경우가 빈번했을 것이다. 반면 바이킹족의 배는 날렵하고 선체가 낮아 지중해의 선박들에 비해 가벼운 특징을 가지고 있었다. 가벼운 선체로 인해 북해의 거친 바다를 항해할 때 파도를 가르지 않고 마치 서핑보드를 타듯 물결을 타면서 운항할 수 있었다. 그들은 수심이 낮은 북해나 발트해보다 상대적으로 수심이 깊은 지중해와 같은 곳에서도 자유롭게 운항했으며, 수리나 휴식을 위해 해안가에 정박하는 것도 가능했다.

바이킹족은 뛰어난 선박 제조 기술과 바다를 길들이는 용맹함을 앞세워 바다의 무법자로 등극한다. 그들은 거친 파도를 헤치고 인근 도시국가의 해안으로 미끄러지듯 선박을 잠입시킨다. 거친 수염과 험상궂은 표정의 덩치 큰 사내들이 떼 지어 배에서 내려 무기를 들고 인근 마을을 급습한다. 겁에 질린 주민들은 귀중품들을 내어주면서 목숨만은 건지게 해달라고 애걸한다. 그들은 귀중품과 가축, 심지어 마을의 아리따운 여인까지 납치해 다시 거친 바다 저편으로 사라졌다.

바이킹의 후예인 노르웨이에서는 자신들 조상이 만들어낸 위대한 유산의 우수성을 확인하고자 했다. 그 첫 번째 대상이 1880년 발굴된 고크스타였는데 1893년 4월 세세한 부분까지 복원해 배를 완성했다. 그들은 19세기에 재현된 고크스타를 단순히 외형만을 복원하는 것에 만족하지 않았다. 단순히 전시용이 아니라 항해를 해야만 진정한 배로서 가치가 있다고 생각한 것이다. 복원된 바이킹선은 1893년 시카고박람회에 전시가 결정되었고, 참가를 위해 12명의 바이킹 후예들이 승선을 마쳤다. 1893년 4월 30일 노르웨이를 출발한 배는 대서양을 건너 5월 27일 한 달 만에 무사히 시카고에 도착해 바이킹의 후예임을 세상에 입증해 보였다. 브라보!

대항해 시대를 열다: 갤리언의 등장

고대문명의 발상지였던 나라들은 대부분 독자적인 문명을 꽃피웠고, 때로는 다른 지역 문명과의 교류를 통해 독특한 문화 융합을 만들어내기도 했다. 특히 문명 간 교류는 실크로드(silk road)로 불리는 육로를 통해 시작되었다고 해도 과언이 아니다. 실크로드라는 단어를 처음 꺼내든 사람은 독일의 지리학자 리히트호펜

(Ferdinand von Richthofen, 1833~1905)이다. 그가 집필한 〈차이나(China)〉라는 책에서 중국을 출발해 서인도로 수출되는 핵심 품목이 비단임을 착안해 주요 교역로를 실크로드라고 기록한 데서 유래했다. 물론 실크로드라 명명된 교역로와 노선은 달랐지만, 각 문명 간의 농업기술이나 도자기와 방적기술, 제지법, 공예품 등을 교류했다. 이 같은 교역로는 인류 문명 발전에 중요한 가교 역할을 했고, 인간에게 두 발로 갈 수 있는 곳 어디든지 정복할 수 있다는 야망을 심어주었다.

하지만 육지를 통한 교역로는 이름처럼 예쁜 비단길과는 거리가 멀었다. 오늘날에는 자동차나 기차를 이용해 육로를 쉽게 이동할 수 있지만, 수백 년 전만 해도 쉽지 않았다. 뜨거운 태양 아래 끝도 없는 황금빛 모랫길을 횡단하거나, 북유럽의 험준한 산맥은 이름처럼 결코 비단길이 될 수 없었다. 당시 원거리 교역에서 인간의 근력과 함께 중요한 역할을 했던 것은 '사막의 배' 즉 낙타였다(당시 중동 사람들은 원거리 교육에서 중요한 운송 수단이었던 낙타를 '사막의 배'라 불렀다). 낙타 등에 난 혹에는 며칠 동안 먹지 않아도 견딜 수 있는 영양분이 저장되어 있는데, 낙타는 이 물질을 분해해 수분으로 만들어낸다. 때문에 사막이라는 극한 환경에도 잘 견딜 수 있다. 낙타는 기원전 4000년경부터 가축으로 길들여졌다.

낙타는 혹의 개수에 따라 단봉낙타와 쌍봉낙타로 구분되는데, 외모뿐만 아니라 서식지도 다르다. 단봉낙타는 페르시아, 아프리카의 북부에 분포되어 있고 쌍봉낙타는 중앙아시아를 비롯해 투르키스탄, 티베트, 중국 등 험난한 지역에 주로 분포되어 있다. 낙타는 다른

중동 사람들은 원거리 교육에서 중요한 운송 수단이었던 낙타를 '사막의 배'라고 불렀다.

가축에 비해 원거리 교역에서 탁월한 육로 수송 수단이 되었다. 쌍봉낙타는 200킬로그램의 무거운 짐을 지고 하루에 약 50킬로미터 이동이 가능했다. 단봉낙타의 경우 상대적으로 수송 효율이 떨어졌는데, 서늘한 온도에서 이동할 경우 100킬로그램의 짐을 지고 하루에 약 60킬로미터 이동이 가능했다.

낙타의 운송 능력은 인간의 근육에 비해 월등한 능력을 발휘했다. 때문에 원거리 교역에 있어서는 다른 수송 수단은 전혀 고려 대상이 아니었다. 때로는 낙타의 수송 능력의 한계로 인해 많은 교역품을 운반하기 위해서는 수십 마리의 낙타를 이끌고 여러 달을 이동해야만 했다. 상황이 이렇다 보니 이동 중 낙타가 병들거나, 도적떼로부터 약탈을 당하는 등의 문제가 흔히 발생하기도 했다. 육로를 통한 수송 효율에 대한 한계가 점차 부각되었다. 이런 상황에서 사람들은 '블루 로드(blue road)' 즉 바다로 시선을 돌리게 된다.

바닷길, 혹은 블루 로드(Blue Road)

11~13세기에 걸친 십자군 전쟁 이후 유럽인들은 동방에 큰 흥미를 느끼게 되었다. 동방에서는 유럽에서 볼 수 없는 비단, 향신

료, 희귀한 보석 등이 많이 생산되기 때문이다. 이런 분위기에서 이탈리아 출신 여행가 마르코 폴로(Marco Polo, 1254~1324)의 아시아 여행담을 이탈리아의 저술가 루스티켈로 다 피사(Rustichello da Pisa)가 구성해 집필한 〈동방견문록〉이 화제가 되었고, 이 책으로 인해 유럽인들은 동방의 신비함에 더욱 매료된다.

중세 유럽인들은 지구가 평평하기 때문에 먼 바다까지 나가면 곧 절벽으로 추락할 수 있다고 생각했다. 그들은 이런 공포감에 사로잡혀서 좀처럼 먼 거리 항해를 하지 않았다. 하지만 지구는 둥근 공처럼 생겼을 것이라는 인식이 점차 확산되면서 '멋진 신세계'를 찾고자 하는 모험심 강한 탐험가들이 속속 등장했다. 더 이상 두려울 것이 없던 그들은 15세기에 접어들자 멋진 신세계를 찾아 유럽을 떠나 무작정 블루 로드를 항해하기 시작한다.

탐험은 15~18세기까지 계속되었으며 흔히 이 시기를 대항해 시대(大航海時代, The Age of Discovery)라고 부른다. '대항해'라는 단어에서 짐작할 수 있듯이 당시로는 큰 규모의 항해였음을 알 수 있다. 대항해 시대 이전만 해도 원거리의 동서양 교역과 탐험에는 실크로드라는 육로를 이용하는 것이 거의 유일한 방법이었다. 하지만 육로를 통한 이동과 수송의 한계를 느낀 유럽인들은 바다로 눈을 돌리게 된다. 대항해 시대를 열었던 국가들, 즉 포르투갈, 스페인, 네덜란드, 영국에서는 끝을 알 수 없는 블루 로드를 항해하기 위해 규모가 크고 다양한 범선(sailing ship)을 내놓게 된다. 각국의 대표적인 범선으로는 캐러벨(caravel), 캐럭(carrack), 갤리온(galleon) 등이 있다.

캐러벨

캐러벨(Caravel)

캐러벨은 13세기에 포르투갈에서 개발된 선박으로 돛이 3개 달린 삼본 범선이다. 3개의 돛이 모두 삼각 모양으로, 초기에는 주로 연안을 항해하는 어업용 선박으로 이용되었다. 하지만 '항해의 왕'으로 불리던 포르투갈의 엔리케 왕자(Henrique, o Navegador, 1394~1460)에 의해 캐러벨의 단점이 개선되면서 대항해 시대의 선두로 나서게 된다. 이후 1492년 8월 3일 신대륙을 발견한 크리스토퍼 콜럼버스(1451~1506)가 당시 사용한 3척의 선박 중 핀타(Pinta) 호와 니나(Nina) 호가 캐러벨을 사용해 유명해지기 시작한다(나머지 1척은 산타마리아(Santa Maria) 호로 캐러벨보다 좀더 큰 규모의 캐럭선이다).

캐러벨은 100~300톤의 화물을 싣고 운반이 가능했다. 선체 폭이 좁고, 흘수(吃水, 배가 물 위에 떠 있을 때, 물에 잠기는 부분. 보통 수면에서 배의 밑바닥까지의 직선거리)가 작기 때문에 속력이 빨라 연안 항로에 적합한 선박이었다. 선체는 카벨식 이음 방식으로 제작되었는데, 덕분에 길고 가볍고 날렵한 선체로 제조될 수 있었다. 돛에 있어서도 이전의 선박들과 달리 삼각돛만을 사용했는데, 이는 역풍에 취약한 사각돛에 비해 훨씬 유리하기 때문이다. 또한 지그재그식 항해 기법인 태킹(tacking)이 가능해 이전의 선박에 비해 항해 거리가 크게 향상된다.

하지만 캐러벨은 화물 적재량이 적고 내구성이 떨어지는 등 연안 어업용 선박이라는 한계를 넘어서기 어려워 대형 선박에 밀려난다. 캐러벨을 선호했던 콜럼버스조차도 원거리 항해에는 부족함을 깨닫고 신대륙 발견 후 돌아와 니나 호 일부를 캐럭선 돛의 형태로 개조해 항해를 했다.

캐럭(carrack)

대항해 시대의 2번째 주자는 캐럭이다. 캐럭은 15세기에 개발된 범선으로 당시 스페인에서는 나오(nao)라고 불렀는데 원양 항해가 어려웠던 캐러벨의 단점을 개량해 만든 선박이다. 캐럭은 캐러벨과 달리 삼각돛과 사각돛을 혼용해 사용한 것이 특징이다. 삼각돛은 역풍이 불 때 항해에 유리하고, 사각돛의 경우 배의 뒤쪽에서 불어오는 순풍에 유리했다. 캐럭은 두 가지 돛을 혼용해 사용했기 때문에 예측하기 어려운 해풍에 순조롭게 적응할 수 있어 먼 바다 항해에 적합했다.

캐럭은 선수(船首, 배의 앞부분. 이물)와 선미(船尾, 배의 뒷부분. 고물)를 높이는 등 전체적으로 선박의 구조를 키운 형태이다. 선체 구조가 커짐에 따라 4~5개의 갑판이 있고, 선수와 선미 쪽에는 선루(船樓, superstructure, 배의 상갑판에 높이 만든 구조물)가 설치되었다. 특히 선수에 설치된 선루는 성난 파도로 넓은 갑판이 씻겨져 나가는 것을 막아주는 방파제 역할을 하기도 했다. 선체의 길이는 30~60미터로 다양한 길이

캐럭

로 설계되었으며, 폭과 길이는 1:3 비율로 설계되었다. 캐럭의 적재량은 개발 초기인 15세기에는 200톤의 무게를 운송할 수 있었고, 16세기 이후로는 1000~2000톤 이상도 충분히 적재가 가능했다.

미지의 세계를 항해하는 탐험선 선원들에게는 바닷바람이 생명을 구원해주는 신의 숨결일지도 모른다. 범선의 주동력인 바닷바람을 어떻게 맞이하느냐에 따라 탐험의 성패를 가늠할 수 있었을 것이다. 그들은 바람을 적절히 조종하기 위해 3개의 돛대를 이용해 예측하기 힘든 바닷바람을 길들이기 시작했다. 캐럭선의 맨 앞에 위치한 앞돛대는 사각형 모양의 가로 돛이 달렸고, 선박 뒷부분에 설치된 뒷돛대는 세로 형태의 삼각돛을 설치했다.

여러 개의 돛대와 함께 사각과 삼각형의 돛이 융합된 구조인 캐럭선은 다혈질의 계절풍(monsoon)에 맞서 항해하는 데 적합하도록 진화되었다. 당시로서 혁신적인 선박이었던 캐럭선은 다수의 선원과 많은 화물을 운반하기에도 적합했다. 이러한 장점으로 무역선으로 많이 사용되었고, 크고 안정감 있는 선체와 널찍한 갑판 때문에 전쟁 범선으로 사용되기도 했다. 기존의 배들에 비해 갑판이 넓어 전투용 대포 설치도 용이해서 해적과 맞서 싸우거나, 신대륙 원주민에게 위협감을 주기에도 충분했다.

갤리온(galleon)

거친 바다를 정복하고 탐험가들의 모험심을 자극해 대항해 시대를 여는 데 큰 역할을 한 범선(帆船)들은 시대의 흐름에 따라 또 다른 혁신을 요구받는다. 이러한 분위 속에서 등장한 선박이 갤리온이다.

갤리온은 15세기에 등장한 범선 캐럭과 비슷해 보이지만 이전 시대의 범선인 캐러벨, 캐럭과 차별화된 몇 가지 특징을 보인다. 기본 선체는 길어지고, 폭은 좁아져 이전에 선호되었던 3:1 비율에서 4:1로 갸름한 형태로 진화되었다. 이러한 선체의 변화는 바닷물의 저항이 작아지는 효과를 가져와 이전 선박들에 비해 빠른 기동성을 발휘할 수 있었다.

스페인의 갤리온

또한 이물과 고물에도 변화가 있었다. 이전에는 고물이 매끄럽고 둥근 형태로 여성스러운 형태를 가졌다면, 갤리온에서는 다소 투박해 보이는 각진 형태로 제작되었다. 이물에도 변화가 있었는데, 마치 '일각고래'의 뿔을 연상케 하는 기다란 활대가 추가되기도 했다.

대영제국의 영광을 꿈꾸던 엘리자베스(Elizabeth I, 1533~1603) 여왕은 "바다를 지배하는 자 세계를 지배한다"라는 야망을 품고 바다의 패권을 장악하기 위해 해군력 증강에 온힘을 쏟았다. 해군력의 발전이 곧 국가 발전이요, 국방력 강화라고 생각했던 것이다. 이를 위해 당시 차세대 범선으로 각광받기 시작한 갤리온 건조에 있어서 단순히 경험에 의존하는 방식이 아닌 정확한 설계와 공학적인 연구를 바탕으로 건조할 것을 명령했다. 이 같은 분위기에 힘입어 갤리온은 점차 발전해 단순한 무역선이 아닌 수십 개의 화포가 장착된 전장범선(Full rigged ship)으로 탈바꿈했다. 그후 전장범선은 300여 년 동안 그 위용을 과시하며 바다의 수호자가 되기도 하고, 때로는 해적과 같은 바다의 무법자를 탄생시키기도 했다.

갤리온은 처음에는 스페인, 포르투갈 등이 사용하던 1000톤급 캐럭선보다 작은 500톤급 정도의 소형으로 제작되었다. 하지만 곧 갤리온의 우수성을 간파한 스페인에서는 중량을 크게 늘려 2000톤급에 달하는 무역선 '마닐라 갤리온'을 건조해 영국의 패권을 견제했다. 갤리온의 주동력인 돛은 선박의 크기와 용도에 따라 3~5개가 사용되었는데, 사각돛과 삼각돛이 혼합해 사용되었다. 갤리온은 탐험, 무역, 해전 등 다양한 용도로 사용이 가능해, 그 역할이 탐험이나 무역이었더라도 전쟁이 일어나면 즉시 전함으로의 탈바꿈이 가능했다.

캐럭의 경우도 전장범선으로 화포를 장착하기도 했다. 하지만 배의 구조상 대부분의 화포를 갑판이나 선루에 설치했는데, 전체적인 선체의 균형을 깨뜨리는 역할을 해서 항해에 장애가 되었다. 이 같은 전장범선의 단점을 갤리온에서는 전혀 다른 방법으로 해결한다. 주력 무기인 화포는 선박의 양쪽 측면에 전용 공간을 확보해 설치하고, 모든 공간에는 전쟁 상황에 대비해 화포를 쉽게 사용할 수 있도록 경첩이 달린 포문을 달아 기동성을 높였다.

오늘날에는 범선을 찾아보기 어렵고 그 웅장한 모습은 영화를 통해서만 볼 수 있다. 대항해 시대와 전장범선의 모습이 잘 묘사된 영화로는 영국의 소설가 패트릭 오브라이언(Patrick O'Brian, 1914~2000) 원작의 〈마스터 앤드 커맨더(Master and commander, 2003)〉가 있다. 선원들의 선상 생활과 해전을 생생하게 묘사하고 있어 중세 범선의 매력을 오감으로 느낄 수 있는 영화이다.

7

증기선

쉬지도 먹지도 않는 기계 노예

허클베리 핀의 추억

어린 시절 누구에게나 동경의 대상이 있었을 것이다. 나 역시 마찬가지였다. 마크 트웨인의 소설을 원작으로 한 TV 애니메이션 '허클베리 핀의 모험'의 주인공 허클베리('혁'이라는 애칭을 쓰기도 했다)가 그 대상이었다. 1851년의 미국 미시시피강을 배경으로 한 애니메이션에는 허클베리의 오두막, 뗏목, 증기선이 자주 등장한다. 나는 허클베리의 오두막이 한없이 부러웠고, 뗏목과 증기선은 미지의 세계를 향한 어린 나의 모험심을 자극했다. 특히 증기선 뒤쪽과 옆면에 장착된 물레방아 모양의 외륜(paddle wheel)은 특히 나의 호기심을 발동시켰다.

미시시피강을 운항하던 증기선

18세기 제임스 와트의 개량된 증기기관이 널리 보급되기 시작하면서 인간, 동물, 자연 등에 의존했던 동력을 이젠 기계를 통해 편리하게 이용할 수 있게 되었다. 증기기관은 초기에는 주로 광산이나 공장에서 사용되었지만, 이후 기차나 자동차 등 바퀴 달린 이동 수단에 주 동력으로 사용되면서 적용 분야가 확산되었다. 이렇듯 처음 등장할 때만 해도 증기기관은 육지라는 한정적인 공간에서만 사용되었다.

점차 사람들은 '쉬지도 먹지도 않고'도 지치지 않는 증기기관이라는 '기계 노예'를 적용할 새로운 분야를 연구하기 시작했다. 이런 분위기에서 대형 운송 수단인 범선에 주목하게 된다. 당시 범선의 주 동력원이자 유일한 동력원은 바람이었다. 때문에 증기기관이 배에 장착된다면 좀더 효율적으로 운항이 가능할 것으로 기대했다.

증기선이란 보일러로 증기를 발생시켜 에너지를 만들어내는 엔진으로 운항하는 선박을 말한다. 기존 선박과는 동력원이 전혀 달랐기에 증기기관 설계는 원점에서 다시 시작해야 한다. 복합적인 건조 기술이 요구되기 때문에 쉽지 않은 작업이었다.

많은 사람들이 증기선의 발명에 도전해 나름의 결실을 이루었지만, 끝내 상용화의 문턱을 넘지 못하고 곧 사라졌다. 그러한 인물 중 하나로 프랑스의 물리학자이자 수학자, 발명가인 드니 파팽(Denis Papin, 1647~1712)이 있다.

'증기기관의 개척자'로 불리는 파팽은 증기기관에 관해 많은 연구를 진행해 자신만의 독특한 아이디어를 기록한 〈증기기관에 관한 연구집〉을 발간하기도 했다. 그는 당대의 유명 과학자 크리스티안 하위헌스와 함께 연구를 진행했는데, 하위헌스는 당시 뉴턴보다 더 유명한 인물이었다. 그들은 화석연료가 아닌 화약을 이용해 수증기를 발생시키는 증기기관을 발명했다. 파팽은 자신들이 발명한 증기기관을 이용해 양수 펌프, 운반차, 선박 등 다양한 분야에서 실용화할 수 있도록 연구를 거듭했는데 특히 선박에 주목했다. 바람의 힘이 아닌 증기기관을 이용하면 어디든 제약 없이 이동이 가능하다고 생각한 것이다.

드니 파팽

파팽은 18세기 초(1707년으로 추정) 증기기관의 동력을 이용해 외륜을 회전시켜 운항하는 세계 최초의 증기선을 제작했다. 당시 그는 독일 마르부르크 대학교에서 수학 교수로 재직하던 터라 독일 풀다(fulda)강에서 증기선의 시험 운항을 계획했다. 이 소식을 접한 뱃사공 조합(guild)이 강력히 반대하며 파팽에게 운항을 멈출 것을 요구한다. 일자리를 잃을까 우려해서였다. 하지만 파팽은 개의치 않고 계획을 밀어붙였다.

드디어 시험 운항 당일, 파팽은 잔잔한 풀다강에 1척의 증기선을 띄웠다. 파팽의 증기선은 잔잔한 파문을 이루며 순조롭게 운항하는 듯했다. 이 광경을 지켜보던 뱃사공 길드 사람들이 갑자기 증기선에 난입해 자신들의 생존권을 위협하는 '괴물' 증기기관을 박살내기 시작했다. 이내 증기선은 화염에 휩싸였고 서서히 수면 아래로 가라앉으면서 파팽의 꿈도 함께 가라앉았다. 잠시 후 아무 일도 없었다는 듯 풀다강의 물결은 여전히 잔잔히 흘렀다.

혁신적인 발명품임을 누구도 의심치 않았던 증기기관이었지만 낮은 효율로 인해 상업화의 길은 요원하기만 했다.

성능이 향상되고 개량된 증기기관이 등장한 것은 18세기 후반이 되어서였다. 특히 제임스 와트가 발명한 증기기관은 톤당 출력이 크게 향상되어 방직공장, 양수 펌프, 기관차 등의 주 동력으로 사용되었다. 당연히 선박에도 적용 가능한 성능을 발휘했다. 탁월한 성능을 보이는 증기기관의 등장에 많은 발명가들이 환호했다. 나약한 인간에게도 드디어 자연의 힘을 거스를 수 있는 혁신적인 도구가 등장한 것이다!

발명가들은 자연의 힘(바람)만으로 유유히 항해하던 선박에 인간이 발명해낸 기계장치(증기기관)를 장착한다면 보다 편리하게 운항이 가능하다며 한껏 기대에 부풀었다. 무엇보다도 많은 돈을 벌 수 있을 거라는 기대감이 컸다. 이러한 기대감 때문이었을까? 제임스 와트의 증기기관을 응용한 증기선이 속속 등장했다.

1783년 프랑스의 발명가 주프로와 다방(Claude-Francois-Dorothee, marquis de Jouffroy d'Abbans, 1751~1832)에 의해 세계 최초의 실용적인 증기선이 발명된다. 다방이 발명한 증기선은 그해 7월 15일 프랑스 동부의 손강(Saône river)에서 대중들에게 공개 시험 운항을 했다. 약간의 문제가 있었지만 증기선은 자연스럽게 강물 위를 이동했고, 한 달 뒤인 8월 19일에는 여러 명의 승객을 태우고 운항을 했다. 이후 증기선 발명의 실용화에 관해서는 그 주도권이 유럽에서 미국으로 넘어가게 된다.

존 피치의 증기선

증기선의 실용화에 적극적으로 도전한 인물로는 미국의 발명가 존 피치(John Fitch, 1743~1798)가 있다. 코네티컷 주의 한적한 시골에서 태어난 피치는 정규 학교 교육을 거의 받지 못했다. 하지만 시계공으로 일하면서 수학, 측량학 등에 흥미를 느껴 독학으로 공부를 했다. 평소 방랑자 기질이 있던 그는 미국 전역을 떠돌곤 했는데 그러던 중 오하이오 주 델라웨어에 정착하기로 결정했다. 그리고 평소 관심 분야였던 증기선에 관한 발명에 집중하게 된다.

피치는 그 동안의 연구 결과물로 1787년 독특한 형태의 증기선을 발명해낸다. 이전의 증기선들이 대부분 선박 양 측면에 장착된 물레방아 모양의 외륜을 증기기관으로 회전시켜 운항하는 형태였다면 피치의 증기선은 조금 달랐다. 그가 발명한 증기선은 옛날 여러 개의 노가 달려 있던 갤리선을 연상시켰다. 증기선 양 측면에는 6개씩 총 12개의 노가 달려 있고, 증기기관의 힘찬 동작과 함께 노가 자동으로 움직여 운항하는 방식이었다.

피치의 증기선을 본 많은 투자자들이 투자를 약속했고, 여세를 몰아 피치는 증기선 운항 관련 회사를 설립해 독점 운항권까지 확보하게 된다. 1790년, 델라웨어강에 정기 항로가 개설되고 피치의 증기선도 나날이 그 성능이 향상된다. 결국 다른 증기선과 달리 6.5노트(시속 12킬로미터)의 속도로 운항이 가능한 기술력까지 보유하게 되었다.

하지만 기대와 달리 일반 승객들의 수요가 많지 않았다. 이런 분위기가 지속되자 피치의 증기선 운항 사업은 적자가 누적되었고 결국 파산의 길을 걷는다. 이후 피치는 재기를 꿈꾸며 1796년 스크루 프로펠러가 장착된 증기선을 개발했다. 그러나 아직은 증기선의 상업적인 잠재력이 깨어나지 않은 상태였다. 사람들의 무관심 속에서 그의 발명은 좀처럼 빛을 보지 못했다. 결국 피치는 계속되는 사업 실패로 가난과 절망에서 벗어나지 못한 채 자살로써 생을 마감했다.

증기선의 상업화를 앞당긴 풀턴

상업적인 증기선이 활성화될 수 있도록 많은 이들이 도전했지만, 큰 성과를 이루기에는 여전히 시기상조였다. 이런 어려운 상황에서 본격적으로 상업성을 인정받았던 인물이 미국의 발명가 로버트 풀턴(Robert Fulton, 1765~1815)이다.

영국 이민자 출신인 풀턴의 아버지는 농장을 경영하며 2남 3녀를 두었는데 그 중 넷째가 로버트 풀턴이다. 하지만 풀턴이 3살 되던 해 그의 아버지는 세상을 떠났다.

풀턴은 8살 때부터 정식 교육을 받았지만 공부보다는 그림이나 기계를 만지고 노는 것을 훨씬 좋아하던 아이였다. 10대가 되자 풀턴은 증기선에 흥미를 느끼게 되고 13살 되던 해에는 작은 어선에 외륜을 달아 다양한 실험을 하면서, 언젠가는 큰 증기선을 발명하겠다는 목표를 세우고 성장한다.

로버트 풀턴

풀턴이 가진 재능 중 하나는 탁월한 사교성이었다. 이런 재능을 바탕으로 당대의 유명인 벤자민 프랭클린(Benjamin Franklin, 1706~1790)과 친분을 맺을 정도였다(훗날 그의 사교성은 본인을 알리는 데 중요한 재능으로 발휘된다). 20대에 접어들자 풀턴은 좀 더 넓은 세상에서 다양한 경험을 하고 싶은 욕구로 대서양을 건너 영국으로 향한다. 그림에도 재능이 있던 풀턴은 잠깐 무명 화가의 조수로 일하게 되지만, 단순한 일에 만족하지 못했던 그는 영국의 여러 분야 기술자들과 인연을 맺는다. 특히 운하 전문가였던 브리지워터 공작(Duke of Bridgewater, 1736~1803)과의 인연은 풀턴이라는 이름을 널리 알리는 계기가 되었다.

풀턴은 브리지워터 공작과의 교류를 통해 운하에 관한 연구에 흥미를 느끼게 되고 관련 연구를 하기 시작했다. 수년 간의 연구 끝에 1796년에 〈운하 항해의 개선에 관한 논고(A Treatise on the Improvement of Canal Navigation)〉라는 제목의 기술 전문서적을 출간한다. 책의 출판으로 기술자로서의 그의 명성이 국제적으로 확장되는 분위기였다. 특히 프랑스 정부는 풀턴이 제안한 운하 방식에 큰 관심을 보였는데 이를 계기로 프랑스 정부와 가까워졌고, 1797년

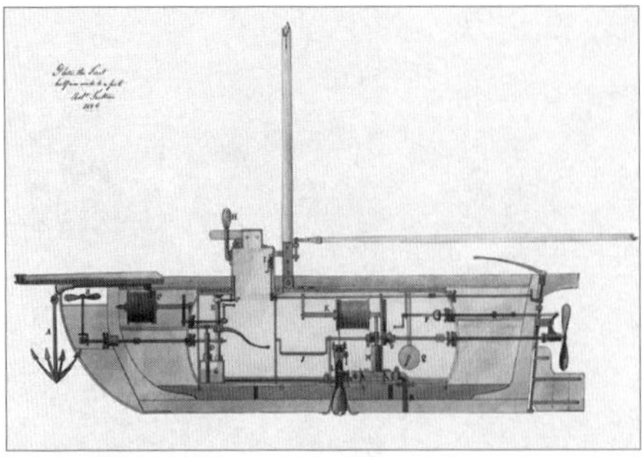

로버트 풀턴의 잠수함 구조

부터는 기술적인 자문을 하며 파리에 머문다. 프랑스 정부와의 인연과 더불어 특유의 친화력으로 나폴레옹 1세와도 가까워졌다.

이렇듯 프랑스 정부로부터 신임이 두터웠던 풀턴은 자신이 연구 중인 잠수함을 제작할 것을 제안했고 프랑스 정부는 그 제안을 흔쾌히 받아들였다. 당시 프랑스는 영국과 전쟁 중이었는데, 잠수함을 이용하면 영국군 전함을 쉽게 무력화시킬 수 있으리라고 생각했던 것이다.

풀턴은 나폴레옹의 전폭적인 지원 속에 1800년 잠수함 노틸러스 호(nautilus號)를 제작했다(1869년 쥘 베른(Jules Verne, 1828~1905)의 SF 소설 〈해저 2만리〉에 등장하는 잠수함도 노틸러스 호이다). 노틸러스 호의 기본 구조는 금속으로 만들어진 선체에 스크루를 회전시켜 이동했으며 잠수 시간은 3시간이었다. 원시적인 형태의 잠수함이었지만 기본적인 성능에는 큰 문제가 없었다.

하지만 일촉즉발 상황인 전쟁에서는 속도가 생명인데 노틸러스 호는 너무나 느렸다. 때문에 군사용으로는 부적합하다는 의견이 많았다(당시 프랑스의 제독들 중 일부는 수면 아래에서 적을 공격하는 것은 비겁한 짓이며 당장 '겁쟁이 계획'을 철회해야 한다고 비판하기도 했다). 이러한 이유로 프랑스 정부는 풀턴에게 연구 지원 중단을 통보했다. 아쉽게도 풀턴과 프랑스 정부와의 비즈니스는 딱 거기까지였다.

뛰어난 사교술 덕분이었을까? 풀턴의 주변에는 적재적소에 필요한 인물들이 포진해 있었는데 그 중 하나가 미국의 정치인 로버트 리빙스턴(Robert Livingston, 1746~1813)이다. "자유가 아니면 죽음을 달라"는 유명한 말을 남긴 그는 미국 독립선언서의 초안을 작성했던 사람 중 하나였다.

당시 프랑스 주재 미국 대사였던 리빙스턴은 미국의 증기선 운항에 관한 독점권까지 가지고 있었다. 풀턴과 리빙스턴의 만남은 예정된 수순에 불과했으며, 둘은 서로의 생각에 크게 흥미를 느끼게 된다. 리빙스턴은 증기선 항해에 관한 독점권과 자본을 갖고 있었고, 풀턴에게는 증기선을 설계할 수 있는 아이디어와 기술력 있었다.

두 사람은 서로의 부족한 부분을 채워줄 수 있을 것으로 직감한다. 두 사람의 만남 이후 풀턴은 리빙스턴의 자금력을 뒷받침 삼아 새로운 증기선의 발명에 매진한다. 나폴레옹 보나파르트(Napoleon Bonaparte, 1769~1821)에 헌정하는 의미였을까? 1803년 풀턴은 보나파르트 호라고 이름 붙인 증기선을 선보인다. 선체 길이 20미터, 8마력의 증기기관을 심장으로 장착한 증기선이었다.

의욕에 찬 풀턴은 자신이 발명한 증기선을 파리의 아름다운 센(Seine)강에 띄운다. 하지만 위풍당당한 이름과 달리 선체가 약했던 보나파르트 호는 잔잔한 물결에도 불구하고 얼마 못 가서 가라앉아 버렸다. 풀턴은 보나파르트 호의 문제점을 반복해서 개선해가며 자신만의 노하우를 쌓아갔다. 이러한 경험을 바탕으로 그는 파리생활을 접고 1806년 고국 미국으로 향한다.

10여년 만에 고국으로 돌아온 풀턴은 리빙스턴의 지원 아래 새로

로버트 풀턴의 노스리버 호(재현품)

운 증기선을 발명해낸다. 노스리버(north river) 호라고 이름 붙여진 이 증기선은 1807년 8월 미국 시민들에게 첫선을 보였다. 1년 전 센강에 띄웠던 배보다 훨씬 큰 규모의 증기선으로 길이 40미터, 폭 5미터에 무게는 180톤에 달했다. 엄청난 크기와 쉴 새 없이 반복되는 증기기관의 폭발음 소리를 멀리서 보고 듣고 있던 사람들은 '괴물 선박'이라고 불렀다.

괴물 선박 노스리버 호는 뉴욕-올바니를 왕복 운항하는 정규 코스로 운항되었다. 노스리버 호는 기존의 범선에 비해 3배 가량 빠른 속도로 운항이 가능했다. 일반 범선의 경우 240킬로미터를 운항하는 데 꼬박 4일이 걸렸다면 노스리버 호는 32시간이면 충분했다. 타국에서는 수차례 실패했지만, 고국 미국에서는 모든 것이 순조롭게 풀렸다. 풀턴의 노스리버 호의 성공은 본격적인 상업용 증기선 시대를 활짝 연 사건으로 평가되고 있다.

이후 풀턴은 상업용 증기선과 함께 전투용 선박에도 관심을 갖게 되는데 그렇게 해서 탄생한 선박이 1812년 건조된 48미터 길이의 거대 전함 데모로고스(demologos)이다.

이후에도 풀턴은 증기선의 개발과 보급을 위해 많은 노력을 기울이며 사업을 확장해 나간다. 하지만 그의 말년은 불운의 연속이었다. 애착을 갖고 추진했던 잠수함 사업의 계속된 투자 실패, 어린 시절부터 좋아했던 미술 분야의 투자가 연속 실패로 끝났다. 설상가상으로 그나마 돈줄이 되어주었던 증기선 독점사업은 많은 소송에 휘말려 연일 그를 괴롭혔다. 이런 암울한 나날을 보내던 풀턴은 추운 겨울 길거리에서 허무하게 동사(凍死)로 생을 마쳤다.

8
잠수함
은밀하게 빠르게

빅 블루: 깊고 깊은 바다 속으로

인간이라는 생명체에게 물은 떼려야 뗄 수 없는 관계를 가지고 있다. 어머니 자궁 양수 속에서 10개월을 자란 뒤 신체에 70%의 물을 머금은 채 세상 밖으로 나온다. 우리의 몸이 곧 물이고, 물이 곧 우리의 몸인 셈이다. 그래서인지 인간은 늘 푸른 바다를 동경해왔고, 끝을 알 수 없는 미지의 성난 바다를 정복하기 위해 다양한 배를 발명해낸다. 연어가 자신이 태어난 곳으로 회귀하듯, 생명 탄생의 근원지에 대한 귀소 본능 때문이었을까? 인간은 바다의 신 포세이돈의 영역인 심해(深海)에 늘 호기심을 가져왔다.

1993년 개봉한 뤽 베송 감독의 영화 '그랑블루(Le Grand Bleu)'

의 주요 줄거리는 사랑과 우정 등으로 포장된 것처럼 보이지만, 무호흡 잠수사로 유명한 프랑스의 전설적인 다이버 자크 마욜을 모델로 한 영화이기도 하다. 자크 마욜은 한때 가변 웨이트(수심 깊숙이 잠수했다가 손과 발의 힘만으로 줄을 잡고 수면 위로 올라오는 것) 잠수 기록 수심 105미터를 기록한 인물이다. 영화를 보는 동안 끝없는 심해에 압도당하고 '인간은 얼마 동안이나 잠수를 할 수 있을까?'라는 의문이 생긴다.

잠수의 역사는 약 기원전 5000년 전부터 시작되었다고 추정하고 있다. 당시는 생존을 위해 얕은 물에서 물고기를 잡거나 해조류를 채취하는 등의 기본적인 잠수 활동이었을 것이다. 이후 잠수사들은 침몰한 배를 인양하는 작업을 하거나, 전쟁 중 적군의 선박을 무력화시키기 위한 작업에 투입되기도 했다.

잠수에 관한 역사적인 기록은 '역사의 아버지'라고 불리는 고대 그리스 역사학자 헤로도토스(Herodotos, 기원전 480~420?)의 〈역사〉 중 한 대목에서 찾아볼 수 있다. 책에서는 기원전 5세기 페르시아 제국을 통치했던 왕 크세르크세스(Xerxes, 기원전 519~465)가 운항 중 침몰한 배에서 보물을 꺼내오기 위해 스킬리스(Scyllis)라는 잠수부를 고용했다는 기록이 있다. 또한 마케도니아의 알렉산더 대왕이 수중전을 펼칠 때 전장에서 잠수부들이 큰 활약을 했다고 기록하고 있다. 적의 배 닻줄을 끊어버리거나 선체 바닥에 큰 구멍을 뚫어 적군을 모조리 수장시키는 등의 활약을 펼치기도 했다.

초창기 잠수사들은 아주 단순한 장치를 이용해 입수(入水)를 했다. 무게가 많이 나가는 돌덩이나 금속을 끌어안고 깊은 물속으로

16세기 이슬람의 잠수 항아리

몸을 내던지거나, 허리께에 묶은 기다란 밧줄에 목숨을 맡기고 잠수를 했다. 당시 프로 잠수사들은 반복된 입수 훈련으로 뛰어난 폐활량을 가지고 있었기에 일반인들에 비해 수중에서만큼은 자유로운 움직임이 가능했다.

하지만 그들도 인간인지라 물속에서 버틸 수 있는 시간은 길어야 채 2분을 넘기기 어려웠다. 이는 물 밖에서 숨을 참고 버티는 시간과 별반 차이가 없었다.(특별한 예로 이를 능가하는 경우도 있는데, 데이비드 블레인(David Blaine)이라는 미국의 마술사는 2008년 4월 오프라 윈프리 쇼에 출연해 물속에서 17분 04.4초 동안 숨을 참은 기록이 있다. 실제인지 마술인지 과학적으로 확인할 길이 없다.)

15세기 들어 물속에서 좀더 오랜 시간 머물 수 있는 발명품이 속속 등장하게 된다. 그 중 하나가 다이빙벨(diving bell, 잠수종)이다. 흡사 커다란 물컵을 엎어놓은 형상을 하고 있으며, 잠수사가 다이빙벨을 뒤집어쓴 채로 깊은 물속으로 뛰어드는 장치이다. 물속에 들어간 다이빙벨에는 수십 분 동안 버틸 수 있는 산소가 존재했다. 때문에 잠수사들은 좀더 오랜 시간 임무를 수행하는 것이 가능했다.(다이빙벨의 원리는 간단하게 실험이 가능하다. 투명한 유리컵을 뒤집어 물이 가득한 욕조에 집어넣는다. 그러면 컵 안에는 물이 3분의 2 지점까지만 잠기는 것을 볼 수 있다. 나머지 3분의 1 공간에 산소가 있는 셈이다.)

이후 많은 사람들이 좀더 발전된 다이빙벨을 발명했는데 그 중 하나가 핼리혜성(1P/Halley)의 궤도를 발견한 영국의 천문학자 에드먼드 핼리(Edmond Halley 1656~1742)의 다이빙벨이다.

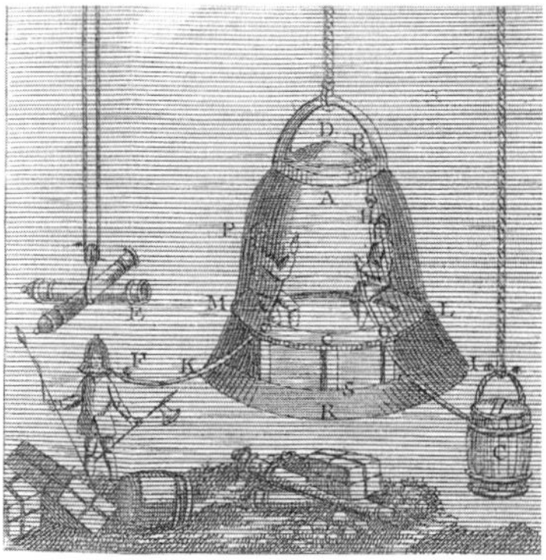

에드먼드 핼리의 다이빙벨

1690년 핼리가 선보인 다이빙벨은 이전과 달리 외부에서 산소 공급이 가능한 산소탱크가 추가된 한층 발전된 형태였다. 작업을 위해 잠수한 다이빙벨은 물 밖에서 별도의 산소탱크를 통해 산소를 전달받는다. 다이빙벨 바닥면에는 산소탱크와 연결되는 구멍이 있고 그곳을 통해 호스로 연결이 가능했다. 또한 핼리의 다이빙벨에는 유리창이 달려 있어 잠수사들의 수중 시야 확보에 큰 도움이 되었다.

핼리는 자신의 발명품의 성능을 확인하고자 4명의 잠수사들과 함께 자신도 템즈강에 뛰어들었다. 그들은 수심 18미터 깊이의 템즈강에서 외부의 산소 공급을 통해 1시 30분 동안 잠수하는 데 성공한다. 1716년, 핼리는 좀더 개선된 다이빙벨을 이용해 템즈강 20미터 깊이에서 4시간 동안의 잠수에 성공한다. 그의 나이 65세가 되던 해였다.

이후 핼리의 다이빙벨은 실용성이 인정되어 난파선 인양 작업 등에 사용되며 수입을 올리기도 했다. 그렇게 얻어진 수익으로 핼리는 평소 자신의 관심 분야인 천문학, 물리학 등의 연구에 사용했다.

18세기가 되자 영국의 산업혁명의 여파로 기계장치의 발전이 가속

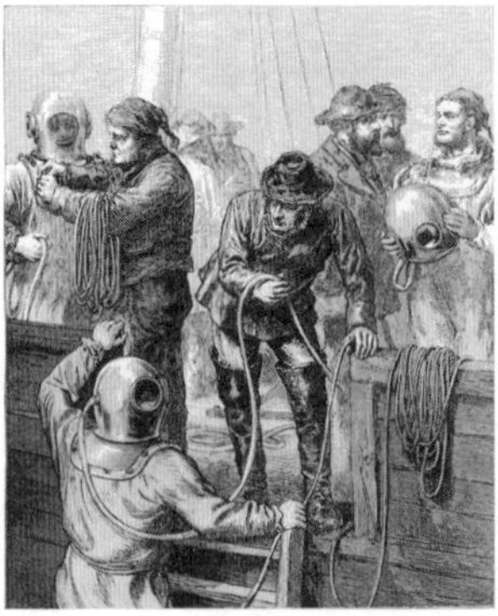

아우구스투스 시브의 잠수복

화된다. 그에 따라 잠수 장비 역시 한층 진일보하게 된다.

1840년 독일 태생의 영국 발명가 아우구스투스 시브(Christian Augustus Siebe, 1788~1872)는 오늘날과 같은 심해 잠수복의 원조를 발명했다. 방수 기능의 잠수복과 금속 재질의 잠수헬멧으로 구성된 그의 장비는 잠수 발전에 큰 공헌을 했다. 그가 발명한 잠수 장비의 특징은 잠수헬멧에 있었다. 헬멧에는 육지로부터 지속적으로 산소를 공급받을 수 있는 기다란 호스를 연결할 수 있도록 설계되었다. 때문에 수압과 잠수사의 체력에 문제가 없는 한 지속적으로 수중 작업이 가능했다(물 밖에서 산소를 공급하는 방식은 오늘날에도 산업 잠수사들에게는 유용하게 사용되는 작업 방식이다).

이후 레저에서 산업용에 이르기까지 다양한 형태의 잠수복이 등장한다. 하지만 육상생활에 적합하게 진화된 인간에게는 깊은 바다에 맨몸으로 도전한다는 것은 애당초 불가능한 임무였다.

〈해저 2만리〉: 상상 속의 잠수함

내가 태어난 마을에는
바다를 항해하는 한 남자가 있었지

그는 우리에게 그의 삶을 이야기해줬어
(……)
우린 모두 노란 잠수함에 산다네
노란 잠수함, 노란 잠수함
우린 모두 노란 잠수함에서 산다네
노란 잠수함, 노란 잠수함

In the town where I was born
Lived a man who sailed to sea
And he told us of his life
(……)
We all live in a yellow submarine
Yellow submarine, yellow submarine
We all live in a yellow submarine
Yellow submarine, yellow submarine

– 비틀즈, '노란 잠수함(Yellow Submarine)'

전설의 밴드 비틀즈가 부른 노래 '옐로우 서브마린'의 가사에는 바다와 잠수함이 등장한다. 해석의 차이가 있겠지만, 가사에서는 미지의 심해를 안락한 노란 잠수함을 타고 유토피아를 향해하는 것처럼 느껴진다.

사람들은 오래 전부터 미지의 깊은 바다를 자유롭게 탐험하고 싶

질 베른

어 했다. 하지만 신체적인 한계를 극복할 수 없었기에 좀더 깊은 심해를 탐험하기 위해 새로운 도구를 발명해낸다. 바로 잠수함이다.

잠수함은 깊은 바닷속을 자유롭게 항해할 수 있도록 발명된 특수 선박이다.

공식적인 기록에 의하면 잠수함의 개념은 16세기 후반 처음 소개되었는데 이후 대중들의 큰 관심을 불러일으킨 데는 프랑스의 소설가 쥘 베른(Jules Verne, 1828~1905)이 1869년 발표한 SF 소설 〈해저 2만리〉가 한몫을 했다. 소설에는 무한동력으로 지구 곳곳의 해저를 누비는 잠수함 노틸러스 호가 등장한다.

잠수함의 이론과 설계에 관한 최초의 기록은 수학자 윌리엄 본(William C. Bourne, 1535~1582)이 남겼다. 그는 1578년에 출판한 〈발명과 도구(Inventions or Devises)〉에서 물속을 항해할 수 있는 이동 수단에 관한 이론과 설계 방법을 서술했다. 책에서 묘사한 잠수함의 모습은 타원형 구조에 밀폐된 나무로 만든 선체, 그리고 방수를 위해 가죽으로 외관을 감싼 형태이다. 내부에는 가죽으로 만든 공기주머니가 설치되어 마치 물고기처럼 부력을 조절할 수 있다고 적었다. 하지만 윌리엄 본은 책을 통해 잠수함의 이론과 기본적인 설계 사양만 제시했을 뿐 실제로 제작하지는 못했다.

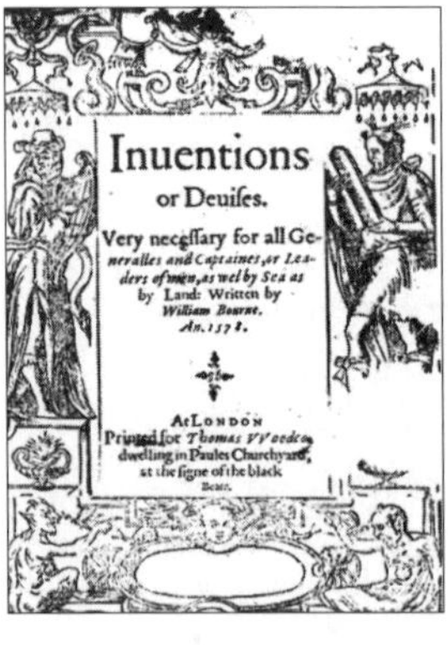

Inuentions
or Deuiſes.
Very neceſſary for all Generalles and Captaines, or Leaders of men, as wel by Sea as by Land: Written by William Bourne. An. 1578.

At London
Printed for Thomas VVoodcock dwelling in Paules Churchyard, at the ſigne of the black

윌리엄 본의 〈발명과 도구〉

이후 윌리엄 본의 이론을 기반으로 실제 잠수정을 발명한 사람이 있었다. 네덜란드 태생의 영국인 발명가 코르넬리스 드레벨(Cornelis Drebbel, 1572~1633)이다. 드레벨의 잠수함은 기본 외형이 물방울 모양으로 좌측과 우측에는 추진 동력을 위해 6개씩의 노가 달려 있었다. 기계적인 동력장치가 없던 당시에는 유일한 동력이 사람의 노동력뿐이기 때문이다. 드레벨은 윌리엄 본의 잠수함 설계 이론을 바탕으로 방수를 위해 기름칠 한 가죽을 덕지덕지 붙여 놓았다. 드레벨의 잠수정은 1624년 16명의 승객을 태우고 영국 템스강 물속 4.5미터까지 잠수를 시작한다. 천여 명의 영국 시민들이 우려와 기대 속에서 그 광경을 지켜보았고, 그 중에는 국왕 제임스 1세(James I, 1566~1625)도 있었다.

드레벨

드레벨의 잠수정은 3시간 잠수에 성공했다.

길어야 몇십 분 잠수할 것이라고 생각했던 시민들은 1시간이 지나도록 잠수정이 물 밖으로 나오지 않자 슬슬 걱정하기 시작했다. 그동안 이렇게 오랜 시간 잠수한 것을 본 적이 없기 때문에 행여나 물속에 완전히 가라앉은 것이 아닌지 우려했다. 이젠 더 이상 그들을 볼 수 없을 것이라는 슬픔과 실망이 몰려올 즈음, 잔잔했던 템스강에 큰 물기둥이 치솟았다. 그리고 곧 잠수정이 떠올랐다. 드레벨의 잠수정은 무려 3시간 동안이나 잠수를 했던 것이다! 시민들의 환호성이 템스강을 울렸다.

이날의 성공에 힘입어 국왕 제임스 1세도 잠수정을 타고 템스강을 잠수하기도 했다(제임스 1세는 잠수함으로 수중 여행을 한 최초의 왕으로 기록된다). 그런데 드레벨의 잠수정에 어떻게 공기를 공급하고 유지했는지는 오늘날까지도 여전히 수수께끼로 남아 있다.

전투형 잠수함의 등장

초기에 발명된 잠수함들은 대부분 미지의 바닷속을 탐사하고 싶다는 호기심에서 출발했다. 목숨을 내건 실험을 성공으로 이끈 발명가들로 인해 그 끝을 알 수 없는 검푸른 바다를 곧 자유로이 이동할 수 있을 것이라 기대했다. 사람들의 관심 속에 잠수함이 다양한 형태로 발명되는 가운데 18세기에는 전투형 잠수함이 개발되기 시작한다.

최초의 전투형 잠수함의 원조는 터틀(turtle)이라 이름 붙여진 1인용 잠수함이다. 터틀의 탄생 배경은 18세기 대영제국의 식민지들 중 하나였던 미국에서 시작된다.

당시 미국은 영국으로부터 독립하기 위해 치열한 독립전쟁을 벌이고 있는 상황이었다. 수많은 영국의 전장범선이 북미 대륙 해안을 점령하고 육지를 향해 함포를 겨냥하고 있었지만 미국 시민들은 아무 저항도 할 수 없어 그저 바라볼 수밖에 없었다. 이런 속수무책의 상황을 지켜보던 발명가 데이비드 버쉬넬(David Bushnell, 1742~1824)은 조국의 독립을 위해 뭔가 도움이 될 만한 일을 찾고자 고민에 빠진다.

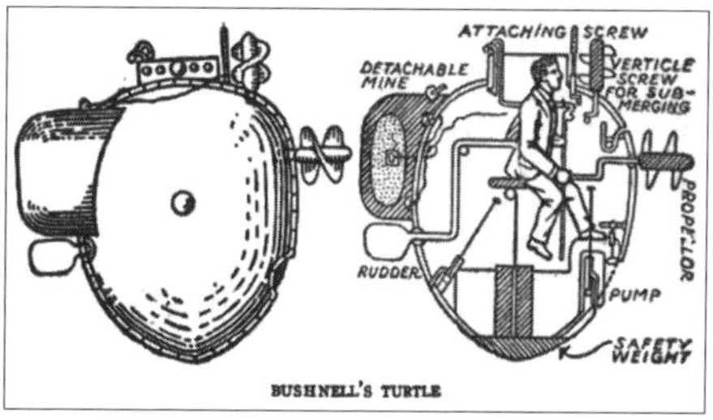

버쉬넬의 터틀 잠수함(1776)

그는 '악마의 배' 영국군 범선을 어떻게 하면 무력화시킬까 궁리를 하며, 언제나처럼 부둣가에 앉아 멍하니 검은 바다만 쳐다보았다. 그러던 중 저 멀리 바다 위를 둥둥 떠다니는 오크 술통이 그의 시야에 들어왔다. 거칠게 넘실거리는 바다 한가운데서 가라앉고 뜨기를 반복하며 위태롭게 보였다. 넘실거리는 술통을 바라보던 버쉬넬의 뇌리에 번쩍 아이디어가 스쳤다. 잠수함!

잠수함이야말로 적국의 함선을 무력화시킬 비밀병기가 될 수 있을 것이라고 확신한 그는 곧바로 전투용 잠수함 발명에 착수한다. 버쉬넬은 여러 번의 시행착오 끝에 술통 모양과 비슷한 형태의 타원형 1인승 잠수함 '터틀'을 발명해냈다. 선체는 나무와 구리로 만들었고 길이 2.2미터, 높이 1.8미터 크기에 성인 한 명이 겨우 탑승 가능한 구조였다. 터틀에는 전진과 후진 그리고 잠항(潛航)과 부상(浮上)을 위해 이동 장치인 프로펠러가 2개 장착되었다. 전진과 후진은 터틀의 전면에 설치된 프로펠러를 회전시켰고, 잠항과 부상을 위해서는 천장에 장착된 프로펠러를 회전시켜 이동했다(당시에는 기계적인 동력 장치가 없었기 때문에 터틀의 이동을 위해서는 사람의 힘을 이용해 열심히 프로펠러를 회전시켜야만 했다).

터틀은 전투용 잠수함이었기에 적군의 함선을 파괴하기 위한 특수 무기도 장착되었다. 선체 윗부분 바깥쪽에는 송곳이 장착되었는데 당시 대부분의 선박이 나무로 되어 있어, 수면 아래서 적의 함선에 구멍을 내어 피해를 주기 위해서였다. 좀더 큰 타격을 주기 위한 병기로 폭탄을 장착하기도 했다. 다소 허술한 외관을 가지고 탄생된 전투용 잠수함 터틀은 1776년 실전에 투입되기에 이른다.

첫 임무는 뉴욕의 허드슨강에 정박 중인 영국군 전함 '이글(Eagle) 호'를 타격하는 것이었다. 터틀은 먼저 강물 깊숙이 잠수해 물밑에서 적군의 군함 밑부분으로 은밀히 접근했다. 이윽고 적함에 다다랐을 때 장착된 날카로운 공격용 송곳으로 구멍을 뚫기 위해 돌진했다. 하지만 회심의 일격으로 쉽게 손상을 입힐 것으로 예상했던 군함에는 아무런 데미지를 주지 못했는데, 하필이면 이글 호 선체의 금속 부분을 공격했기 때문이었다.

아쉽게도 임무에 실패하고 회항하던 중 터틀 호에 장착된 폭약이 본의 아니게 떨어져 나가면서 곧이어 폭발을 일으키고 만다. 순간 이글 호 앞에서 거대한 물기둥이 솟구치자 선원들은 화들짝 놀랐다. 비록 영국군에 큰 타격을 입히지 못하고 끝난 작전이지만 터틀 호의 임무는 잠수함에 의한 최초의 공격으로 기록되었다(이후에도 터틀 호는 영국 군함 셀빌러스(Celvelas) 호에 타격을 입히는 등의 작전에 투입되기도 한다).

초창기에 발명된 잠수함의 경우 물 안팎을 이동하기 위한 동력은 모두 사람 근육의 몫이었다. 하지만 1846년 프랑스의 발명가 파이에른(Payerne)에 의해 발명된 증기 잠수함 '바토 클로쉬(Bateau

Closhe)'의 등장으로 잠수함을 움직이기 위해 더 이상 근육을 단련시키지 않아도 되었다. 자동차나 기차가 증기기관에서 다양한 장점을 가진 내연기관으로 동력장치가 옮겨갔듯이 잠수함 또한 주요 동력장치에 변화가 있었다.

이러한 변화를 주도한 사람은 아일랜드계 미국인 발명가 존 필립 홀랜드(John Philip Holland, 1840~1914)였다. 그는 1895년 현대 잠수함의 원조라고 불리는 '홀랜드 6(holland VI)' 호를 만들었다. 홀랜드 호는 이전의 잠수함과는 핵심 기능에서 차이를 보였는데, 물 밖에서 이동할 때는 내연기관을 이용해 동력을 발생했고, 잠항시에는 전기 배터리의 전원을 이용해 전동기를 회전시켜 동력을 발생시켜 이동했다. 홀랜드 6호는 선체 길이가 16.41미터, 수중 배수량이 74톤으로 어뢰 발사관과 갑판에는 함포가 설치되어 해전에 적합한 구조로 설계되었다.

혁신적인 홀랜드 호는 미국뿐만 아니라 영국, 일본, 네덜란드, 러시아 정부의 관심을 끌었고, 홀랜드 6호의 개량형인 홀랜드 7호가 이들 국가들에게 팔려나가기 시작한다.

U-보트: 죽음의 신과 함께

초기 잠수함들은 단순히 미지의 바닷속을 탐험하고자 하는 인간의 욕망에서 출발했고, 그 꿈은 실현되었다. 이후 잠수함의 기능은 단순히 잠항하는 것을 넘어 점차 전쟁 도구로 활용되기에 이른다. 초기에 등장한 전투형 잠수함은 다소 원시적인 형태의 무기를 장착하여 적군에 큰 타격을 주기보다는 약간의 긴장을 주는 정도의 공격에 그쳤다. 그리고 외관 또한 우리가 머릿속으로 생각하는 잠수함의 이미지와는 거리가 멀었다.

원시적인 형태의 잠수함은 진화를 거듭해 18세기 중반 발명된 터틀과는 전혀 다른 형태의 전투형 잠수함으로 발전한다. 그 중에서도 제1차 세계대전 당시 등장한 '바닷속 침묵의 암살자'라 불렸던 독일의 U보트가 대표적이다.(U보트의 독일식 표현은 운터제보트(Unterseeboot)로 '물속에 있는 배' 즉 잠수함을 뜻한다. 이것을 영어식으로 표기한 것이 Under-Sea-Boat, 즉 U-Boat이다.)

아이러니컬하게도 과학기술 발전의 비밀에는 '전쟁'이라는 키워드가 늘 따라다닌다. 다소 무서운 표현이기는 하지만 전쟁과 함께 현대 문명도 진화되어왔다. 잠수함 역시 1, 2차 세계대전을 거치며 빠르게 발전을 하게 된다. 하지만 그것이 민간용이 아닌 전투형이라는 점이 안타까운 진실이다. 특히 독일에서 개발된 인명 살상 무기 중 하나였던 전투형 잠수함 U보트는 전쟁 중에 20만 명 이상의 귀중한 목숨을 죽음의 신에게 바쳤다.

독일의 U보트는 U-1이라는 이름으로 1906년 실전에 배치되면서 짧지만 강렬하게 그 이름을 세상에 알리기 시작했다. 기본적인 설계는 홀랜드가 발명한 현대식 잠수함의 형태를 따랐지만 전체적으로 한층 업그레이드된 구조를 가지고 있었다. U-1의 기본 동력은 내연기관과 연계된 전동기(motor)였고, 잠항과 부상을 위한 선체의 날개, 공기 추진 어뢰 등 대부분에서 기존의 방식을 고수했다.

하지만 적용되는 기능만 동일한 부품이었지 성능은 확연히 달랐다. 먼저 주 동력원인 내연기관의 경우 연료 효율이 낮은 가솔린엔진에서 효율이 크게 향상된 디젤엔진으로 바뀌면서 순항 거리가 크게 늘어났다. 기본 선체의 내구성도 뛰어나 22명의 승무원을 태운 채 30.5미터까지 잠수가 가능했다. U-1의 이동 속도는 수면 위에서 이동할 경우 10노트로 1500해리(약 2775킬로미터)가 가능했고, 잠항 시에는 순항 기준으로 5노트로 93킬로미터를 항해하는 데 무리가 없었다.

독일의 U-9 잠수함

한편 20세기에 접어들면서 유럽의 제국주의 국가들 사이에서 식민지 쟁탈전이 일어났다. 1914년 영국, 프랑스, 러시아 등의 연합국과 독일, 오스트리아 등의 동맹국들 간에 일어난 제1차 세계대전은 1918년 11월 11일 독일의 항복으로 끝을 맺었다. 독일은 비록 패전국으로 낙인이 찍혔지만 제1차 세계대전 당시 최첨단 무기를 앞세워 연합국을 여러 번 궁지에 빠뜨리기도 했다. 특히 독일의 비밀병기 U보트는 '대서양의 늑대'라는 별명과 함께 상대국의 전투함을 모조리 격침시키는 것으로 악명이 높았다.

제1차 세계대전 발발 첫해인 1914년 9월 5일, 영국 해군 소속 순양함 패스파인더 호가 독일 U-21 잠수함으로부터 피격을 당해 침몰하는 사건이 발생했다. 당시 패스파인더 호에는 승무원 296명이 승선하고 있었지만, 이렇다 할 대응조차 하지 못한 채 U-21에 격침당하고 만다. 패스파인더 호에서 살아남아 다시 육지에 발을 내디딘 선원은 단 37명뿐이었다.

이 소식을 접한 영국 정부와 시민들은 큰 충격에 빠졌다. 한때 무적함대를 이끌고 대서양을 장악하던 대영제국의 전함이 아무 저항도 못한 채 침몰한 것을 도무지 이해하기 어려웠다.

하지만 영국 해군의 치욕적인 사건은 여기서 끝이 아니었다. 비극이 일어난 지 채 한 달도 안 된 9월 22일 독일 잠수함 U-9은 굶주린 늑대처럼 먹이를 찾아 대서양 여기저기를 휘젓고 다녔다. 때마침 힘 없는 양처럼 보이던 영국 해군 순양함 3척이 U-9의 잠망경 시야에 들어왔다. U-9의 선실에서는 먹잇감으로 보이는 순양함이 생생히 보였다. 하지만 영국 해군 순양함은 검은 바다에서 호시탐탐 자신들을 노리고 있던 U-9을 전혀 눈치채지 못하고 있었다. 이후 독일의 잠수함 U-9은 3척의 순양함을 모조리 격침시킨다. 당시 3척의 순양함에는 2200여 명의 선원이 탑승해 있었는데, U보트의 기습 공격으로 1459명이 소중한 목숨을 잃었다.

결국 제1차 세계대전은 1918년 연합군의 승리로 막을 내렸지만, 독일군의 U보트는 1915년~1918년 동안 2500여 차례에 걸쳐 총 1218만 톤의 함선을 파괴시켰다. 당시 영국 선박 90% 이상이 독일 잠수함에게 격침당했다고 전해진다.

이후 패전국이 된 독일에는 엄청난 전쟁 배상금이 부과되었고, U보트도 승전국에게 압류되었다. 그리고 연합군에 엄청난 피해를 준 비밀병기 U보트의 보유와 제조를 전면 금지시키기에 이르렀다. 하지만 독일은 비밀리에 계속해서 잠수함을 건조했고, 역사의 뒤안길로 사라지는 듯했던 U보트는 1939년 9월 제2차 세계대전을 계기로 또 다시 등장한다. U보트는 여전히 건재한 모습으로 연합군의 공포의 대상 1호가 되었다.

좌초된 유보트

제2차 세계대전에서 U보트는 이전보다 더욱 막강해진 성능을 앞세워 연합군을 사면초가에 몰아넣었다. 당시 U보트는 연합국 함정 148척, 민간 상선 2759척, 그리고 1400여만 톤의 물자를 수장시켰고, 민간인, 군인 구분 없이 20만 명의 생명을 앗아갔다.

제2차 세계대전 당시 독일의 주력 U보트는 대표적인 것이 '타입-7(Type-Ⅶ)'형이었다. 선체의 길이가 67미터, 배수량은 최대 860톤으로 어뢰 발사관 5문, 어뢰 14발을 발사할 수 있었다. 독일은 당시 이러한 타입-7을 700여 척이나 건조했다.

세계를 모조리 삼킬 것 같았던 독일은 1945년 제2차 세계대전에서도 패전하게 되고, U보트 역시 역사의 뒤안길로 사라졌다. 과거의 위용을 뒤로한 채 지금은 영화나 박물관에서나 볼 수 있게 되었다.

"전쟁 중 내가 유일하게 두려워한 존재는 U보트였다. 우리들의 생명선인 바다를 위협했기 때문이다. 독일은 U보트에 모든 것을 걸어 보는 편이 현명했을 것이다."

- 윈스턴 처칠

핵잠수함: 원자력과 잠수함의 만남

잠수함은 일반적인 수상 전투함과 다르게 주로 바닷속 깊숙이 들어가 작전을 수행하는 것이 주목적이다. 잠수함의 핵심 기능 중 하나가 수면 아래서 움직이는 '잠항(潛航)'인데, 함수(艦首)와 함미(艦尾)에 장착된 부력 탱크(ballast tank)를 이용해 수면 위아래를 자유롭게 항해할 수 있다. 즉, 부력 탱크에 일정한 크기의 압축 공기가 들어가면 바닷물이 빠져나가 잠수함은 물 밖으로 떠오르고, 반대로 압축된 공기가 빠져나게 되면 부력 탱크에 바닷물이 흘러들어와 잠항이 가능하게 되는 것이다.

잠수함은 주로 물속에서 운항되기 때문에 추진기관의 역할이 매우 중요하다. 원시적인 형태의 잠수함에서는 인간의 힘으로 젓는 노가 추진기관이었다. 이후 기술이 발전하면서 오늘날에는 디젤전기 추진, 원자력 추진, AIP(Air Independent Propulsion, 공기가 필요 없는 추진기관) 추진이 사용되고 있다. 디젤전기 추진 잠수함은 원자력 추진기관에 비해 경제성 및 운용성 면에서 장점이 있다. 하지만 저속 항해 시 연속 잠항 기간이 4~5일 정도에 불과하다는 단점이 있다(오랜 기간 잠항이 가능할 정도의 축전지 용량 확보가 어렵기 때문이다. 최근에는 이러한 단점을 보완한 AIP 추진기관의 실용화로 잠항시간이 좀더 늘어나고 있다).

강력한 군사력을 상징하는 원자력 추진 잠수함의 경우 핵분열 반응을 이용해 증기를 발생시키고, 이를 이용해 터빈을 돌려 동력을 만들어낸다. 원자력 추진 시스템의 장점 중 하나는 핵분열 반응을 이용할 경우 외부에서 원자로에 별도의 산소 공급을 할 필요가 없다는 점이다. 원자력 추진 시스템 운용을 위해 별도로 산소를 공급 받을 필요가 없기에 상당히 오랜 기간 동안 잠항이 가능한 장점을 가지고 있다(승무원들을 위한 신선한 식자재 보급과 정비, 승무원의 정신적인 안정을 고려해 잠항을 2개월 이하로 제한한다고 한다).

노틸러스 호

세계 최초의 원자력 추진 잠수함이 등장한 것은 제2차 세계대전 종전 이후 냉전시대 때였다. 1954년 미 해군에서 진수한 노틸러스(Nautilus) 호가 그 주인공이다(쥘 베른의 소설 〈해저 2만리〉에 등장하는 잠수함 때문인가. 앞에서 나온 풀턴의 잠수함 이름도 노틸러스 호였다).

노틸러스 호는 수중 배수량 3520톤, 수중 속도 20노트급의 핵잠수함으로 1955년 첫 항해를 시작한 이후로 2년간 연료 보급을 받지 않았다. 1957년 첫 연료 보급이 시작되었는데, 당시 노틸러스 호는 6만 마일(약 9만6000킬로미터)을 항해한 상태였다고 한다. 그후로도 2년에 한 번 꼴로 핵연료를 보급받게 된다(1957년 첫 연료 보급 이후 1959년에 두 번째 보급이 진행될 당시의 운항 마일리지가 9만 마일이었다).

이후 원자력 추진 잠수함의 우수한 성능과 군사적인 효용성을 주목한 군사 강대국들이 속속 핵잠수함 개발에 박차를 가했다. 당시 미국의 경쟁국 소련을 필두로 영국(1963년), 프랑스(1971년), 중국(1974년)이 핵잠수함을 개발했다. 그리고 비교적 최근인 2009년 인도가 원자력 추진 탄도미사일을 장착한 아리한트(Arihant) 호 잠수함을 진수함으로써 유엔 상임이사국 이외의 국가로 유일하게 핵잠수함 보유국에 합류했다. 이로써 핵잠수함 보유국은 총 6개국이며, 호주가 2030년 핵잠수함의 실전 배치를 목표로 하고 있고 2018년 현재 북한도 잠수함 발사 탄도미사일(SLBM) 개발에 성공한 것으로 알려져 있다. 한국은 2003년 핵잠수함의 건조를 추진하다가 중단된 전례가 있는데, 독자적인 핵잠수함의 개발은 IAEA의 사전 승인이 없으면 불가능하다.

3부 — 하늘을 걷는 사람들

부력(浮力, buoyancy) · 양력(揚力, lift) · 추력(推力, thrust)

손가락이 안 보일 정도의 빠른 테크닉과 신들린 연주로 유명한 잉베이 맘스틴(Yngwie Malmsteen, 1963~)이라는 일렉트릭 기타리스트가 있다. 잉베이의 데뷔 앨범 1집 'Rising Force'에 수록된 6번 트랙은 토마소 알비노니(Thomaso Albinoni, 1671~1751)의 아다지오 G단조를 편곡해 만든 이카로스 꿈(Icaros dream suite op4)이라는 기타 연주곡이다. 서정적인 멜로디가 돋보이는 이 곡은 듣는 이로 하여금 그리스 신화 속에 등장하는 이카로스의 안타까운 상황을 떠올리게 한다.

부력(浮力, buoyancy)
기체나 액체 속에 있는 물체가 그 물체에 작용하는 압력에 의하여 중력(重力)에 반해 위로 뜨려는 힘

양력(揚力, lift)
유체 속을 운동하는 물체에 운동 방향과 수직 방향으로 작용하는 힘. 비행기는 날개에서 생기는 이 힘에 의하여 공중을 날 수 있다.

추력(推力, thrust)
물체를 운동 방향으로 밀어붙이는 힘. 프로펠러의 회전 또는 분사 가스의 반동에 의하여 생기는 추진력을 말한다.

오래 전 인류는 중력에 의지한 채 두 발을 이용해 걸을 수밖에 없는 생물에 불과했다(사람에 따라 능숙하게 수영도 가능하다). 열등감을 느껴서일까, 인간은 빠르고 힘센 육지 생물이나 깊은 바닷속을 자유롭게 헤엄쳐 다니는 수중 생물들을 무척 부러워했던 것 같다. 하지만 뛰어난 두뇌 덕분에 곧 열등감을 떨쳐버릴 수 있었다. 보란듯이 그들은 바퀴나 통나무배를 발명해냈고, 넓은 육지와 바다로 거침없이 생활 반경을 넓혀갔다. 작게나마 활동 영역을 넓혔던

인간. 이번에는 푸른 하늘에서 자유로이 날갯짓하는 새들에 주목한다. 부러움과 호기심을 느끼며 "날고 싶다"는 새로운 욕망이 솟구친다.

이카로스는 하늘을 나는 욕망을 통제할 수 없었다.

새가 된다는 것은 어떤 느낌일까? 로켓을 이용해 달나라를 정복하고, 지구 어디든 24시간이면 곳곳을 누빌 수 있는 항공이 발달된 21세기에도 우리는 선뜻 답을 찾지 못한다. 기술과 과학이 고도로 발달한 오늘날은 물론 은하계를 여행하는 미래가 와도 결코 알 수 없을 것이다. 다소 허무한 결론이지만 우리는 새가 아니기 때문이다. 이렇듯 영원히 알 수 없을 것만 같은 새의 느낌을 인간은 꽤 오래 전부터 갈망해 왔다.

새처럼 날고 싶다는 인간의 꿈의 표출은 동서양을 막론하고 다양한 신화와 전설로 전해지고 있다.

중국의 역사서에 등장하는 순(舜) 임금 이야기, 은으로 만든 날개를 지닌 고대 이집트의 태양신 호루스 신, 우리나라 전래동화 '선녀와 나무꾼'에 등장하는 선녀의 날개옷 등 전 세계적으로 헤아릴 수 없을 정도로 많은 이야기가 있을 것이다. 하지만 그 중에서 가장 흥미로운 전설은 그리스 신화에 등장하는 다이달로스(Daedalos)와 아들 이카로스(Icaros)가 창공을 날아오르는 이야기일 것이다.

신화 속에 등장하는 다이달로스는 유명한 장인이었다. 한때 미노스(Minos) 왕의 총애를 받았으나 어떤 사건으로 왕에게 미움을 사는 바람에 아들과 함께 탑에 갇히게 된다. 다이달로스는 아들 이카로스와 함께 탑을 탈출하기 위해 탑 주변에 떨어져 있는 새의 깃털을 모으기 시작한다. 탈출할 정도의 충분한 깃털이 모이자, 밀랍(wax)을 이용해 두 쌍의 날개를 완성한다. 다이달로스와 아들 이카로스는 완성된 날개를 펼쳐 탑 꼭대기에서 창공을 향해 날아오른다. 비행은 성공적이었다. 그들은 새처럼 날갯짓을 하며 하늘을 날았다.

주위를 살피며 조심스럽게 날던 다이달로스와 달리 이카로스는 자신이 새가 됐다고 착각해서였을까? 하늘을 난다는 욕망을 통제할 수 없었다.

"아들아 더 이상 태양 가까이 다가가선 안 된다. 뜨거운 태양이 너의 날개를 모조리 녹여버릴 거야!"

다이달로스가 소리쳤지만, 새처럼 날고 있다는 것에 정신이 팔린 이카로스는 그 말을 무시한 채 태양을 향해 날아갔다. 뜨거운 태양이 그의 날개를 녹였고 이카로스는 바다로 추락하고 만다.

신화 속에 등장하는 이카로스의 추락한 날개는 오늘날 인간의 어리석음과 욕망에 종종 비유되곤 한다.

9

비행기

무동력·동력 항공의 역사

이카로스의 꿈

'날다'를 국립국어원 표준국어대사전에서 찾아보면 "공중에 떠서 어떤 위치에서 다른 위치로 움직이다"라고 되어 있다.

자연계에는 발 디딜 곳 하나 없는 허공을 자유로이 이동할 수 있는 생물들이 있다. 이러한 생물 중 가장 먼저 떠오르는 건 역시 새다. 하지만 딱히 새라는 생물 하나로 단정 짓기도 어렵다. 우리 주변에서 흔히 볼 수 있는 파리, 모기, 나비, 나방, 하루살이 그리고 비록 체공 시간은 짧지만 '보이지 않는 지구의 정복자' 바퀴벌레 등도 있다. 이런 생물들이 하늘을 나는 모습을 보고 있자면 하찮은 파리도 대단하게 여겨질 때가 있다.

지오반니 보렐리

이들 하늘의 지배자들에게는 공통점이 하나 있다. '날개'라는 것이다. '하늘을 나는 것들에게는 날개가 있다.' 지극히 평범하고 당연한 명제. '날개'는 곧 하늘을 나는 비행의 핵심이다. 인간도 날 수 있을까? 라는 물음의 가능성을 점치게 된 것도 새의 날개 때문이었다. "인간! 날개만 있다면 얼마든지 하늘을 날 수 있다!"라는 외침 속에서 비행의 역사가 시작된다.

중세시대에 접어들자, 이 같은 생각을 직접 실현하려는 이들의 도전이 시작되었다. 그들은 직접 발명한 인공날개를 어깻죽지에 달고 자유를 부르짖으며 높은 곳에서 날개를 퍼득이며 뛰어내렸다. 용기 하나를 담보로 걸고 하는 도전, 즉 인력 비행은 대부분 실패로 돌아갔다. 높은 곳에서 추락해 허무하게 생과 이별하는 경우도 적지 않았다. 이 같은 무모한 도전이 계속되자 몇몇 과학자는 과학적인 근거를 들어 "인간은 자신의 힘만으로는 절대 하늘을 날 수 없다"라는 결론을 내린다. 특히 이탈리아 과학자 지오반니 보렐리(Giovanni Alfonso Borelli, 1608~1679)는 새와 인간의 차이에 대해 무게 중심으로 본 날개 운동을 역학적으로 해석해 이러한 의견을 뒷받침하기도 했다.

15세기가 되자 하늘을 날고자 하는 인간의 욕망은 좀더 구체적이고 과학적으로 시도되었다. 인간의 힘만으로는 하늘을 나는 것이 불가능해 보이자 일부 선구자들은 비행을 위한 도구의 발명을 고민하게 된다. 그들 중 세상의 모든 것에 대한 재능을 갖춘 이가 등장한다. 바로 르네상스맨 레오나르도 다빈치(Leonardo di ser Piero da Vinci, 1452~1519)다.

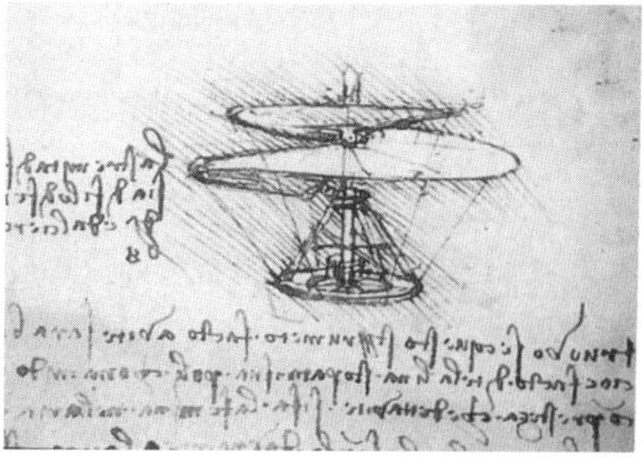

다빈치가 설계한 비행체

다빈치는 화가, 조각가, 발명가, 건축가, 해부학자, 천문학자, 지리학자, 음악가로서 다양한 분야에서 흔적을 남겼다(심지어 그는 육상도 잘했는데, 특히 멀리뛰기와 높이뛰기가 장기였다고 한다). 우리에게는 '모나리자', '최후의 만찬' 등의 명작을 탄생시킨 화가로 잘 알려져 있지만, 그는 항공 분야에서도 선각자였다.

평소 새가 나는 모습을 유심히 관찰했던 다빈치는 새의 날개를 잘 응용만 한다면 인간이 나는 건 결코 어려운 게 아니라고 단언했다. 이런 생각을 바탕으로 새의 비행에 관한 연구를 시작해 그 성과로 1505년 〈새의 비행에 관하여〉라는 논문을 발표했다. 좀더 과학적인 방식으로 인력비행에 관해 연구한 그의 논문에서는 인간도 큰 날개를 달고 공기의 저항을 이용하게 되면 비행에 문제가 없을 것이라고 했다.

다빈치는 연구를 바탕으로 독특한 형태의 비행장치를 구상했는데 익룡이 거대한 날개를 펄럭거리는 것 같은 모습의 오니솝터(Ornithopter)와 소용돌이처럼 솟구치는 모양의 날개를 가진 원조 헬리콥터를 설계한 것이다. 물론 실제로 제작해 비행을 하지는 않았지만 이러한 비행장치를 통해 인간도 하늘을 날 수 있겠다는 희망을 안겨준 것만은 사실이다.

다빈치가 설계한 비행장치의 동력은 당시 사용되던 수레나 선박들과 마찬가지로 인간의 팔다리의 근육을 이용해 날개를 동작시키는 방식이다. 하지만 인간은 새처럼 가볍지 않기 때문에 단순히 인간의 근육만으로 날갯짓해서는 창공을 날기에는 역부족이라는 주장이 당시에도 제기되었다. 이후 다빈치는 인간의 근육으로만 동작하는 것이 아닌 또 다른 형태의 비행장치로 눈을 돌린다. 공기의 저항을 적절히 이용해야 비행이 가능하다는 것을 전제로 오늘날 행글라이더와 비슷한 고정날개의 비행장치를 고안했다.

몽골피에 형제: 열기구의 탄생

꿈(夢, dream)! 인간은 잠자는 동안에도 꿈을 통해 마치 실제처럼 보고 듣고 느끼는 등의 여러 가지를 체험한다. 꿈에서 깨면 모든 환상이 안개처럼 사라져버린다. 하지만 때로는 현실세계에서는 불가능한 일들이 꿈속에서 척척 진행되는 달콤한 꿈을 꾸길 바란다(크리스토퍼 놀란 감독의 2010년 작품 '인셉션(Inception)'은 이런 인간의 욕망을 가장 잘 드러낸 영화이다).

장자는 "내가 지난 밤 꿈에 나비가 되었다. 날개를 펄럭이며 꽃 사이를 즐겁게 날아다녔는데 너무 기분이 좋아서 내가 나인지도 몰랐다. 그러다 꿈에서 깨었더니 나는 나비가 아니고 내가 아닌가?"라고 말했다.

〈장자〉에 보면 주인공이 나비가 되어 자유롭게 날아다니는 에피소드가 나오는데, 18세기 이전만 해도 인간이 나비처럼 창공을 넘나드는 건 현실에서는 불가능하고 오로지 꿈속에서만 가능한 상황으로 인식했다.

테르치

이탈리아 과학자 보렐리가 "인간은 자신의 힘만으로는 하늘을 날 수 없다"라며 과학적 근거를 내세웠지만 이 같은 인간의 핸디캡을 극복하려는 욕망까지 가라앉히지는 못했다. 하늘을 날고자 하는 선구적 인간들의 노력으로 그 가능성에 도전하는 날갯짓이 시도되었다. 다빈치는 날짐승의 날개에서 착안해 다양한 비행기계를 설계했지만 천재적인 설계 방식에도 불구하고 발명품들은 실용화되지 못했다. 이후 몇몇 비행 선구자들은 날짐승들의 날개가 아닌 다른 방법으로 하늘을 날아보고자 고민하게 된다.

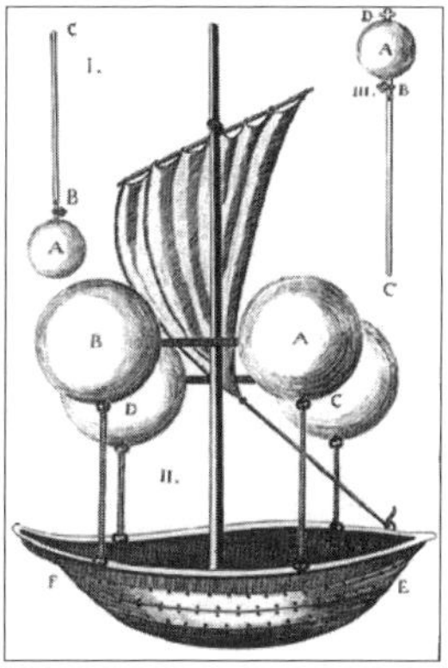

프라잉 십

17세기 이탈리아의 수학자이자 물리학자인 프란체스코 라나 데 테르치(Francesco Lana de Terzi, 1631~1687)는 이전의 선구자들과 전혀 다른 형식의 비행체를 고안했다. 그는 1670년에 〈프로드로모(Prodromo)〉라는 제목의 책을 출판하게 되는데, 그 책에서 새로운 형태의 비행기계인 플라잉 십(flying ship) 즉 '나는 배'를 제시한다. 언뜻 보기에는 거친 바다를 항해하는 범선과 유사한 형태 같지만, 커다란 구슬 모양의 구리 재질의 구 4개가 배치가

몽골피에 형제

된 것이 특징이다(흡사 RPG 게임이나 판타지풍의 애니메이션에 자주 등장하는 하늘을 날아다니는 배 비공정(飛空艇)과 비슷하다).

테르치가 묘사한 비행선의 핵심은 구리 재질의 금속 구(球, circle)인데 이 금속 구 안은 공기가 존재하지 않는 진공상태이다. 그는 공기도 무게가 나간다는 사실에 착안해, 금속 구 안의 공기를 모조리 뽑아내면 부력이 발생해 공중으로 쉽게 떠오를 수 있다고 생각한 것이다. 하지만 테르치의 '플라잉 십'은 실현이 어려워 아이디어 이상으로 발전하지는 못했다.

다소 황당해 보이는 테르치의 아이디어는 그로부터 100여 년 후인 1783년 새로운 형태로 재탄생하게 된다.

프랑스의 상업도시 리옹(Lyon) 인근 작은 마을에 살던 형 조제프 미셸 몽골피에(Joseph-Michel Montgolfier, 1740~1810)와 동생 자크 에티엔 몽골피에(Jacques-Étienne Montgolfier, 1745~1799) 형제는 석양을 등지고 앉아 굴뚝에서 피어올라 하늘로 솟아오르는 연기를 유심히 관찰하고 있었다. 평소 비행체에 관심이 많던 형제는 그날 연기의 움직임이 단순한 현상으로만 느껴지지 않았다.

만약 뜨거운 연기를 끌어모을 수만 있다면, 그 연기로 무게가 있는 물체도 공중으로 쉽게 띄울 수 있지 않을까? 라는 생각에 빠진다. 당시만 해도 보통 사람들에게 이 생각을 털어놓았다면 정신 차리라고 한마디 들었을 것이다. 다행히 그들은 피를 나눈 형제였기에 서로의 생각을 쓸데없는 망상으로 치부하지 않았다. 그들은 그 아이디어를 단순히 생각만으로 그치지 않고 가설을 세우고 실험을 통해 과학적으로 궁금증을 해결하고자 했다.

몽골피에 형제의 열기구 공개 실험

먼저 종이나 실크 같은 가벼운 물질을 이용해 둥근 모양의 공기주머니를 만들었다. 주머니에는 뜨거운 공기가 흘러들어갈 수 있도록 구멍이 뚫려 있었다. 그들은 뜨거운 연기를 만들어내기 위해 마른 장작을 태웠고 실험장이 이내 자욱한 연기로 시야를 가릴 때쯤, 공기주머니는 저 높아 솟아오르고 있었다. 형제의 가설이 실험으로 구현되는 순간이었다. 실험용 공기주머니는 2킬로미터나 날아간 뒤에 땅으로 떨어졌다.

실험 결과를 기반으로 몽골피에 형제는 1년 후인 1783년 좀더 큰 기구를 제작한다. 자신감이 넘쳤던 그들은 많은 사람들 앞에서 공개 실험을 자청했다. 1783년 8월 19일 루이 16세와 마리 앙투아네트(Maria Antonia Anna Josepha Joanna, 1755~1793) 왕비가 지켜보는 가운데 베르사유 궁전에서 실험이 진행되었다. 실험에 사용된 열기구는 직경 11미터로 사람은 탑승하지 않고 영문도 모르는 양, 닭, 오리 등 여러 마리의 가축을 태운 채 드넓은 하늘로 띄워 보내졌다. 예상대로 열기구는 큰 사고 없이 3킬로미터쯤 날다가 착륙했다. 비록 사람은 아니었지만 가축의 무게로 보아 성인 남성이 탑승해도 무리가 없을 정도로 가볍게 하늘을 날았다.

그로부터 2달 후인 1783년 11월에는 성인 남성 2명이 탑승해 1000미터 상공에서 25분 동안 9킬로미터를 비행하는 데 성공했다. 인간이 하늘을 정복한 최초의 사건이었다(원래는 사형수를 태울 예정이었지만 인류 역사에 남을 영광스러운 순간을 죄수에게 넘길 수 없다며 과학 교사인 로지에르(Jean-Francois Pilatre de Rozier)와 귀족 남성 다를랑드(Marquis Francois d'Arlandes)가 자청해서 탑승했다고 한다).

그런데 아이러니하게도 그토록 구름 속 산책을 원했던 몽골피에 형제는 단 한번도 기구에 올라 직접 하늘을 날아본 적이 없다는 사실이다. 형제에게는 고소공포증이 있었다고 한다.

몽골피에 형제의 열기구가 성공적으로 비행하는 것을 목격한 사람들은 너도 나도 열기구를 만들어 하늘에 띄우기 시작했다(당시 프랑스 정부에서는 열기구의 잦은 출몰로 시민들이 놀라지 않도록 비행에 대해 자주 공고를 했다).

사실 당시에는 어떠한 원리로 열기구가 떠오르는지 아무도 몰랐다. 심지어 몽골피에 형제조차도 죽을 때까지 그 원리를 밝혀내지 못했다. 때문에 사람들은 가능하면 연기가 많이 피어오르게 하거나, 화력이 강할 때 발생하는 검은 연기를 이용해 더 강한 추진력이 만들어진다고만 짐작할 뿐이었다.

이후 열기구는 공기에 비해 14분의 1 정도로 가벼운 수소를 이용해 2시간 동안 43킬로미터를 문제없이 운항했다.

과학기술의 발전은 곧 전쟁 무기로 돌변하는 경우가 많다. 열기구도 예외가 아니었다. 기동성 빠른 전투기는 아니지만, 열기구에 폭탄을 가득 싣고 적군을 향해 폭격하는 전술이 많이 진행되었다. 18세기 후반부터 19세기에 일어난 미국의 남북전쟁에서도 전략적으로 사용되어, 오늘날 첨단의 전투형 무인기의 원조가 되기도 한다.

라이트 형제, 하늘의 문을 열다

프랑스의 몽골피에 형제는 가열된 공기로 발생된 부력을 이용해 열기구를 구름 사이에 사뿐히 안착시키는 데 성공했다. 이후에도 수많은 비행 개척자들은 자신들만의 새로운 비행법을 이용해 계속 도전장을 내밀었다. 대표적인 인물로 영국의 조지 캐일리 경(Sir George Cayley, 1773~1857), 프랑스의 샤누트(Octave Chanute, 1832~1910), 독일의 오토 릴리엔탈(Otto Lilienthal, 1848~1896) 등이 있었다. 그들 대부분은 유체의 흐름 방향에 대해 수직으로 작용하는 힘인 양력(揚力, lift)을 이용해 비행하고자 했다.

하지만 반복된 도전과 실험에도 불구하고 좀처럼 큰 성과를 얻지 못했다. 특히 릴리엔탈은 세계 최초로 무동력 항공기인 글라이더(glider)를 발명해 비행에 성공하는 쾌거를 이루기도 했다. 하지만 그는 1896년 글라이더 실험 비행 도중 추락해 안타깝게도 48세로 생을 마감했다.

인간은 '하늘 정복'이라는 고난도의 미션에 도전한 또 다른 형제로

오빌 라이트(왼쪽), 윌버 라이트(오른쪽)

인해 마침내 하늘을 정복하기에 이른다. 사람들은 그들을 라이트 형제(Wright brothers)라고 부른다.

윌버(Wilbur, 1867~1912)와 오빌(Orville, 1871~1948) 라이트 형제는 영국과 네덜란드계 혼혈인 밀턴 라이트(Milton Wright, 1828~1917)와 독일과 스위스계 혼혈인 수잔 캐서린 코너(Susan Catherine Koerner, 1831~1889) 사이에서 태어났다. 부부에게는 그들 형제 외에도 5명의 자녀가 더 있었다.

성직자였던 아버지 밀턴은 직업의 특성상 다양한 곳으로 자주 여행을 다녔다. 우리네 아버지들처럼 밀턴 역시 여행에서 돌아오는 길에 항상 자녀들을 위해 선물을 사오곤 했다. 1878년 형제가 받았던 작은 선물은 훗날 비행에 대한 열망을 불러일으키는 계기가 된다. 아버지가 사온 선물은 프랑스 항공 기술자 알퐁스 페노(Alphonse Pénaud, 1850~1880)가 고안한 장치를 모방해 제작된 모형 헬리콥터였다. 30센티미터 크기에 주로 대나무와 종이로 뼈대를 구성했고, 고무줄을 이용해 날개가 회전하는 원리를 가진 장난감이었다. 형제는 여느 아이들처럼 즐겁게 그 장난감을 가지고 놀았고, 고장이 나면 직접 만들기도 했다. 그때만 해도 아버지의 작은 선물 하나가 형제의 인생을 바꾸어놓을 줄은 꿈에도 몰랐을 것이다(훗날 그들은 어릴 적 작은 나무 헬리콥터가 자신들 인생에서 열정을 불태울 수 있게 한 작은 불씨였다고 고백한다).

형제는 유년시절의 소중한 추억 하나를 간직한 채 성장했고, 10대 시절부터 다양한 사업을 시작하게 된다. 첫번째 사업은 1889년에 시작한 형 오빌의 인쇄업이었다. 인쇄업의 핵심인 인쇄기는 동생 윌버의 도움으로 직접 제작을 했다. 사업을 위한 기반시설이 갖추어지자 단순 인쇄소에 그치지 않고 신문까지 발간하는데 처음에는 작은 주간지를 발간하다가 점차 사업을 확장해 이듬해 4월부터는 일간지를 창간한다. 〈더 이브닝 아이템(The Evening Item)〉이라 이름 붙인 일간지는 4개월 이상 버티지 못하고 결국 폐간을 했다. 언론사를 운영하기에는 사업 수완이 부족하다고 생각했는지, 이후 형제의 인쇄소는 상업 인쇄물을 제작, 납품하는 일에 집중했다.

19세기 후반에는 실용성을 갖춘 세이프티 자전거가 선풍적인 인기를 끌었고 당연히 관련 산업도 활성화되었다. 기계 장치를 사랑하고 손재주가 좋았던 라이트 형제는 1892년 자전거의 수리와 판매를 전문으로 하는 작은 가게를 열었다. 라이트 사이클 컴퍼니(Wright Cycle Company)라는 이름의 이 가게는 이전의 인쇄소와 달리 안정적인 수익을 안겨주었다. 사업이 안정되자 형제는 사업을 확장하게 되고 그 결과 1896년에는 자체 브랜드를 갖춘 자전거를 생산하기도 한다.

금전적으로 큰 어려움 없는 생활이 가능해지자 형제는 평소 관심을 가졌던 항공 분야로 눈길을 돌리게 된다. 어린 시절부터 꿈꿔왔던 비행에 대한 열망을 맘껏 펼쳐보고자 한 것이다. 그때부터 라이트 형제의 이중생활이 시작되었다. 낮에는 자전거 사업에 전념하고, 밤과 휴일에는 꼬박 비행에 관련된 항공학, 수학, 물리 등의 공부에 매

랭글리

진했다. 그들에게 새로운 인생이 시작된 것이다.

당시 항공 전문가라 불리던 사람들은 각자 다른 형태의 비행체를 기준 삼아 한창 연구에 몰두하고 있었다. 이 같은 연구 분위기 속에서 미국 스미스소니언 연구소(Smithsonian Institution)의 새뮤얼 피어폰트 랭글리(Samuel Pierpont Langley, 1834~1906)는 증기기관을 이용한 무인 동력 항공기를 제작해 하늘에 띄워 무인 비행에 성공한다.

한편 독일의 오토 릴리엔탈(Otto Lilienthal, 1848~1896)은 랭글리와는 달리 무동력 글라이더를 제작했다. 그리고 본인이 직접 글라이더에 탑승해 유인 비행에 성공하는 등 19세기에는 다양한 방식의 시험 비행이 진행되었다.

라이트 형제는 그 중 독일의 릴리엔탈이 사용한 비행 방법에 특히 흥미를 가졌고, 자신들의 비행체 연구에 큰 동기부여로 삼았다. 그런데 1896년 8월 10일 형제는 신문에서 충격적인 비보를 접하게 된다. 항공학의 개척자 릴리엔탈이 글라이더 시험 비행 도중 추락해 사망했다는 것이다. 평소 릴리엔탈을 동경해왔던 형제는 자신들에게도 언젠간 큰 사고가 닥칠지 모른다는 두려움을 느꼈다. 하지만 오히려 형제는 릴리엔탈의 숭고한 희생으로 인간이 하늘을 날 수 있다는 가능성을 충분히 열어주었다고 고인을 추모했다. 이젠 죽음의 그림자도 형제를 가로막지 못했다.

초기 비행체 연구에 있어서 형제는 릴리엔탈의 비행 방식에서 큰 영감을 받고 있었다. 형제는 스미스소니언 연구소에서 비행 선구자들의 자료를 수집하기 시작했고, 그것을 바탕으로 시험 비행을 시작한다. 그들 형제만의 항공기술에는 인쇄기, 자전거, 전동기, 엔진 동력장치 등의 기술이 밑바탕이 되었다. 평소 비행기와 직접 관련된 일을 하지는 않았지만, 돌이켜보면 그 동안 현장에서 쌓은 기술적 노하우가 큰 도움이 되었다고 볼 수 있다. 계속된 연구 중에 형제는 하늘을 날기 위한 핵심 요소를 세 가지로 압축했다.

오토 릴리엔탈

릴리엔탈과 글라이더

첫째, 비행기를 공중으로 들어올릴 수 있는 상승력(lift), 둘째, 비행기 몸체(機體, fuselage)를 앞(운동방향)으로 밀어붙이는 힘인 추력(推力, thrust), 셋째는 비행체가 공중에 떠 있을 때 방향을 적절히 바꾸어 비행하는 조종(control) 등이다. 즉, 새들이 날개 끝의 각도를 바꾸면서 좌우로 선회해 안정감 있게 비행하는 것을 보고 착안한 것이다.

라이트 형제는 1899년 이후 무동력 글라이더를 만들어 유인(有人) 비행을 시작한다. 형제는 글라이더의 '날개 비틀림'을 적절히 조종해 공중에 떠 있는 시간을 늘리는 실험을 했다. 실험은 수없이 반복되어 그 횟수만 해도 천여 번이 넘었다. 무동력 글라이더만을 이용해도 유인 비행이 충분히 가능했다. 다만 바람을 잘 조절한다 해도

월버 라이트가 운전한 글라이더(1902)

좀더 멀리 날거나 오래 나는 것에는 분명 한계가 있었다.

이러한 부족한 점을 채워줄 핵심 부품 중 하나로 형제는 당시 자동차 열풍의 핵심인 가솔린 엔진을 떠올렸다. 엔진이 자신들의 비행기에 장착된다면 훨씬 빠르고 더 멀리 비행이 가능할 것이라고 확신했다. 라이트 형제는 즉시 비행에 적합한 엔진을 찾아나섰다. 당시 설계 중인 라이트 플라이어 1호(Wright Flyer 1)에 엔진을 장착해 실험할 계획이었다. 플라이어 1호는 길이 6.4미터, 폭 12.3미터, 무게 275킬로그램으로 날개가 두 쌍인 복엽기(複葉機, biplane)였다.

최초의 비행기 라이트 플라이어 1호(1903)

전체적인 비행기의 크기를 고려할 때 8마력 이상의 엔진이 필요하다고 생각했다. 가벼우면서도 적절한 출력을 낼 수 있는 엔진을 구하기 위해 여러 엔진 전문가를 찾아다녔지만 별다른 성과가 없었다. 한결같이 고개를 저으며 불가능하다는 말만 되풀이할 뿐이었다.

적합한 엔진을 찾는 데 어려움을 겪던 중 뜻밖에도 자전거 가게에서 함께 일하던 찰리 테일러(Charlie Taylor, 1868~1956)로부터 문제 해결에 대한 반가운 소식을 들었다. 테일러는 평소 기계와 발명에 관심이 많던 기계공이었는데 그는 시중에서 사용되고 있는 자동차 엔진을 개조하면 라이트 형제가 원하는 성능의 엔진을 만들어낼 수 있다고 장담했다. 테일러는 곧 바로 자동차 엔진을 개조해 플라이어 1호에 장착할 12마력의 가솔린 엔진을 만들어냈다. 이 모든 일이 단 6주 만에 해결되었다. 더 놀라운 것은 테일러는 엔진 전문가도 아니라는 점이다.

어쨌든 테일러의 도움으로 플라이어 1호의 심장이 될 엔진이 완성되었고, 다음으로 동력장치를 이용해 추진력을 얻기 위해서는 또 하나의 핵심 부품이 필요했다. 바로 프로펠러였다.

당시 사용된 프로펠러의 주재료는 나무였는데 라이트 형제가 직접 설계와 제작을 했다. 처음 제작된 프로펠러는 선박에서 사용되는 모양을 본떠 만들었다. 그런데 제작된 프로펠러를 막상 비행기에 장착해 실험을 하자 예상과 달리 오래 날지도 못하고 번번이 추락하고 말았다. 항해에 적합하게 설계된 탓에 비행기에서는 제 성능을 발휘하지 못했던 것이다.

다시 새로운 형태로 설계에 돌입한 형제는 2개의 푸셔 프로펠러(pusher propeller)를 제작해 장착하기로 결정한다. 푸셔 프로펠러를 적용하면 날개가 공기 흐름을 방해하지 않으면서도 좀더 많은 추력을 발생하는 장점이 있었다.

시행착오를 줄이고자 형제는 풍동(風洞, wind tunnel) 실험 장치를 발명했다. '풍동'이란 인공적으로 바람을 발생시켜 프로펠러의 효율을 살펴볼 수 있는 장치였다. 즉, 직접 비행기를 띄우지 않고도 실내에서 프로펠러의 성능을 어느 정도 가늠할 수 있는 일종의 시뮬레

라이트 플라이어 3호(1905)

이터였다.

풍동을 이용해 제작된 프로펠러의 성능은 초기에는 66퍼센트 효율에 그쳤지만 최종적으로 최대 82퍼센트까지 효율을 끌어올릴 수 있었다(오늘날 제작된 나무 프로펠러도 효율이 85퍼센트 정도라고 한다).

이 같은 실험 장치를 기반으로 라이트 형제는 1902년 한 해 동안에만 600여 차례나 비행 실험을 했고, 이후로도 목숨을 담보로 한 실험이 천 번 이상 계속되었다. 숱한 실험을 바탕으로 비행기와 항공에 대한 지식은 쌓여갔지만 여전히 자유롭게 나는 것은 불가능했다.

하늘을 정복하는 건 이카로스처럼 신의 노여움을 사는 게 아닐까? 이런 생각이 머릿속에서 맴돌았다. 하지만 형제에게는 단순한 욕망으로 무모하게 비행한 이카로스와는 다른 특별한 그 무엇이 있었다. 바로 공학과 과학이라는 강력한 도구이다. 물론 그러한 도구들은 20세기 이전에도 존재했지만, 라이트 형제만큼 항공 분야에 효율적으로 이용한 사람도 없었다.

1903년 12월 17일, 라이트 형제는 드디어 하늘의 신을 넘어선다. 시속 43킬로미터의 강한 바람을 등지고 동생 오빌 라이트가 플라이어 1호에 몸을 실었다. 굉음과 함께 엔진에서 매캐한 연기를 토해내는 동시에 프로펠러가 소용돌이치기 시작했다. 곧이어 플라이어 1호는 하늘을 향해 힘차게 솟아올랐다.

시속 10.9킬로의 속도로 12초 동안 37미터를 나는 데 성공했다.

짧았지만 강렬한 비행이었다. 드디어 라이트 형제가 인류에게 날개를 선물한 것이다!

이후에도 윌버와 오빌은 번갈아가며 실험을 계속했고, 비행은 59초 동안 255미터로 좀더 늘어났다. 그리고 이듬해인 1904년에는 105번의 시험 비행에 성공했고, 1905년에는 38분 동안 공중에 머물기도 했다. 하늘을 날고 싶다는 어릴 적 형제의 꿈이 인류에게 드넓은 창공과 우주를 넘나들 수 있는 마법의 날개를 선물한 것이다.

하늘을 넘겨준 데 대한 신의 노여움이었을까? 형 윌버는 1912년 장티푸스로 45세의 젊은 나이에 영원히 돌아올 수 없는 비행을 떠난다. 이후 동생 오빌은 1915년 비행에 관련된 사업을 모두 정리하고 사회활동에 매진한다. 1948년 오빌은 먼저 간 형 윌버의 뒤를 따라 이세상에서의 마지막이자 영원한 비행을 한다.

10
제트기와 헬리콥터

보다 멀리, 보다 빠르게

제트엔진 시대를 연 두 남자

드넓은 창공을 유유히 날아다니는 새가 마냥 부러웠던 인류. 1903년 12월 라이트 형제의 플라이어 1호가 그 부러움을 달래주었다. 형제의 최초 비행 이후 사람들은 이제는 더 빠르게! 더 멀리! 날 수 있는 비행기를 원했다. 이에 부응하듯 등장한 인물이 프랑스의 항공기술자 루이 블레리오(Louis Charles Joseph Blériot, 1872~1936)이다.

블레리오는 길이 7.6미터, 날개 폭 8.5미터, 3기통 25마력의 엔진으로 최고 속도 57킬로미터를 자랑하는 비행기 '블레리오 11호'를 제작한다. 그는 1909년 블레리오 11호를 이끌고 프랑스에서 37.5킬로미터 거리의 영국 해협을 횡단하는 비행에 성공한다(블레리오의 영국 해협 횡단 비행은 최초의 국제 비행으로 기록된다).

루이 블레리오

블레리오 11호는 라이트 형제의 비행기와는 사뭇 다른 형태였다. 라이트 형제의 비행기는 주동력 장치인 프로펠러가 날개 뒤쪽에 장착되어 미는 방식인 후방엔진 타입(pusher type)인 반면 블레리오의 비행기는 단엽기로 동체 앞에 프로펠러가 장착되어 이끄는 방식인 전방엔진 타입(tractor type)이었다. 그리고 크기도 라이트 형제의 비행기에 비해 3분의 1 정도로 작았다.

블레리오가 비행기 제작에 있어서 가장 주안점을 둔 것이 안전성이었는데, 단순히 이륙에만 목적을 두지 않고 다시 안전하게 착륙할 수 있는 구조로 설계했다. 이후에도 블레리오의 비행기는 성능이 계속 향상되어 1911년에는 시속 111킬로미터로 비행하는 데 문제가 없었다. 이를 지켜본 여러 나라에서 구매 의사를 밝혀왔고, 곧 개량

전방엔진 타입

후방엔진 타입

된 블레리오 호는 항공 역사상 첫 대량생산되는 비행기의 영광을 차지한다.

본격적인 항공산업의 발전이 예상되는 가운데 1914년 제1차 세계대전이 일어난다. 참혹한 전쟁 중에 항공기가 각국의 비밀병기로 활용되었다. 성능도 점차 향상되어 시속 204킬로미터, 고도 6120미터, 항속 거리가 1021킬로미터에 달하는 비행기들이 속속 등장했다.

찰스 린드버그

그리고 전쟁이 끝난 뒤에는 항공기가 민간 영역의 여객 수송용 비행기로 각광받게 되면서 지구촌 곳곳을 누빌 수 있는 비행 기술로까지 발전했다.

1927년 5월 20일은 항공 역사상 가장 중요한 날로 기록된다. 미국의 비행기 조종사 린드버그(Charles Augustus Lindbergh, 1902~1974)가 '세인트루이스의 영혼(Spirit of St.Louis)'이라는 멋진 이름의 비행기를 타고 이틀에 걸쳐 대서양 횡단에 성공한 날이다. 총거리 5809킬로미터, 비행시간 약 33시간 50분, 뉴욕-파리 간 무착륙, 단독비행에 성공한 것이다. 졸음과 사투를 벌이던 그의 눈에 무수한 불빛들이 들어왔다. 그의 입에서 탄성이 터져나왔다. "저것이 파리의 불빛이다!"

린드버그의 성공은 장거리 비행에 대한 무한한 가능성을 열어준 일대 사건이었다. 이에 자극된 많은 비행사들 사이에서 지구촌 비행 일주가 유행처럼 번졌다. 여기서 잠깐 돌발 퀴즈! "두 번째 대서양 횡단에 성공한 조종사의 이름은?"

그것을 기억하는 사람은 아무도 없을 것이다. 역사는 최초만 기록할 뿐이다.

목숨을 건 개척자들의 노력의 결과로 비행기 기술도 점차 발전해갔다. 20세기 초까지 비행기의 외형이나 항속거리 같은 성능이 개선되어갔다. 하지만 속도에 있어서는 좀처럼 획기적인 변화가 보이지 않았다. 당시만 해도 거의 모든 비행기의 핵심 동력장치는 엔진에 연결된 프로펠러 외에는 별다른 대안이 없는 것처럼 보였다. 폭풍 전야의 고요함이었을까, 조용한 분위기 속에서 항공의 역사를 완전히 뒤엎을 혁신적인 동력장치가 태어날 준비를 하고 있었다. 바로 비행의 미래를 책임질 제트엔진(jet engine)이었다.

제트엔진
엔진 내부에서 압력이 가해진 유체를 제트 노즐에서 제트상태(액체, 기체 등이 좁은 구멍에서 고속으로 분출되는 상태)로 분출할 때 그 반발력으로 추진력을 얻는 기관. 흔히 공기를 흡입하고 연료를 연소시킨 다음 고온 가스를 만드는 열기관을 말한다.

제트엔진은 위대한 물리학자 뉴턴의 세 번째 운동 법칙인 '작용-반작용의 원리'를 기초로 한 장치이다. 기존의 동력 방식은 가솔린 엔진의 동력으로 프로펠러를 회전해 추력을 발생한다. 반면 제트엔진은 엔진 내부의 연소를 통해 발생된 고온의 가스를 거침없이 분출해 추력을 발생하는 원리이다.

제트엔진의 시초는 2장 '증기기관' 부분에서 등장한 헤론이 발명한 '아에올리스의 공'으로, 역시 작용-반작용 원리를 이용하고 있다(물론 시대적으로 뉴턴의 세 번째 운동 법칙인 작용-반작용 원리가 증명된 시대와 다르다).

프랭크 휘틀

효율이 좋은 제트엔진 방식을 본격적으로 연구해 실용화에 앞장선 사람은 영국의 프랭크 휘틀(Sir Frank Whittle, 1907~1996)과 독일의 한스 폰 오하인(Hans von Ohain, 1911~1998) 두 명의 엔지니어였다.

그들은 비슷한 시기에 각기 독자적으로 제트엔진에 관한 연구를 진행하고 있었다. 휘틀은 1930년 제트엔진에 관한 특허를 출원했고 1932년 관련 특허를 등록한다. 그리고 오하인은 작동에 문제없는 제트엔진을 설계하고 제작한 사람이다(실용적인 제트엔진은 오하인이 먼저 세상에 내놓는다).

프랭크 휘틀

프랭크 휘틀은 영국 왕립 공군사관학교 생도 시절 가스터빈 엔진을 항공기 추진기에 적용하는 연구를 진행하고 있었다. 당시 산업용으로 사용되던 터빈 엔진을 무게와 구조를 변경한다면 비행기에도 이용할 수 있을 것이라고 판단한 것이다. 휘틀은 연구 결과를 바탕으로 1930년 터보 제트엔진에 관한 세계 최초의 특허를 출원한다. 그의 나이 24세 때였다. 하지만 당시 주로 사용되던 가솔린 엔진에 밀려 큰 주목을 받지 못했고 그렇게 세상의 무관심 속에서 휘틀은 개인적으로 연구

휘틀의 제트엔진 W2-700

를 이어갔다. 개인 연구이다 보니 늘 자금이 부족했고, 생활 또한 궁핍했다. 이런 상황을 타개하기 위해 정부나 기업에 투자를 요청했지만 사업성이 없다는 이유로 모두 거절당한다.

어렵게 연구를 지속하던 중 1935년 뜻하지 않게 투자자가 나타나 본격적으로 제트엔진에 관한 연구에 몰입할 수 있게 되었다. 당시 유럽 각국은 점차 군비 증강과 함께 다양한 신무기를 도입하던 때여서 시기가 맞아떨어진 것이다.

2년 후인 1937년 4월, 휘틀은 그 동안의 연구 결과물인 제트엔진의 시제품을 내놓았다. 세계 최초의 제트엔진이었다. 그러나 제작된 제트엔진을 단독으로 작동 실험을 할 때는 문제가 없었지만 정작 비행기에 장착해 실험하기에는 아직 부족한 점이 많았다. 게다가 휘틀이 제트엔진 상용화 개발에 몰두하던 중에 인류의 대재앙이 불어닥친다. 1939년 9월 제2차 세계대전이 발발한 것이다.

전쟁은 제1차 세계대전보다 월등한 성능을 발휘하는 병기들을 속속 개발해냈다. 그 와중에 독일의 민간 항공사에서 제트엔진을 개발하고 이를 전투기에 장착해 전쟁에 투입한다는 첩보가 입수되었다. 독일의 제트 전투기가 실전에 배치된다면 그 위력에 맞설 전투기가 연합군에게는 없다. 크게 우려할 만한 일이었다.

다급해진 영국은 그제야 제트엔진 전문가 프랭크 휘틀에게 제트엔진 개발 예산을 지원했고, 결과적으로 독일보다 2년이나 늦은 1941년 5월 글로스터 미티어(Gloster Meteor) E28/29라는 제트엔진 전투기가 제작되었다.

비록 실용적인 제트엔진의 개발은 한발 늦었지만 휘틀이 개발한 제트엔진이 장착된 글로스터 미티어는 영국 최초의 제트 전투기였고, 실전에 배치된 최초의 전투기로 제트엔진의 역사에 기록되었다.

한스 폰 오하인

한편 한스 폰 오하인은 독일의 괴팅겐대학교에서 물리학 박사과정 중에 발표한 한 편의 논문으로 제트엔진의 세계로 빠져든다. 영국의 휘틀보다 조금 늦은 1933년부터 제트엔진 연구를 시작한 것이다.

오하인이 구상한 제트엔진은 가스 터빈 엔진을 기반으로 기본 축(shaft)과 함께 연결된 압축기와 터빈이 동작해 가스가 연소되어 작동하는 방식이었다. 오하인의 제트엔진의 연구도 휘틀처럼 초기에는 개인 차원에서 진행되었다. 그러나 오하인의 제트엔진의 잠재력을 한눈에 알아본 사람이 있었는데 독일의 민간 항공기 설계자이자 제작자인 에른스트 하인켈(Ernst Heinkel, 1888~1958)이다. 하인켈은 오하인에게 자신의 항공사에서 제트엔진을 개발해줄 것을 제안한다. 오하인은 흔쾌히 받아들였고 비로소 1936년부터 안정적으로 제트엔진 개발에 전념할 수 있었다.

한스 폰 오하인

안정된 환경에서 제트엔진 연구에 매진한 결과일까. 1937월 9월, 시험 가능한 제트엔진 HeS-1

을 개발 완료했다. 그러나 어렵게 개발한 이 엔진에는 한 가지 구조적인 문제가 있었는데, 자체 연료 펌프가 없다는 점이다. 이는 외부에서 수소 연료를 공급해주어야 한다는 의미였다. 결과적으로 휘틀의 제트엔진에 비해 완성도가 떨어진다는 의견이 많았다. 하지만 오하인은 비슷한 무렵의 휘틀보다 훨씬 좋은 환경에서 연구를 했기에 곧 개량된 엔진을 만들어낼 수 있었다. 1939년에 완성된 개량형 제트엔진 HeS-3은 휘발유를 이용해 5킬로뉴튼(kN)의 고출력을 발생하는 것이 가능했다.

하인켈 He 178

오하인은 완성된 제트엔진을 HeS-3 기체에 장착해 그 성능을 확인할 수 있었다. 그리고 제트엔진이 장착된 하인켈 사의 He 178 비행기를 이용해 1939년 8월 27일 첫 비행에서 성공을 거둔다. 이는 제트엔진이 장착된 최초의 비행기로 기록되었다(예정된 수순이었는지 몰라도 오하인이 시험 비행을 완료한 5일 후 제2차 세계대전이 발발하게 된다).

그런데 휘틀과 오하인이 독자 개발한 혁신적인 제트엔진 전투기는 제2차 세계대전 막바지가 되어서야 실전에 투입된다. 독일의 메서슈미트 Me 262(Messerschmitt Me 262)슈발베, 영국의 글로스터 미티어(Gloster Meteor) 전투기가 있었지만, 여러 가지 문제로 인해 1944년에서야 양국은 제트엔진이 장착된 전투기를 출격시켰다.

출동! 에어울프

우리 세대(이 책을 쓰는 동안 마흔 살을 넘겼다. 아!)가 초등학교에 다니던 80년대에는 미드가 꽤 인기가 있었다(물론 요즘도 미드는 마니아층을 형성할 정도로 인기가 좋다). 지금은 리모컨을 만지작거리면서 100개가 넘는 채널을 탐색하며 무엇을 볼까? 고민한다. 하지만 80년대만 해도 서너 개의 공중파 채널이 전부였다(그 중 한 채널은 교육방송이었다). 상황이 이렇다 보니 다양한 프로그램을 접하기 어려웠다. 간혹 우리말로 더빙된 미드를 방송하는 날에는 온 가족이 배불뚝이(브라운관) 텔레비전 앞으로 모여들던 추억이 떠오른다.

특히 '전격 Z 작전', '맥가이버'와 함께 1980년대 미드의 대표작으로 꼽히는 '출동! 에어울프'(원제는 에어울프(AIRWOLF)로 1984~1987년까지 방영된 미국 드라마이다)는 최첨단 전투용 헬리콥터 에어울프가 등장하여 악당들을 응징하는 액션 미드였다. 오프닝 화면에 깔리는 주제곡 또한 인기가 좋아서 지금도 외울 정도로 기억이 생생하다.

방영 당시 우리나라의 사회적 분위기가 냉전 상황이라 그런지 에어울프의 기동력과 파괴력 등 유난히 전투 장면이 돋보이는 드라마였다(황당한 설정이지만 심지어 지구의 대기권까지 돌파하는 에피소드도 있었다).

에어 울프

헬리콥터는 재주가 아주 많다. 보통 비행기가 이륙하기 위해서는 반드시 일정한 거리의 활주로가 확보되어야 한다. 또한 이륙 이후에는 목적지를 향해 계속 엔진을 가동시키면서 이동해야 한다. 그러나 헬리콥터는 활주로가 따로 필요 없다. 착륙 지점에서 바로 하늘 높이 솟아올라 비행이 가능하고, 공중에서 제자리에 떠 있는 상태도 가능하다. 이러한 장점들로 인해 군수용뿐만 아니라 민간영역에서도 중요한 이동 수단으로 꼽히고 있다.

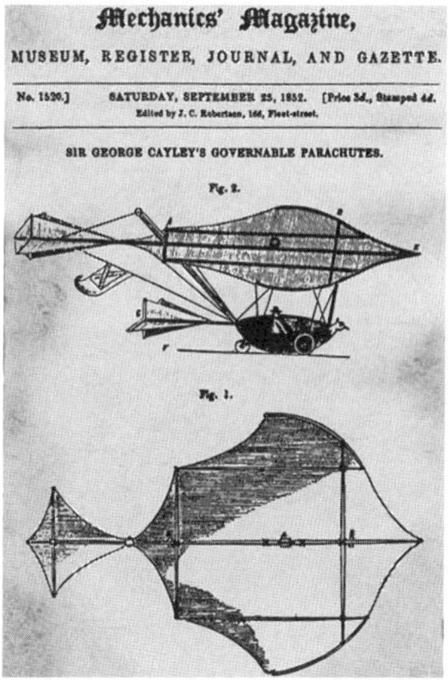
Mechanics' Magazine,
MUSEUM, REGISTER, JOURNAL, AND GAZETTE.
No. 1520.] SATURDAY, SEPTEMBER 25, 1852. [Price 3d., Stamped 4d.
Edited by J. C. Robertson, 166, Fleet-street.
SIR GEORGE CAYLEY'S GOVERNABLE PARACHUTES.
Fig. 2.
Fig. 1.

〈Mechanics Magazine(1852)〉 잡지에 소개된 케일리의 글라이더

실용성이 겸비된 헬리콥터는 1940년대를 전후로 등장해, 1955년부터 시작된 베트남 전쟁에서 본격적으로 사용되기 시작했다. 헬리콥터의 역사는 500여 년 전 르네상스 시대의 레오나르도 다빈치로부터 시작된다. 다빈치는 오늘날의 헬리콥터와 유사한, 소용돌이 모양의 프로펠러가 회전하면서 공중을 날아오르는 모습의 비행체를 설계했다. 다빈치는 이 비행체를 실제로 제작하지는 않고, 단지 한 장의 아이디어 스케치로만 끝을 맺는다. 이후 항공의 선구자들은 오늘날의 헬리콥터와 비행체에 관한 연구를 진행했지만 번번이 실패로 돌아갔다.

18세기 들어 프랑스의 몽골피에 형제가 열기구를 이용한 유인 비행에 성공을 거두자 이에 자극 받은 많은 이들이 비행체에 관한 다양한 연구를 활발하게 진행했다. 그 중에는 '항공학의 아버지'라 불리는 영국의 공학자 조지 케일리(George Cayley, 1773~1857)도 있

었다. 그는 1809~1810년에 발표한 논문 〈공중비행에 관하여(On Aerial Navigation)〉에서 비행의 4가지 핵심 요소, 즉 양력(lift), 무게(weight), 추력(thrust), 저항력(drag)을 분석하는 비행 이론을 남겼다(이 논문은 초기 비행기의 역사에서 비행 이론에 관한 핵심 논문으로 인정받고 있다).

케일리는 비행에 관한 이론가에 그치지 않고 자신의 이론을 검증하고자 다양한 형태의 비행체를 발명해낸다. 10대 시절부터 시작된 발명은 작은 모형 형태의 헬리콥터로 시작해, 시계 태엽으로 비행체를 만들기도 했다. 이 같은 발명을 기반으로 1843년에는 '하늘을 나는 마차(Aerial Carriage)'라고 이름 붙인 비행체를 설계하는데 이 비행체는 4개의 둥근 날개와 꼬리 부분에 추진용으로 2개의 프로펠러가 장착되었다. 흡사 오늘날의 헬리콥터를 연상케 하는 이 비행체는 설계까지 완료했지만 아쉽게도 실제로 제작되지는 못했다.(이후 케일리는 바람의 힘과 조종사의 체중을 동력으로 해서 비행하는 글라이더(Glider)에 관한 연구에 집중했으며, 1849년 글라이더를 이용한 유인 비행에 성공한다.)

이후 헬리콥터는 대중들로부터 매력적인 항공기로 인식되며 장난감 모형으로 제작되어 아이들에게 큰 인기를 끌기도 한다. 20세기 초 다양한 방식의 헬리콥터가 발명되지만 시험비행 이상으로 진전되지는 못했다. 가장 큰 문제는 일반 비행기와의 구조적 차이 때문이었다. 당시 하늘을 날던 비행기들은 고정된 날개를 통한 양력을 이용했다. 엔진의 수평 추력이 전체 비행기 무게의 10퍼센트를 차지하고 있어서 비교적 비행이 수월했다. 그에 비해 헬리콥터를 공중에 띄우기 위해서는 수직 방향으로 향하는 추력이 커야만 한다. 이 경우 무거운 기체를 들어올릴 만한 충분한 추력이 필요하므로 고출력 엔진이 요구된다. 이런 기술적인 한계로 많은 발명가, 공학자들이 실용화에 도전했으나 번번이 실패했다.

실패가 계속되는 가운데 20세기 중반 실패를 끝낼 종결자가 등장한다. 러시아계 미국인 발명가 이고르 이바노비치 시코르스키(Igor Ivanovich Sikorsky, 1889~1972)이다. 키예프(지금의 우크라이나 수도)에서 태어난 시코르스키의 아버지는 의사이자 심리학 교수였다고 한다. 그가 태어난 키예프 지역은 주변에 산이 없어서 조금만 높은 곳에 올라가도 사방이 탁 트여 주변 경관이 시원한 곳이다. 이 때문인지 몰라도 시코르스키는 '드넓은 하늘에서 키예프를 볼 수 있다면…'이라는 소망과 함께 비행기에 큰 관심을 보인다. 특히 당시 실용화를 거두지 못한 헬리콥터가 그의 동경의 대상이 된다.

시코르스키는 잠시 꿈을 미룬 채 1903년 사관학교에 입학한다. 하지만 머릿속에는 온통 헬리콥터가 이리저리 날아다녀 좀처럼 학업에 집중할 수가 없었다. 그는 결국 장교의 길을 포기하고 고향으로 돌아가 헬리콥터를 발명하기 위한 공학 공부와 함께 본격적인 연구에 돌입했다. 남들보다 조금 빠르게 제2의 인생을 시작한 것이다. 이후 계속된 실패 속에서도 작은 성과를 얻었는데 스무 살 되던 해 2대의 헬리콥터를 손수 만들게 된 것이다. 2개의 회전날개가 장착된 그의 헬리콥터는 실용화하기에는 턱없이 기술력이 부족했다. 하지만 그는 실험 성공 여부와 상관없이 점차 헬리콥터 제작에 관한 경험을 쌓아갔다.

시코르스키가 자신이 개발한 헬리콥터에 타고 있다.

시고르스키 S-42 해상 항공기

1917년 러시아에서는 블라디미르 레닌(Vladimir Lenin, 1870~1924)에 의해 10월혁명이 일어났다. 혼란스런 사회 분위기에서 희망을 잃어버린 시코르스키는 타국으로의 이민을 결정하고 친구 몇 명과 함께 1919년 미국으로 향한다.

1923년 그는 친구들과 함께 뉴욕 남동부에 위치한 롱아일랜드에서 헛간을 개조해 시코르스키항공회사를 설립해 본격적으로 상업적인 비행기 제작에 전념한다. 창업 초기 대표적으로 제작한 비행기로는 S-38로 이름 붙여진 수상 비행기였다. 1928년 개발한 이 비행기는 땅이 아닌 물 위에서도 이착륙이 가능한 8좌석 2엔진의 비행정으로 개발이 완료되었다. 그리고 뒤이어 제작된 수상 비행기 S-40 '아메리칸 클리퍼(american clipper)'는 대서양을 횡단하면서 승객과 우편물 수송에 주로 사용된다. S-40은 등장하자마자 우편과 여행 항로를 개척하는 데 일조한다. 개발된 수상 비행기가 경영 면에서 작은 폭이나마 수익을 가져다준 것이다.

사업이 안정되자 그 동안의 기체 설계 경험을 바탕으로 시코르스키는 본격적으로 헬리콥터 개발에 매진한다. 그렇게 탄생된 헬리콥터가 VS-300 모델인데, 그의 나이 50세 때인 1939년에 개발을 완료했다. 스무 살에 시작된 개발이 30년 만에 결실을 맺은 것이다. VS-300는 마치 에펠탑의 골격을 닮은 외형에 단일 회전날개를 가진 헬리콥터였다. 기체의 중앙 상단에 장착된 커다란 회전날개로 상승 추력을 만들어낼 수 있었다.

하지만 VS-300의 비행 성공에 지대한 공을 세운 부분은 바로 꼬리의 작은 회전날개이다. 이 꼬리 회전날개는 오늘날 헬리콥터에도 반드시 필요한 중요 부분이다. VS-300 개발 초기 시코르스키는 기체 중앙에 장착된 주 회전날개를 이용해 상승 추력을 만들어내는 것까지는 가능했다. 그러나 막상 공중으로 떠오를 때 예기치 못한 상황이 발생했다. 주 회전날개가 회전할 때 생기는 반작용 때문에 기체가 돌아가는 치명적인 결함이 발생하는 것이다(액션 영화에서 자주 등장하는 헬리콥터의 추락 장면을 연상하면 이해가 빠르다).

또 다시 성공과 실패의 기로에 선 그는 기체 꼬리 부분에 작은 수직 회전날개를 장착하는 아이디어를 생각해낸다. 그 방법은 정말 혁신이었다. 추가로 꼬리날개를 장착한 VS-300은 수직 이착륙은 물론, 360도 어느 각도에서나 비행이 가능하게 되었다.

VS-300의 성공을 발판으로 1년 후인 1940년에는 2인승 헬리콥터인 R-4를 생산하게 되는데 이는 세계 최초로 대량생산된 헬리콥터로 기록되었다. 그리고 시코르스키에게는 '헬리콥의 아버지'라는 영광스런 이름이 붙었다.

11

로켓

로켓의 탄생부터 우주 로켓까지

로켓의 원리와 다양한 적용

세계 최초의 SF 영화로 알려진 '달나라 여행(LE VOYAGE DANS LA LUNE)'이라는 제목의 흑백 무성영화가 있다. 1902년에 만들어진 14분짜리 이 작품은 프랑스의 조르주 멜리에스(Georges Méliès, 1861~1938) 감독이 연출한 걸작이다.

영화 '달나라 여행'의 한 장면

이 영화의 명장면은 아마도 익살스럽게 웃음 띤 달의 표면으로 한 발의 대포알 우주선이 박히는 장면일 것이다. 영화 마니아가 아니더라도 대중 매체를 통해 한번쯤은 보았을 것이다(영화에 등장하는 분장된 달은 멜리에스 감독 자신이었다고 한다).

쥘 베른의 〈지구에서 달까지〉 삽화

영화의 줄거리는 대략 이렇다. 과학회의에서 한 교수가 달나라 여행을 제안한다. 동료들은 이런저런 이유를 들어 반대 의견을 내지만 결국 달나라 여행이 결정된다. 그들은 여행을 위해 포탄 모양의 우주선을 만들어 기다란 대포의 추진력을 빌려 달을 향해 날아간다. 어렵게 도착한 달은 황무지와 같았다. 달 곳곳을 탐험하던 중 달나라 외계인(원주민?)들에게 모두 붙잡히고 만다. 이후 그들은 죽을힘을 다해 외계인의 왕국을 탈출하고, 타고 왔던 우주선을 이용해 간신히 달나라를 빠져나온다. 우주선은 곧 지구의 바다 위로 떨어져 무사히 착륙하고 시민들의 열렬한 환호를 받으며 영화는 막을 내린다. 지금 보면 엉성하기 짝이 없지만 당시의 기술로 보아 나름 첨단의 블록버스터 영화였다.

이 영화의 원작은 프랑스 소설가 쥘 베른이 1865년 발표한 SF 소설 〈지구에서 달까지〉이다. 원작은 영화와는 조금 다르다. 소설은 미국 메릴랜드 주 볼티모어 시에 창설된 '대포 클럽'을 배경으로 이야기가 시작된다. 대포 클럽 회원들은 대부분 남북전쟁 중 대포와 관련된 일을 했는데, 전쟁이 끝나자 따분한 일상을 보내고 있었다. 이런 상황에서 회장인 바비케인이 대포를 이용해 달나라 여행을 제안한다. 바비케인과 클럽 회원들은 우여곡절 끝에 자신들이 만든 대포로 발사된 포탄을 타고 달로 향하게 되면서 이야기가 전개된다.

당시로서는 황당한 이야기로 꾸며진 판타지 소설로 취급받을 수도 있었을 텐데도 불구하고 이 소설은 그 누군가에게 달나라 여행이라는 꿈과 인생 목표를 선물했다. 그리고 소설이 출간된 지 100여 년 후 실제로 인류는 달 정복에 성공했다.

현대인들이 지구를 벗어나 달 여행이나 유인 화성 탐사를 위해서는(머지않아 실현될 가능성이 크다) 로켓이 반드시 필요하다. 쥘 베른의 소설에 등장하는 우주선(300미터 포신 길이의 대포와 대포알 우주선)만으로는 '지구 탈출 속도'를 충족할 수 없기 때문이다.

지구에는 우리가 잘 느끼지 못하는 힘이 존재한다. 끌어당기는 힘 중력(gravity)이다(정도의 차이는 있지만 달이나 화성에도 중력이 존재한다). 만약 지구상에 중력이 없었다만 쥘 베른의 소설처럼 지구 여기저기서 우주를 향해 대포를 쏘아대고 있을지 모를 일이다.

하지만 현실적으로 지구 중력권을 벗어나기 위해서는 초속 11.2킬로미터의 추진력을 내뿜는 비행체가 필요하다. 만약 지구나 달에 중력이 없다면 초속 10미터로 느리게 날아가는 비행체라도 약 445일이면 달에 도착할 수 있다. 이처럼 달 탐험을 위해서는 지구 탈출 속도, 중력가속도 등의 극복해야 할 문제가 많다. 이 같은 문제를 해결할 대안으로 등장한 비행체가 바로 로켓(rocket)이다. 오늘날 로켓은 여러 가지 형태로 소개되는데, 최근에는 대륙간탄도미사일(ICBM, Inter Continental Ballistic Missile)이라는 무시무시한 대량 살상무기가 자주 언론에

지구 탈출 속도

로켓이나 인공위성이 지구, 달 등 천체의 중력권을 벗어날 수 있는 최소한도의 속도이며, 이때 물체의 운동 에너지가 중력 위치 에너지와 같아지는 조건이 된다.

중력가속도

물체에 가해진 중력에 의한 가속도를 의미한다. 기호 g를 사용하며, 지구 표면에서의 중력에 의한 가속도를 의미하기도 한다.

등장해 씁쓸함을 자아낸다.

로켓은 뉴턴의 세 번째 운동 법칙인 작용-반작용 원리를 기초로 하는 장치로(앞서 살펴본 제트엔진과 동일한 원리이다), 그 원조는 1200년경 중국에서 발명된 비밀병기 비화창(飛火槍)이다. '날아가는 불의 창'이라는 뜻으로, 날카로운 창 끝부분에 화약을 가득 채운 화통이 있고 그곳에 불을 붙여 폭발하면서 생기는 작용-반작용의 힘으로 날아가도록 설계되었다. 비화창의 사거리는 200미터나 되었는데, 당시 중국과 한창 전쟁 중이었던 몽골 제국의 칭기즈칸(Chingiz Khan, 1162~1227)의 군대가 이 최신 무기의 희생양이 되었다.

중국의 로켓

신기전

이후 몽골군은 비화창 제조법을 입수해 세계 각국을 상대로 벌인 정복전쟁에 사용하게 된다. 무자비한 불꽃을 내뿜으며 날아오는 비화창을 보고 당시 서양인들은 이탈리어로 로케타(rocchetta)라고 불렀다. 우리말로는 '쏘아 올리는 불꽃'이라는 뜻인데, 오늘날의 로켓의 어원으로 기록되고 있다.

과거 우리나라에도 원시적인 형태의 로켓이 존재했다. 고려말 왜구의 잦은 침략으로 백성들이 고통을 받자 최무선(1325~1395)은 일명 '달리는 불' 주화(走火)를 만들었다(당시 최무선은 중국으로부터 혁신적인 화약 기술을 배웠다). 불을 붙인 주화를 화살대에 장착해 쉴 새 없이 퍼붓는 공격으로 왜구를 격퇴할 수 있었다. 이후 최무선의 화약 제조법은 조선시대로 이어져 영화로도 잘 알려진 15세기의 최첨단 무기인 신기전(神機箭)으로까지 기술이 이어진다.

콩그리브 로켓을 사용하는 러시아 군인

마찬가지로 서양에서도 로켓이 전쟁무기로 등장하게 된다. 19세기의 유럽에서는 영국의 발명가 윌리엄 콩그리브(William Congreve, 1772~1828)가 1804년 개발한 전쟁무기 콩그리브 로켓(congreve rocket)으로 유럽의 푸른 하늘을 한순간 붉게 물들였다. 이 로켓은 당시로서는 상당히 완성도가 높았는데, 한번 발사되면 그 사거리가 약 2700미터나 되었다. 강력한 무기로 취급받던 콩그리브 로켓은 유럽의 여러 국가에서 앞다투어 도입해 적국을 향해 무차별 폭격을 가해 일순간 불바다를 만들어버리기도 했다.

이렇듯 20세기 이전까지만 해도 로켓은 전쟁에 사용하는 강력한 무기로만 인식되고 있었다.

현대 로켓의 시작

이후 많은 선구자들의 노력으로 로켓은 점차 지금의 형태로 발전해 가는 듯 보였다. 특히 현대 '로켓의 아버지'로 불리는 미국의 과학자 로버트 허칭스 고다드(Robert Hutchings Goddard, 1882~1945)는 세계 최초로 액체 연료를 사용한 로켓을 개발한다. 고다드 이전에는 대부분 고체 연료를 이용해 로켓을 쏘아 올렸는데 빠른 속도와 먼 거리로 쏘아 올리는 데 어려움이 있었다. 고다드는 이런 문제점을 해결하기 위해 액체 연료를 사용한 결과 1935년 600미터의 상공을 최고 속도 시간당 800킬로미터를 추진해 쏘아 올리는 데 성공한다. 이후에는 로켓을 보다 정밀하게 제어하기를 위해 자이로스코프(gyroscope) 제어장치를 장착했다.

로버트 고다드와 그의 로켓

당시 미국에서는 로켓에 대한 인식이 부족해서 엄청난 잠재력을 가진 고다드의 연구는 크게 인정받지 못했다. 오히려 괴짜 과학자로 취급받았다. 대부분의 선구자들이 그렇듯 그의 업적 대부분이 사후에야 제대로 평가 받았다. 로켓의 아버지라는 별칭도 오늘날에 와서 붙여진 것이다. 이렇듯 당시만 해도 대부분의 로켓 선구자들은 뜬구름 잡는 몽상가들로 취급받기 일쑤였다.

자이로스코프(gyroscope) 제어장치

회전하는 운동을 측정하는 장치 혹은 유지하는 장비로, 방향을 알아내고 유지하는 데 쓰인다.

모든 것에 빛과 그늘이 있듯이 어려운 환경 속에서도 그 누군가는 대중들에게 크게 인정을 받기도 한다. 이러한 상황은 로켓 분야도 예외가 아니어서 그런 인물 중 하나가 독일 출신 미국인 로켓 공학자 베르너 폰 브라운(Wernher von Braun, 1912~1977)이다. 폰 브

폰 브라운

라운은 제2차 세계대전 당시 나치 독일 체제에서 V시리즈(연합군을 향한 복수를 뜻하는 의미로 기존 로켓에 V를 붙여 보복병기(Vergeltungs waffe)라는 의미를 가지고 있다) 로켓을 개발해 연합군을 크게 위협한다. 나치 독일이 패망하자 그는 1945년 오스트리아에서 미군에 투항했다.

이후 폰 브라운은 미국 정부에 협조한다는 특수한 조건으로 입국하게 되고, 이후 폰 브라운의 로켓 기술력을 바탕으로 미국은 로켓 분야에서 엄청난 발전을 이루게 된다. 그렇게 습득된 기술력을 바탕으로 미국은 로켓을 군사적인 무기를 넘어 우주 탐사의 목적으로까지 범위를 확장했다. 이러한 목적으로 설립된 것이 미 항공우주국(NASA)이다. 뒤늦게 NASA에 합류한 폰 브라운은 1969년에 달을 향해 발사된 아폴로 11호의 추진 로켓인 새턴 V(Saturn V)를 동료들과 함께 개발하는 쾌거를 올렸다.

유복한 환경에서 자란 폰 브라운은 어린 시절부터 다양한 책을 접하게 되는데 그 중에서도 쥘 베른의 SF 소설 〈지구에서 달까지〉는 그가 가장 좋아했던 책 중 하나였다. 쥘 베른의 책은 우주의 신비에 깊이 빠져들게 하는 마력이 있었다. 그렇게 폰 브라운은 한권의 책으로 우주를 향한 꿈을 키워 나간다. 꿈을 향한 첫 번째 도전은 12살에 만든 로켓이었다. 당시 그가 발명한 것은 불꽃놀이용 폭죽의 추진력을 이용해 손수레를 움직이게 하는 로켓이었다.

그의 작은 발명품은 예상 외로 강한 불꽃을 내뿜으며 거칠게 앞으로 나아갔다. 하지만 너무 소란스러웠던 탓에 마을을 순찰하던 경찰관에게 붙잡히고 만다. 고위직 공무원이었던 아버지 덕분에 쉽게 풀려 났지만 이후에도 그는 과학의 매력에 푹 빠져서 살게 된다. 친구들을 모아 놓고 당시 기술의 집약체인 자동차를 만들어 보겠다고 나서기도 했다. 15세가 되던 해에는 어머니에게 선물 받은 망원경과 그가 좋아했던 천문학 잡지의 영향으로 우주를 동경하게 된다. 그는 자신의 특기를 살려 인간이 직접 달이나 여러 행성을 탐험할 수 있도록 로켓을 만들어야겠다는 확고한 목표를 갖게 되었다.

당시 독일은 민간 영역에서 로켓에 관한 연구가 활발히 이루어지고 있었다. 그 시작은 1927년에 설립된 아마추어 로켓 클럽, 일명 'VfR(Verein fur Raumschiffart)'이다. 로켓에 관심 있는 사람들이 이 클럽에 가입했는데, 당시 로켓 개발의 선구자였던 로켓 과학자 헤르만 오베르트(Hermann Oberth, 1894~1989)가 설립과 함께 후원자로 나섰다. 오베르트가 1923년 출판한 〈행성 공간으로의 로켓〉은 우주 비행에 관한 이론을 다룬 책으로 딱딱한 과학서임에도 인기를 끌어 3쇄 이상 찍었다.

폰 브라운 역시 〈행성 공간으로의 로켓〉을 손에 넣었다. 그 전까지만 해도 천재성이 보이기는 했어도 공부와는 담을 쌓은 아이였다. 그런데 흥미롭게 읽었던 오베르트의 책은 이론 중심으로 서술되어 있어서 제대로 이해하려면 물리학과 수학이 중요했다. 책을 접하게 된 이후부터 폰 브라운은 물리학과 수학을 열심히 공부했다. 그는 우주를 향한 로켓 개발의 꿈을 이루기 위해 1930년 베를린 공과대학에 입학함과 동시에 VfR에 가입하게 된다. VfR에서 그는 평소 존경해 오던 헤르만 오베르트를 만나게 된다. 그동안 거의 독학으로 로켓을 공부했던 폰 브라운이 뛰어난 스승을 만나게 된 것이다. 폰 브라운은 스승 오베르트의 액체연료 로켓 엔진 실험을 도와가며 관련 이론과 기술을 빠르게 습득해 나갔다.

물 만난 고기처럼 VfR에서의 활동을 좋아하던 폰 브라운도 1932년 말이 되어 베를린 공과대학을 졸업할 시점을 맞이했다. 대부분의 대학생들이 졸업이 다가오면 자신의 미래를 걱정하듯이 그 역시 여느 청년들과 다르지 않았다. 하지만 그의 인생 목표는 어릴 적부터 분명했다. 로켓을 이용한 우주여행! 결코 짧지 않았던 VfR에서의 2년 동안 그는 로켓에 관한 다양한 이론과 기술을 습득했고 1932년에는 주도적으로 로켓 개발 활동을 이끌어갔다.

모든 발명품을 완성도 있게 만들어내기 위해서는 발명가의 노력과 시간 투자가 가장 기본적인 조건이다. 하지만 자본주의 사회에서는 이런 조건 외에 하나가 더 필요하다. 짐작했겠지만 바로 돈이다. 특히 폰 브라운이 꿈꾸었던 엄청난 규모의 발명은 민간 영역에서는 성과를 내기 어려운 분야이다. 이런 점을 잘 알고 있었던 그는 VfR 차원에서 독일 육군의 지원을 얻고자 몇 차례 접촉을 했다. 그러나 VfR의 구성원과 군 당국 간의 의견 차이로 서로 협력하는 단계까지 가지 못했다.

협상의 실패를 지켜보았던 폰 브라운은 안타까운 마음에 그 동안의 연구 성과를 재정리해서 다시 설득해볼 목적으로 직접 육군의 담당자를 찾아간다. 복합적인 조건(당시 그의 아버지는 바이마르 공화국의 농무부 장관이었다)이 작용했을 것이라 추측되지만, 어찌됐건 군 당국은 VfR에 지원을 약속한다. 어렵사리 약속을 받아냈지만 정작 VfR 내부에서는 지원을 거절했다.

이러한 상황에서 독일 육군에서는 폰 브라운에게만 파격적인 조건을 제시한다. 폰 브라운이 VfR을 떠나 육군의 지휘하에 로켓을 개발할 것을 요청한 것이다. 제안을 받아들인다면 전폭적인 개발 지원과 함께 기술적인 꿈을 펼칠 수 있도록 기술 책임자의 직책을 주겠다는 것이다. 게다가 로켓 개발의 성과물을 베를린 공과대학 물리학 박사 학위 논문으로 인정될 수 있도록 힘써보겠다고 했으며 육군 장학금까지 지원을 약속했다.

꿈을 이룰 수 있는 절호의 찬스 앞에서 거절할 이유가 없었다. 폰 브라운은 육군의 파격 제안을 기꺼이 받아들인다. 우주여행이라는 순수한 꿈을 위해 받아들인 조건이었지만, 훗날 그가 개발한 로켓은 나치 독일의 대량 살상무기로 변질되고 만다.

나치 독일은 그를 위해 '페네뮌데(Peenemünde)'라 불리는 연구소를 차려주며 로켓을 개발하기를 원했다. 이곳에서 그는 본격적으로 개발에 전념해 1933년 첫 번째 성과로 A-1(A는 aggregat로 '집합체'를 의미한다)이라 이름 붙여진 로켓을 개발한다. 발사 중량 150킬로그램의 소형 로켓이었지만 이는 앞으로 등장할 대량살상 무기의 서막에 불과했다. 폰 브라운은 이후 10여 년 동안 계속된 개발 과정에서 나치 독일의 최후의 비밀병기 로켓을 개발하기에 이른다. A-4로 이름 붙여진 이 로켓은 전체 길이 14미터로 A-1에 비해 10배나 중량이 증가한 1.5톤의 무게를 자랑했다. 이동 가능한 거리는 고도 85킬로미터에 사거리는 191킬로미터에 달했다. 이는 로켓의 자세 제어를

관성항법장치
(INS, Inertial Navigation System)
미사일, 항공기 등의 유도에 사용되는 장치로 관성을 이용해 비행체 속도, 비행거리 등을 산출해 현재의 위치를 판단하고 고도, 자세 등을 결정한다.

위한 자이로스코프(gyroscope) 장치와 세계 최초로 관성항법장치(INS, Inertial Navigation System)가 적용되어 안정성이 향상된 덕분에 가능했다.

제2차 세계대전이 한창이던 1943년 6월 5일, 히틀러의 최측근인 선전장관 요제프 괴벨스(Paul Joseph Goebbels, 1897~1945)가 라디오 방송에서 일장연설을 했다. 그 연설에서 앞으로 등장할 '기적의 무기'를 짤막하게 언급한다. 그의 연설이 잊혀질 무렵인 1944년 8월 잔인한 그 실체가 드러났다.

V-2 로켓

당시 독일이 점령했던 네덜란드에서는 붉은 빛을 내뿜으면서 수십 발의 로켓이 솟아올랐다. 로켓의 최종 목적지는 영국이었다. 페네뮌데연구소의 폰 브라운과 동료들이 만들어낸 비밀병기이자 보복무기 2호라는 뜻의 V-2 로켓이었다. 전체 무게 12.9톤 중에서 로켓 추진을 위한 연료 3.8톤과 액체산소 4.9톤이 총 중량의 67퍼센트를 차지했다. 사정거리는 300킬로미터로 이전에 비해 크게 향상되었다. 기본 구조는 크게 탄두(750킬로그램의 많은 폭약이 충전되었다), 계측장치, 몸통, 꼬리날개, 추진부 등 크게 다섯 부분으로 구분할 수 있었다. 이전에도 몇 차례 영국을 향해 로켓을 발사했지만, 속도가 느려 영국의 제트 전투기 글로스터 미티어에게 공중에서 요격

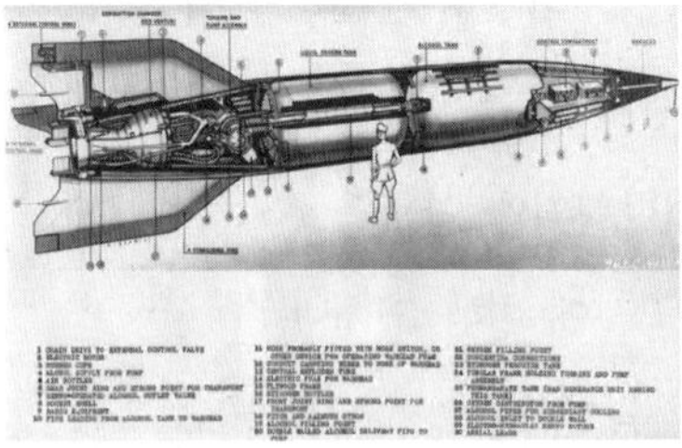

V-2 로켓 단면도

당한 이력이 있었다.

V-2 로켓으로 런던은 처참하게 파괴되었다.

하지만 이번에는 달랐다. V-2는 음속의 2배 속도로 날았고 이동 가능한 고도가 60킬로미터나 됐다. 때문에 당시의 기술로는 날아오는 로켓을 요격한다는 건 불가능한 일이었다. 속수무책으로 당할 수밖에 없는 상황에서 독일은 영국을 향해 4000발 이상의 로켓을 쏘아댔다. 불행 중 다행이라고 할까. 그나마 1115발만이 런던에 떨어졌다. 당시만 해도 대부분의 전자 제어장치는 진공관으로 구성된 회로여서 로켓의 진동으로 파괴되는 경우가 있어 오작동이 많았다. 때문에 이 같은 문제를 해결하기 위해 폰 브라운과 동료들은 약 6만5000번의 크고 작은 설계 변경을 해야 했다. 폰 브라운이 만들어낸 V-2 로켓으로 인해 영국에서만 사망자 2724명, 부상자 6476명이 발생했다. 잔인한 폭격은 1945년 나치 독일이 완전 항복할 때까지 계속되었다.

미군에 체포당하는 폰 브라운

나치 독일은 그들만의 '기적의 무기'로 끝까지 저항했지만 결국 연합군에게 패망하고 만다. 전쟁이 끝나자 연합군 측의 미국과 소련은 나치 독일의 V-2에 관한 기술을 손에 넣기 위해 총력을 기울인다. 미국은 오스트리아에서 항복한 V-2 개발의 주역 폰 브라운을 확보했고, 핵심 엔지니어 100명을 미국으로 비밀리에 이주시킨다. 이들은 전범 취급을 받지 않았다(폰 브라운이 미국에 투항할 당시 독일 본토에서 미국 뉴욕까지 공격 가능한 로켓을 만들기 위한 프로젝트를 진행중이었다고 한다). 오히려 집중관리 대상이 되어, 함께 이송된 전리품 V-2 100발을 이용한 다양한 시험을 미국에서 진행했다.

한편 소련군은 V-2 개발의 중심이었던 페네뮌데연구소와 제조공장을 점령해 핵심 자료를 포함해 로켓 개발에 관련된 모든 부품을 손에 넣었다. 또한 로켓 개발 관련 과학자 수천 명을 소련으로 강제 압송한다. 이렇게 해서 미·소 양쪽의 냉전체제가 구축되면서 경쟁적인 우주전쟁의 막이 올랐다.

미국과 소련의 우주개발 전쟁

20세기 최대의 비극 제2차 세계대전이 끝나고 세계는 다시 평화의 시대가 열리는 듯싶었다. 하지만 종전 이후 이념적 갈등은 또다시 증폭되고 냉전시대가 시작되었다. 강력한 군사력과 경제력만이 세계를 제패할 수 있다는 논리를 강대국들에게 각인시켜주었다. 이 같은 상황에서 미국과 소련은 나치 독일로부터 흡수한 '기적의 무기' 로켓(V-2) 기술을 바탕으로 군사력 증강에 박차를 가했다. 양국은 서로를 겨냥한 공격용 로켓을 개발하는 건 물론이고, 그 기술을 바탕으로 우주로의 진출까지 넘보았다. 기존과는 차원이 다른 기술 개발을 위해 미국과 소련의 자존심을 건 경쟁이 시작된 것이다. 스타트 신호와 동시에 출발은 소련이 더 빨랐다.

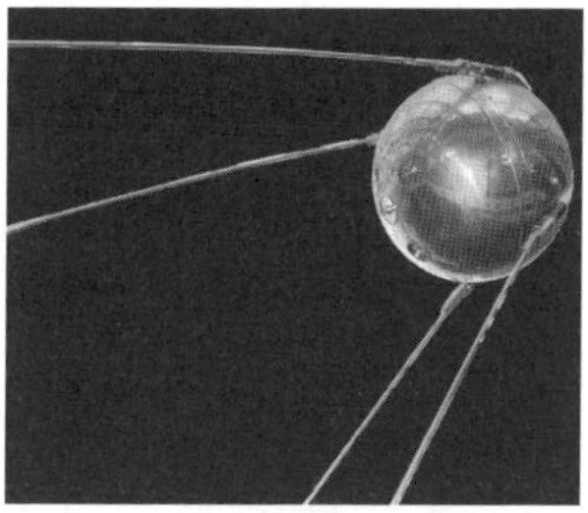

스푸트니크 1호(재현품)

1957년 10월 4일 소련은 최초의 인공위성 스푸트니크(sputnik) 1호를 우주로 쏘아 올려 미국의 자존심을 긁었다. 이렇듯 소련이 먼저 우주를 향한 힘찬 방아쇠를 당기게 된 것이다. 러시아어로 '여행의 동반자'라는 의미의 스푸트니크 1호는 직경 58센티미터, 무게 83.6킬로그램으로 둥근 금속공 모양으로 측면에는 기다란 안테나 4가닥이 장착되어 있었다. 이 인공위성은 시속 2만9000킬로미터의 속도로 이동이 가능했는데, 지구 궤도를 한 바퀴 도는 데 96.2분이 소요되었다.

세르게이 코롤료프

스푸트니크 호를 지구 밖으로 쏘아 올린 우주 로켓은 '세묘르카'라는 애칭을 가진 대륙간탄도미사일 R-7이었다. R-7의 핵심 개발자는 세르게이 코롤료프(Sergey Pavlovich Korolyov, 1906~1966)로 미국의 폰 브라운과는 보이지 않는 경쟁자였다. R-7는 2단 로켓으로 구성되어 있었는데(당시 소련에서는 총 5개의 로켓 중 중심에 위치한 커다란 로켓을 1단으로 그리고 그 주위를 에워싸는 로켓 다발을 2단으로 지칭했다) 언뜻 보기에도 여러 발의 로켓이 장착되어 상당히 무겁고 복잡하게 보인다. 하지만 R-7을 우주로 쏘아

R-7 로켓

스푸트니크 2호(재현품)

올리기 위한 전용 우주로켓 개발에는 분명 기술력의 한계가 있었다. 이런 상황에서 무거운 중량의 로켓 여러 발을 장착해 우주로 쏘아 올리는 데 성공한 것이다. 과정이야 어찌됐든 스푸트니크가 성공적으로 지구 궤도에 안착하자 소련 국민들은 환호했고 미국 국민들은 충격과 공포에 휩싸였다.

하지만 충격은 여기서 끝이 아니었다. 소련은 우주공간에서도 생명체가 살아남을 수 있는지에 관한 실험을 준비 중이었다. 실험은 1957년 11월 3일 쏘아 올린 스푸트니크 2호를 통해 실시되었는데 스푸트니크 2호에 탑승한 지구 생명체는 '라이카'라는 이름의 개 한 마리였다. 모스크바 빈민가의 떠돌이 개를 훈련시켜 최초의 우주견(?)으로 내보낸 것이다.

스푸트니크 2호는 무사히 지구 밖을 벗어났지만 불쌍하게도 라이카는 7시간 만에 죽고 말았다. 아마도 심한 진동과 고열이 계속되는 극한 상황에서 스트레스 때문인 것으로 보인다(당시 기술로는 지구로의 귀환은 불가능했다. 결국 스푸트니크 2호의 지구 귀환 임무는 애당초 계획에 없었다. 이후 1960년 8월 19일 발사된 스푸트니크 5호에 탑승한 개, 생쥐, 들쥐 등은 모두 무사히 지구로 귀환했다). 라이카는 최초로 지구 밖 우주로 나간 생명체이자 유명을 달리한 생명체가 되었다.

스푸트니크 시리즈의 계속된 성공으로 소련은 우주로켓 기술력에 있어서 그 자신감이 지구궤도까지 올라서 있었다. 이제 인간을 지구 밖으로 쏘아 올리는 일만 남았다.

한편 미국 정부와 국민들은 '스푸트니크 충격'으로 불안에 떨게 된다. 혹시나 소련이 축적된 우주개발 기술력을 내세워 전쟁무기를 만들어 3차 세계대전을 일으키지 않을까 하는 걱정에 휩싸인 것이다. 뒤처진 우주개발 기술력을 끌어올리기 위해 아이젠하워(Dwight David Eisenhower, 1890~1969) 대통령은 1958년 7월 미국 항공우주국(NASA)을 설립한다.

머큐리-레드스톤 2의 발사 장면

소련의 성공에 마냥 박수만 쳐줄 수 없었던 미국은 1958월 1월 31일 익스플로러 1호(Explorer-1)라는 미국 최초의 인공위성을 지구 밖으로 쏘아 올리는 데 성공한다. 지금 보아도 엄청난 기술력이지만 소련은 이미 3개월 전에 성공한 상태였다. 소련에 비해 늦었지만 앞으로의 우주 개발의 과정을 생각하면 매우 중요한 첫걸음이었다.

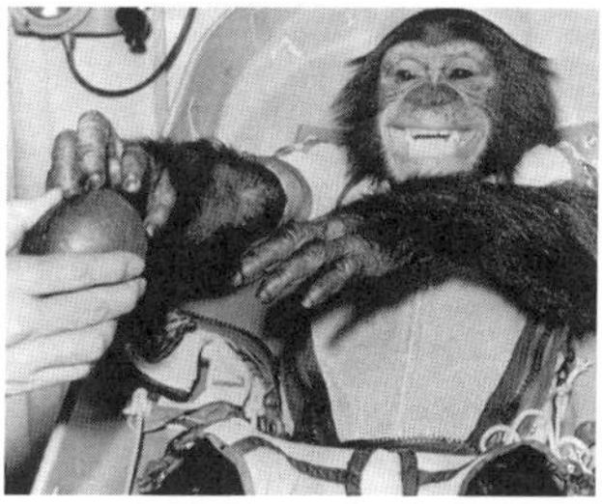

머큐리-레드스톤 2에 탑승한 침팬지 햄

이후 미국은 인간을 우주로 쏘아 올릴 계획을 세운다. 유인 우주선만큼은 미국이 반드시 선점한다는 목표로 NASA에서는 1958년부터 일명 '머큐리 계획(Project Mercury)'을 시작했고, 독일 출신의 폰 브라운을 개발에 참여시켰다. 이 프로젝트는 1961년 1월 31일 머큐리-레드스톤 2호(Mercury-Redstone 2) 로켓을 이용한 탄도비행에 성공함으로써 첫 성과를 냈다. 이 로켓에는 MR-2라는 탄도로켓이 실려 있었는데 여기에 탑승한 지구 생명체는 햄(Ham)이라는 이름의

유리 가가린

앨런 셰퍼드

침팬지였다. 무중력 상태에서 6분 머무는 것을 포함해 총 16분 39초 비행에 성공한다. 그러나 인간이 탑승한 유인 우주선에 있어서도 미국은 이번에도 소련에게 선수를 빼앗기고 만다.

스푸트니크의 성공에 힘입은 소련은 여세를 몰아 1961년 4월 12일 최초의 유인 우주선 보스토크(Vostok) 1호를 쏘아 올렸다. '동방(東方)'이란 의미의 보스토크의 중량은 4.7톤으로 최초의 1인승 우주선이었다. 여기에 탑승한 소련의 공군 중위 유리 가가린(Yuri Alekseyevich Gagarin, 1934~1968)은 인류 최초의 우주인으로 역사에 영원히 남게 되었다. 지구로의 귀환이 가능한 우주선 보스토크 1호는 1961년 4월 12일 9시 7분에 발사되어 108분 만에 지구를 한 바퀴 돌아 다시 소련으로 착륙해 임무를 영광스럽게 마무리했다.

가가린은 우주에서 바라본 지구의 모습을 묻는 질문에 "지구는 푸른빛이다. 멋지고, 경이롭다"라는 세기의 명언을 남겼다. 보스토크 1호의 성공은 인간이 초고속 비행과 무중력 우주 환경에서도 멀쩡할 수 있다는 것을 확인한 중요한 시험으로 기록된다. 세계적으로 유명해진 가가린은 그후로도 다섯 차례나 우주비행에 성공하고 초고속 승진과 함께 인생도 고공행진했다. 하지만 불행히도 인류 최초의 우주인 유리 가가린은 1968년 3월 27일 전투기 시험비행 훈련 중 추락사고로 인해 우주에서 빛나는 별을 향해 긴 여행을 떠난다.

소련이 유인 우주선 발사에 성공한 지 채 한달도 안 된 1961년 5월 5일, 미국은 머큐리-레드스톤 3호(Mercury-Redstone 3)를 이용해 유인 우주선을 지구 밖으로 쏘아 올리는 실험을 했다. 이 로켓에는 미국 최초의 우주인 앨런 셰퍼드(Alan Bartlett Shepard, Jr., 1923~1998) 중령이 탑승하고 있었다. 그가 탑승한 로켓은 고도 2000킬로미터까지 상승해 약 15분간 비행시간을 유지하고 무사히 지구로 착륙하게 된다(셰퍼드는 이후 1971년 아폴로 14호를 타고 달에 착륙한 5번째 인물로 기록되었다).

호모 사피엔스, 달에 가다

미국의 유인 우주비행 성공은 국민들에게 우주의 패권은 곧 자신들 것이라는 자신감을 심어주기에 충분했다. 당시 케네디(John Fitzgerald Kennedy, 1917~1963) 대통령은 유인 우주비행의 성공을 기점으로 한 연설에서 "1960년대가 넘어가기 전에 인간을 달에 착륙시킨 후 무사히 지구로 귀환시키겠습니다"라는 당찬 우주 계획을 제시한다(그러나 케네디는 달에 첫발을 내딛는 인류의 모습을 보지 못하고 1963년에 암살된다). 이렇게 1961년에 시작된 유인 달 탐사 계획이 유명한 '아폴로 프로젝트'이다.

우리 속담에 '시작이 반'이라는 말이 있다. 하지만 아폴로 계획이 실현되기 위해서는 넘어야 할 산이 너무 많았다. 그동안 미국과 소련

지구 저궤도 (LEO, Low Earth Orbit)
지상에서부터 고도 2000킬로미터의 인공위성 궤도로, 200킬로미터 이하에서는 지상과 가까워 물체가 연소된다. 때문에 200킬로미터 이하로는 궤도 형성이 불가능하다. 지구 저궤도는 지표면으로부터 200~2000킬로미터의 거리를 말한다.

이 우주로 쏘아 올린 우주선들은 보통 1~6톤의 무게를 가졌다. 우주선들이 무사히 우주에 안착되려면 막대한 추진력을 갖는 로켓이 필수이다. 소련의 경우 5톤의 보스토크를 우주로 보내기 위해 60배 무게인 300톤급 R-7 로켓을 쏘아 올리기도 했다.

당시 미국과 소련의 로켓은 대부분 지구 저궤도(LEO, Low Earth Orbit) 용으로 제작된 것들이었다. 하지만 아폴로 프로젝트는 달에 인간의 발자국을 남기고 다시 무사히 지구로 귀환해야 하는 막중한 임무를 띠고 있었다. 이전에 비해 크게 발전한 로켓이 필요하게 된 것이다.

존 후볼트

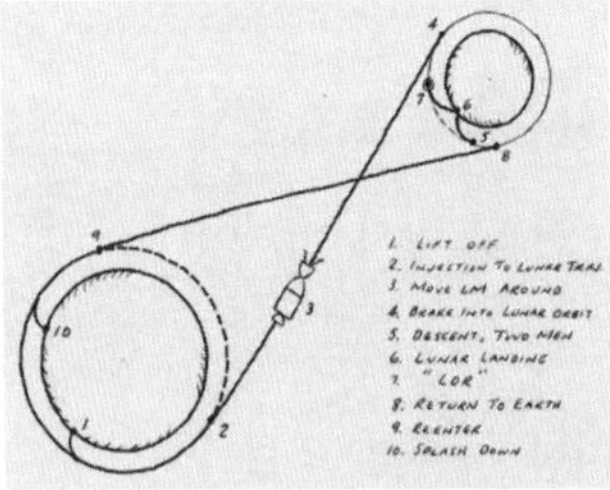

달 궤도 랑데부에 관한 존 후볼트의 메모

달로 향하는 로켓에는 우주인이 탑승할 우주선 외에도 달에 착륙해 임무를 수행할 착륙선도 함께 실어야 한다. 이전에 비해 많은 중량물을 우주 밖으로 쏘아 올려야 하는 것이다. 이로 인해 NASA의 개발자들은 최대 7000톤의 거대 로켓이 필요하다는 의견을 내놓았다. 하지만 당시 기술로는 짧은 시간에 고성능 로켓을 만드는 건 불가능한 일로 여겨졌다.

아폴로 프로젝트는 실행 초기부터 난관에 부딪혔고 그때 미국의 항공 우주 공학자 존 후볼트(John Cornelius Houbolt, 1919~2014)가 달 궤도 랑데부(LOR, Lunar

Orbit Rendezvous) 방식을 제안한다. 그동안 달 탐사 로켓의 난제라고 생각되었던 발사 중량을 획기적으로 줄일 수 있는 대책이었다. 결과적으로 이 방식을 채택함으로써 인류는 1960년대가 넘어가기 전에 달에 도달할 수 있었다.

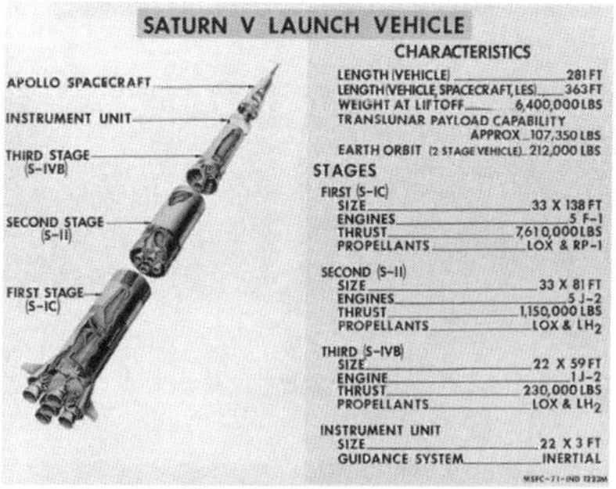

새턴 V의 구조

후볼트가 제안한 랑데부 방식을 바탕으로 달 탐사 과정을 살펴보면 다음과 같다. 먼저 지구에서 발사된 로켓이 단번에 달의 궤도에 진입한다. 이후 탐사 우주선에 탑재된 착륙선이 따로 분리된다. 분리된 착륙선은 모선을 남겨두고 달에 착륙해 임무를 수행하고, 착륙선에 장착된 소형 추진 로켓을 이용해 모선과 도킹(docking)한다. 그리고 도킹했던 착륙선은 머나먼 우주로 떨쳐 버리고 우주인들은 모선과 함께 지구로 무사히 귀환하는 방식이다.

물론 달 탐사는 말처럼 결코 쉬운 게 아니다. 후볼트가 제안한 달 궤도 랑데부의 성공을 위해서는 50톤의 아폴로 우주선을 쏘아 올릴 수 있는 로켓이 필요했다. 이 막중한 임무가 로켓 천재 폰 브라운과 그의 동료들에게 주어졌다. 어려운 과정 끝에 탄생된 우주로켓 새턴-V(saturn-V)는 발사 중량만 3000톤이었다. 새턴-V는 전체 길이 110.6미터, 직경 10미터(날개 부분 제외), 총중량 3000톤급 사양의 대형 로켓이었다. 새턴-V는 1단, 2단, 3단의 추진 로켓과 아폴로 우주선으로 구성되어 있었다.

각 단의 구성을 간략히 살펴보면, 1단(S-IC)에는 F-1엔진 5개와 케로신/액체산소 연료통이 탑재되고, 2단(S-II)은 J-2엔진 5개와 액체수소/액체산소 연료통이, 그리고 3단(S-IVB)은 J-2엔진 1개와 액체수소/액체산소 연료통을 탑재하고 있다. 이중 1단 로켓인 S-IC가 약 2300톤으로 가장 무거워 전체 무게의 76퍼센트를 차지했다.

달 전이가속(천이가속, TLI, Trans Lunar Injection)

어떤 에너지의 정상 상태에서 에너지가 다른 상태로 옮겨가기 위해 속도를 높임. 여기서는 달 궤도로 진입하기 위한 가속을 말한다.

1단 로켓은 고도 69킬로미터 높이를 초속 2.75킬로미터의 속도로 150초간 연소하면서, 지구 중력을 뿌리치고 솟아오르는 중요한 역할을 한다. 이후 2단과 3단 로켓에 장착된 J-2엔진이 연소되면서, 지구를 두어 바퀴 선회하고 달 궤도로 진입시키기 위한 달 전이가속(轉移加速, Trans Lunar Injection, TLI)을 수행한다.

달 탐사를 위한 아폴로 우주선의 구성을 살펴보면 사령선(CM, Command Module), 기계선(SM, Service Module), 달 착륙선(LM, Lunar Module)으로 구분된다. 사령선은 우주인 3명이 탑승 가능하며, 약 열흘 동안 생존 가능한 물품들이 탑재되었다. 기계선은 3단 로켓을 통해 달궤도에 도착하면 이후 아폴로 우주선이 달 위성궤도에 안착할 수 있도록 이동하는 역할을 한다. 끝으로 달 착륙선은 달에 착륙해 임무수행을 완료한 뒤 아폴로 우주선과 도킹 후에 버려지는 부분

닐 암스트롱, 마이클 콜린스, 버즈 올드린

이다.

1969년 7월 16일, 아폴로 11호를 탑재한 새턴-V가 그 동안의 크고 작은 사고의 오명을 떨쳐버리듯 F-1엔진에서 시뻘건 불꽃을 내뿜었다. 아폴로 11호에는 선장 닐 암스트롱(Neil Alden Armstrong, 1930~2012)을 비롯해 사령선 조종사 마이클 콜린스(Michael Collins, 1930~), 착륙선 조종사 버즈 올드린(Buzz Aldrin, 1930~) 등 3명의 우주인이 탑승했다.

버즈 올드린

달 표면에 찍힌 그의 발자국

발사 12분 후 새턴-V는 지구 궤도에 진입했고, 3단을 이용한 달 전이가속으로 달 궤도로의 진입을 완벽하게 성공시킨다. 그리고 30분 후 아폴로 우주선은 새턴-V와 작별을 고한다. 이후 선장 닐 암스트롱과 달 착륙선 조종사 버즈 올드린은 무사히 달에 착륙하게 된다.

먼저 선장 암스트롱이 착륙선의 문을 천천히 열고(달의 중력은 지구의 6분의 1이라 지구에서처럼 빨리 움직일 수 없었을 것이다) 인류 최초로 달 표면에 첫발을 내딛는다. 이때 그가 말했던 "이것은 작은 한 걸음이지만, 인류에게 있어서 거대한 비약의 한걸음"이라는 말은 인류 역사에 영원히 남는 명언이 되었다. 뒤이어 버즈 올드린이 두 번째로 달 표면을 밟았다(사령선 조종사였던 마이클 콜린스는 암스트롱과 올드린이 달 표면을 거니는 동안 사령선에 탑승해 달궤도를 비행하며 그들과 연락을 유지하는 것으로 아쉬움을 달래야 했다).

인류 최초로 달 표면을 밟는 장면은 전 세계로 송출되었고, 1969년 당시 텔레비전이 귀했던 우리나라에서는 마을의 부잣집 대청마루에 모여 역사적인 순간을 함께 지켜보았다.

임무를 마친 3명의 우주인들은 무사히 지구로 귀환했고, 전 세계의 영웅이 되었다. 결국 과정의 차이는 있지만 허구라고 생각되었던 쥘 베른의 소설이 현실로 이루어진 것이다.

4부 — 미래를 걷는 사람들

21세기의 프랑켄슈타인

19세기 여성 작가 메리 셸리(Mary Shelley, 1797~1851)가 1818년에 발표한 소설 〈프랑켄슈타인〉은 최초의 SF 소설로 평가받고 있다. '근대의 프로메테우스(The Modern Prometheus)'라는 부제를 가지고 있는 이 소설에는 인간이 창조해낸 생명체가 등장한다. 이 생명체는 죽은 자들의 뼈와 장기를 사용해 신체를 구성했으며, 그 크기가 2.44미터나 되었고 눈, 코, 입과 팔다리 모두가 인간처럼 제 위치에 달려 있었다. 더구나 생명체는 남성이었다. 사람들은 그를 보고 '괴물'이라 했고, 그를 창조했던 빅터 프랑켄슈타인(Victor Frankenstein) 박사마저 자신의 창조물을 혐오했다.

'괴물'은 거대한 몸집에서 뿜어져 나오는 힘과 민첩함으로 인간의 신체를 능가했고, 스스로 터득한 자연어를 바탕으로 지능마저 크게 향상된다. 모든 면에서 인간보다 우수했지만 추악한 겉모습만은 인간과 달랐다. 자신의 결핍에 대한 분노와 증오가 쌓여갔고, 복수심에 불타올라 창조주 프랑켄슈타인에게 도전한다. 괴물은 프랑켄슈타인이 소중히 여기는 친구, 가족과 사랑하는 아내 모두를 이 세상에서 더 이상 볼 수 없도록 만들어버린다.

분노한 프랑켄슈타인 박사는 자신이 창조한 괴물을 제거하기 위해 북극의 설원까지 추격한다. 하지만 이미 인간을 능가한 괴물을 박사 혼자 힘으로 잡는 건 애당초 무리였다. 수년간 추격을 펼치던 박사는 상실감과 외로움으로 심신이 크게 쇠약해졌다. 이런 상황에서 프랑켄슈타인 박사는 괴물을 추격하던 중 북극 탐험대의 배 안에서 비참한 죽음을 맞이한다. 자신의 창조주의 죽음으로 복수의 대상이 사라지자 괴물은 박사를 지켜주던 탐험대원들 앞에서 다음과 같이 울부짖으며 사라진다.

영화 '프랑켄슈타인' 포스터(1931)

영화 '프랑켄슈타인'의 한 장면

"안녕히! 이제 난 당신을 떠난다. 그리고 당신은 내 눈이 보게 될 마지막 인간이 되겠지. 이제는 작별이다. 프랑켄슈타인!

아직 살아 있어 내게 복수심을 품고 있다면, 나를 죽이는 것보다는 살려두는 편이 오히려 나았을 테지. 하지만 그러지 못했다.

당신은 내가 더 큰 불행을 초래할까봐 두려워 나를 파멸시키려 했으니까.

하지만 혹시라도, 나로서는 알 수 없는 방식을 통해 당신이 아직 생각하고 느낄 수 있다면 나를 불행하게 만들고자 내 목숨을 원치는 않을 것이다.

당신이 아무리 비참하게 무너졌다 한들, 내 괴로움이 당신보다 훨씬 크니까.

회한의 쓰라린 가책은 죽음이 영원히 상처를 덮어버리지 않는 한 상처 속에서 끝없이 곪아갈 테니까."

소설을 읽지 않은 사람도 프랑켄슈타인 이름만큼은 잘 알고 있을 것이다. 여기서 프랑켄슈타인은 괴물의 이름이 아니다. 그를 창조해낸 박사의 이름이다. 소설에서는 괴물의 이름이 따로 언급되어 있지 않다.

소설이 발표된 시기는 18세기 말~19세기 초의 산업혁명이 한창일 때였다. 당시 사람들은 급격한 사회·경제적 변화에 미처 준비가 안 된 상태여서 이로 인해 불확실한 미래와 기술에 대한 공포가 확산된 분위기였다. 이 같은 사회적 분위기 속에서 1811~1812년에는 '기계파괴' 활동으로 자본가에 맞선 계급투쟁인 러다이트 운동이 펼쳐지기도 했다.

제4차 산업혁명의 물결이 밀어닥치는 2018년 지금에도 21세기 프랑켄슈타인 박사들이 존재한다. 물론 그들이 무시무시한 괴물을 만들어낼 것이라고는 전혀 생각지 않는다. 그러나 그들은 인간을 꼭 닮은 그 무엇(!) 즉, 로봇(robot)을 창조해내고 싶어 할 것이다.

로봇 하면 다양한 이미지가 떠오른다. 애니메이션에 등장하는 우주소년 아톰에서부터 고양이 로봇 도라에몽과 같은 귀여운 캐릭터의 로봇도 있다. 그런가 하면 기계와 한몸이 된 600만불의 사나이, 비운의 로봇경찰 로보캅, 인간 사냥꾼 터미네이터, 그리고 영화 '프로메테우스'에서의 인간을 넘어 창조주가 되고 싶어 하는 안드로이드

(android) 로봇 데이빗(David) 등 다양한 로봇들이 있다.

안드로이드(android)
'인간을 닮은 것' 이라는 뜻의 그리스어에서 유래된 용어로 말이나 행동이 사람과 거의 구별이 안 되는 로봇을 의미한다.

최근의 로봇 기술은 인공지능과 맞물려 있기 때문에 다가올 미래에는 로봇에게 많은 일자리를 빼앗길 것을 걱정하는 사람들도 있다(이런 분위기에 편승해 벌써 〈인공지능 시대의 자녀교육법〉 같은 책들이 나오고 있다. 참 그렇다!).

그렇다면 미래에는 정말로 로봇과 경쟁하면서 살아가야 하는 것일까?

학자들은 인간을 위협하는 로봇 따위는 SF 영화에나 등장하며 현실에서는 없을 것이라고 말한다. 하지만 종합적인 능력에서는 인간에 미치지 못해도 개별적인 기능에서 인간을 능가하는 로봇이 여럿 등장했다. 인간의 물리적 한계를 극복한 산업용 로봇, 가사노동의 동반자 로봇청소기, 화성을 탐사한 쌍둥이 로봇 오퍼튜니티(Opportunity)와 스피릿(Spirit), 바둑 외에는 아무것도 못할 것 같은 알파고 등등 로봇은 이미 우리 주변에 깊숙이 들어와 있다.

로봇의 영문 표기 'robot'은 체코의 작가 카렐 차페크(Karel Capek, 1890~1938)가 1920년에 발표한 SF 희곡 〈로숨의 유니버설 로봇(Rossum's Universal Robots)〉에서 처음 등장한 것으로 알려져 있다. 'robot'이라는 단어의 어원 '로보트니크(robotnik)'는 고대 슬라브어로 '노예'를 의미한다. 어원을 알고 나니 오늘날 우리가 친근하게 받아들이는 느낌과 사뭇 달라 마음이 무거워지는 듯하다.(국립국어원의 표준국어대사전에서는 로봇을 '인간과 비슷한 형태를 가지고 걷기도 하고 말도 하는 기계 장치'라고 표현하고 있다.)

20세기에 접어들어 로봇은 본격적으로 인간의 허드렛일을 도와주기 시작했지만, 사실 로봇과 유사한 기계장치는 이전부터 존재했었다.

12

로봇

로봇은 어떻게 인간의 삶에 들어왔나?

오토마타: 영혼을 불어넣은 기계

로봇의 원조는 오토마타(automata)라 불리는 '스스로 움직이는 자동화 기계장치'이다. 전자 장치가 덕지덕지 붙어 있는 오늘날의 로봇과는 사뭇 다른 기계식 로봇이다. 그러나 그것이 전자장치든 기계장치든 무생물의 재료로 구성된 기계 덩어리를 스스로 움직이게 했다는 점에서 로봇과 공통점이 있다.

오토마타의 어원은 고대 그리스의 호메로스에게서 나왔다. 유랑시인이었던 호메로스는 대중을 상대로 재미있는 이야기를 들려주곤 했는데 '스스로 움직이는 장치'를 언급할 때 오토마타라는 표현을 사용했다.

글쓰는 오토마타

오토마타라는 어원은 꽤 오래되었지만 오늘날에도 같은 이름으로 불리는 장치들이 있다. 북적이는 번화가에 펼쳐 놓은 좌판 위에서 멜로디에 맞춰 춤추는 장난감 발레리나 같은 아기자기한 모양의 오토마타를 한번쯤 보았을 것이다. 태엽으로 움직이는 단순한 동작의 장난감 따위로 생각될 수 있지만, 오늘날 첨단 로봇의 원조라 해도 크게 틀리지 않는다. 오토마타와 로봇의 공통점은 인간이 짜놓은 계획에 따라 스스로 움직인다는 점이다. 즉 인간의 의지나 명령이 반영된 창조물들로 마스터(주인), 즉 창조주가 되고픈 인간의 욕망이 반영된 것이다.

오토마타는 17~18세기 유럽에서 본격적으로 발전되기 시작했는데, 이는 당시 유행하던 계몽주의(Enlightenment)의 영향이 크다고 할 수 있다. 여기서 '계몽(啓蒙)'이란 인간의 어리석음을 깨우친다는 단편적인 의미만을 뜻하는 것처럼 보인다. 하지만 본래의 의미는 'Enlightenment' 즉, 자연의 빛을 다방면에 미치도록 해서 불필요하고 효용성 없는 구습을 타파하자는 데 그 목적이 있다. 말하자면 잠자는 인간의 이성을 밝은 빛으로 일깨우라는 것이다.

이 같은 사회적 분위기 속에서 등장한 책이 〈백과전서: 과학, 예술, 직업에 대한 합리적 사전, Encyclopedia, or Rational Dictionary of Sciences, Arts and Crafts〉이다. 이 책은 1751년 1권으로 시작하여 1772년까지 35권으로 출판되었다. 집필에는 대부분 계몽주의 철학자들이 참여했는데, 대표적으로 볼테르(Voltaire, 1694~1778),

장 자크 루소(Jean-Jacques Rousseau, 1712~1778) 등 유명 철학자들이었다. 책의 내용은 광범위했는데 주로 과학, 예술, 기술 등 실용 학문에 관한 것들이었다. 특히 계몽주의 철학자이자 작가인 드니 디드로(Denis Diderot, 1713~1784)가 편집자로 참여하면서 백과전서는 단순히 지식 전달보다는 당시 사회의 문제점을 꼬집어 큰 이슈가 되기도 했다.

드니 디드로

이 같은 사회적 분위기 속에서 시인, 과학자, 발명가, 의사, 작가 등 당대의 지식인들을 중심으로 토론하고 지식을 나누는 모임들이 확산된다. 그들은 토론을 통해 의심, 생각, 질문을 반복했다. 이러한 모임에서 빈번하게 선택된 토론 주제 중 하나가 '인간과 기계'의 차이에 관한 것이었다. 그 즈음은 제임스 와트가 증기기관의 개량에 성공해, 일자리가 줄어든다는 불안감이 확산되기 시작한 시기였다.

특히 '사람과 기계의 차이는 무엇일까?', '과학기술로 생명체를 만들어낼 수 있을까?' 등에 관한 의문과 질문이 반복되었다. 이러한 질문에 화답이라도 하듯 르네 데카르트는 "나는 생각한다. 고로 존재한다"라는 유명한 말을 남긴다. 데카르트는 이성이 개입되지 않은 움직임이나 소리 내는 행동 등은 단순히 기계적인 행동이고, 만약 인간 역시 이성이 없다면 기계와 별 차이가 없다고 주장했다. 그는 기계론적으로 세상을 바라보았는데 사실상 인간은 살아 있는 자동기계에 지나지 않는다고 보았다. 생명체와 기계(사물)를 구분하는 기

자크 드 보캉송

준에 단순한 외형적인 면을 제외하고, 작동 방식에 더 무게를 두게 된 것이다. 이 같은 분위기 속에서 자동기계에 관한 연구와 발명이 크게 확산되었다.

계몽주의 시대에 처음 등장한 오토마타는 18세기 유럽을 중심으로 꽃을 피웠다. 대표적인 오토마타 발명가는 프랑스의 자크 드 보캉송(Jacques de Vaucanson, 1709~1782)과 헝가리의 볼프강 폰 켐펠렌(Wolfgang von Kempelen, 1734~1804)이다.

보캉송은 인간과 유사한 기계 장치를 발명하는 것을 꿈꾸며 이를 위해 공학, 수학은 물론 생명체의 신체기관을 이해하기 위해 해부학까지 공부했다. 다양한 분야의 지식을 바탕으로 생물체의 움직임을 기계적으로 접근하게 된다(그는 모든 생물은 신체 기관들이 합쳐져서 작동하는 복잡한 기계장치라고 생각했다). 보캉송은 그동안의 연구를 토대로 인간과 유사한 형상을 가진 오토마타를 대중들에게 선보인다.

1738년 파리의 한 상점에 오토마타 하나가 전시되자 지나가던 사람들이 발걸음을 멈추고 시선을 집중했다. '플루트 연주자'로 이름 붙여진 이 기계장치는 키가 168센티미터에 흡사 사람처럼 보였다. 가까이 다가가 보면 사람의 모습을 닮은 기계장치임을 알아볼 수 있다. 하지만 놀라운 것은 기계 스스로 플루트를 연주한다는 점이었다. 이전에도 건반을 누르면서 연주하는 기계장치가 있긴 했었다. 하지만 플루트는 손가락과 호흡이 일정하게 연결되어야 연주가 가능한 악기이다. 아마도 보통 사람은 연주는커녕 소리를 내는 것조차 어려운 악기인데, 기계가 플루트를 연주한다는 것에 대중들은 그저 놀라울 따름이었다.

플루트 연주 오토마타는 장치의 가슴께 안쪽에 여러 개의 관이 삽입되어 있고 관을 통해 바람이 흘러들어가 연주가 가능하도록 되어 있다. 그렇게 해서 오토마타는 입술을 움직여 연주를 했다. 또 양손에는 동물 가죽이 씌워져 있어 손가락을 이용해 플루트 구멍을 쉽게 여닫는 게 가능했다. 물론 연주곡은 미리 계획된 곡만 가능했고, 사람이 연주하는 것처럼 멜로디를 부드럽게 연주하는 건 불가능했다. 하지만 당시로서는 혁신적인 발명품임이 분명했다. 볼테르는 보캉송의 발명품을 가리켜 "근대의 프로메테우스"라고 치켜세웠다.

대중들의 열렬한 호응을 받은 보캉송은 1739년 또 다른 오토마타를 선보였는데, 이번에는 똥 싸는 오리(shitting duck)라고 이름 붙인 발명품이다. 원초적인 이름에서 짐작할 수 있듯이, 기계장치로 만들어진 오리는 자연스럽게 움직이기도 하고, 때로는 살아 있는 오리처럼 먹이를 먹기도 했다. 심지어 먹었던 먹이를 모두 소화하고 배설까지 할 정도로 정교했다. 마치 인간이 새로운 종을 창조해낸 것이 아닌가 하는 착각마저 들 정도였다.

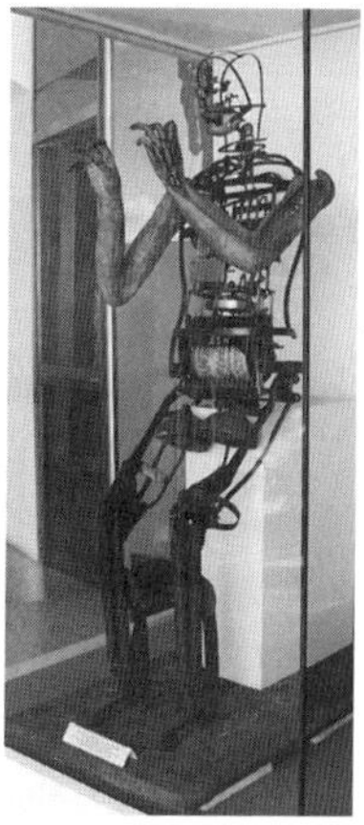
플루트 부는 오토마타

보캉송은 이 오리 오토마타를 대중들에게 관람시켰다. 물론 공짜는 아니었다. 큰 액수의 입장료를 지불해야만 했다(입장료는 당시 노동자의 일주일치 급여에 해당했다).

그런데 보캉송의 오리는 실제로 배설물을 배출할 수

보캉송의 오리 오토마타

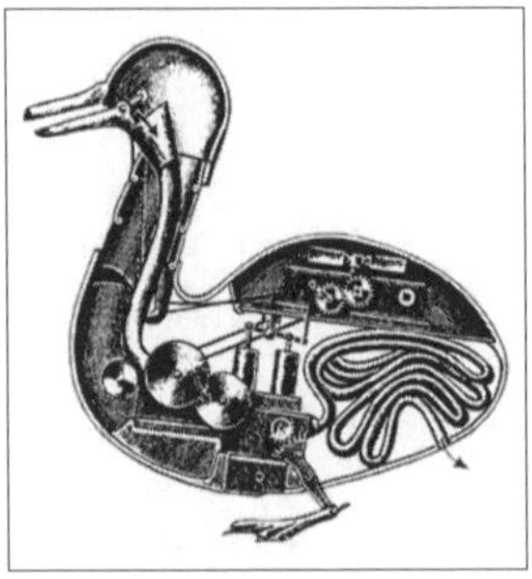
오리 오토마타의 내부

없었다. 이유야 어찌됐건 대중들을 속인 것이 분명하다. 이 오리 오토마타는 애당초 배설이 불가능했지만, 배설용 곡물 저장고가 따로 있어 마치 배설하는 것처럼 꾸며진 것이었다.(그러나 플루트를 연주하는 오토마타는 실제였다고 한다.)

보캉송이 발명한 오토마타에 관한 소문은 프랑스 전역으로 퍼져나갔고, 국왕 루이 15세(1710~1774)의 귀에까지 들어간다. 국왕은 보캉송의 기술을 좀더 산업적인 분야로 응용하기를 원했다. 당시에는 견직물 산업이 번창했는데 공장 노동자의 기술에 따라 제품의 품질이 들쑥날쑥했다. 게다가 노동자들의 잦은 파업으로 공장 가동이 멈추는 날이 많았다. 이런 상황에서 자본가들은 아무런 불만 없이 부지런히 일만 하는 기계장치가 필요했다.

이런 분위기 속에서 보캉송은 루이 15세의 지시를 받아 1741년 직조 기계를 발명해냈다. 보캉송이 새로 선보인 직조기는 자본가들의 환영을 받은 반면 많은 노동자들에게는 분노를 일으키는 대상이 되었다. 보캉송은 직조기를 만들고 10여 년 동안 마음 편히 프랑스 시내를 다니기도 어렵게 된다.

그가 만든 오토마타는 대중들로부터 큰 웃음과 함께 환영을 받았지만 그가 만들어 낸 기계장치 중 직조기는 자본가에게만 환영을 받았을 뿐, 다수로부터는 기계에 대한 혐오감을 불러일으키기에 충분했다.

알파고의 원조

보캉송의 오토마타가 유럽 전역에서 큰 인기몰이를 하게 되자, 헝가리의 발명가 볼프강 폰 켐펠렌(Wolfgang von Kempelen, 1734~1804)은 사람들을 깜짝 놀라게 할 오토마타를 발명할 계획을 세운다. 그는 단순히 관람을 목적으로 하는 오토마타가 아닌 대중들이 직접 참여해 기계와 대결할 수 있는 장치를 구상했다.

지금처럼 즐길 거리가 많지 않던 18세기에 가장 인기 있는 게임은 체스(chess)였다. 켐펠렌은 인간과 체스 대결이 가능한 오토마타를 발명하게 되는데 1769년 알파고의 원조랄 수 있는 '체스 두는 터키인'을 내놓는다.

이 발명품은 기묘한 표정을 짓고 있는 터키인 오토마타가 네모난 탁자 뒤쪽에 상반신만 노출되어 있는 모습이었다. 탁자 위에는 체스판이 놓여 있어 인간과 대결을 펼칠 수 있었다. 인간 vs 기계의 체스 대국을 시작하기 전에 속임수가 없다는 것을 확인시켜주기 위해 탁자 위에는 작동을 위한 기계장치 외에는 아무것도 없도록 했다.

체스 두는 터키인(재현품)

캠펠렌의 '체스 두는 터키인'은 여러 곳에서 전시되었고 입장료를 지불해야 볼 수 있었다. 단순히 구경만 하는 전시물이 아니었기 때문에 많은 사람들의 승부욕을 자극하기에 충분했다. 사람들은 이 오토마타를 보고 '사기다', '진짜다'라며 의견이 분분했지만 진실은 캠펠렌 외에는 아무도 알 수 없었다.

1804년 캠펠렌이 사망하자 '체스 두는 터키인'은 아들에게 상속되었다. 하지만 이 장치에 별 관심이 없었던 아들은 요한 네포무크 멜젤(Johann Nepomuk Mälzel, 1772~1838)이라는 독일 발명가에게 큰돈을 받고 팔아넘겼다(멜젤은 템포를 나타내는 기구인 메트로놈을 발명한 인물이다). 멜젤은 캠펠렌이 살아 있을 때에도 큰돈을 줄 테니 '체스 두는 터키인'을 자신에게 넘기라고 제안했지만 번번이 거절을 당했다. 하지만 운 좋게도 멜젤은 캠펠렌에게 제시한 가격의 절반도 안 되는 금액으로 매입하게 된 것이다.

이후 멜젤은 세계 곳곳을 다니며 신기한 오토마타로 돈을 벌어들이기 시작한다. '체스 두는 터키인'은 가는 곳마다 환영을 받았다. 심지어 나폴레옹도 이 기계와 대결을 펼쳤을 정도였다.

이쯤에서 독자들도 짐작했겠지만 캠펠렌이 발명한 '체스 두는 터키인' 오토마타는 인간이 조작해낸 마술쇼였다. 대국을 시작하기 전에 보여주었던 복잡한 기계장치는 사실 체스와는 관련이 없었다. 핵심은 기계 장치 옆에 있는 작은 공간인데 그 비좁은 공간에 사람이 들어가 있었다. 탁자 밑에 들어간 사람이 자석을 이용해 오토마타의 팔을 이리저리 조작해 체스를 둔 것이다. 물론 조작이 쉽지는 않았을 것이다. 특히 나폴레옹과 같은 높은 사람과 경기를 할 때는 특히나 긴장이 되었을 것이다(나폴레옹과의 대국 당시에는 요한 알가이어(Johann Baptist Allgaier, 1763~1823)라는 독일의 체스 고수가 장치 속에 들어가 있었다고 한다). 나름대로 완벽을 기하기 위해 컴컴한 장치 내부에 촛불을 밝히고 조작할 수 있도록 작은 환풍기도 있었다고 한다.

큰돈을 벌게 된 이후 멜젤은 다시 외젠 로제 드 보아르네(Eugène Rose de Beauharnais, 1781~1824)에게 거금을 받고 오토마타를 팔아넘긴다(외젠은 나폴레옹 1세의 양아들이다). 이후 캠펠렌의 '체스 두는 터키인'은 돌고 돌아 미국에까지 건너갔다. 애석하게도 전시된 박물관 화재로 지금은 남아 있지 않고 재현품만 볼 수 있다.

이후 체스 두는 오토마타는 1996년 IBM사에서 만든 딥 블루(Deep Blue)라는 인공지능 체스 로봇으로 환생했다. 200년 전과 마찬가지로 인간과 체스 로봇의 대결이 펼쳐졌다. 1996년 체스 세계 챔피언 가리 카스파로프(Garry Kasparov, 1963~)와 인공지능 체스 로봇 딥 블루의 세기의 대결이 열렸다. 결과는 3승 2무 1패로 인간 대표 카스파로프의 승리였다. 하지만 이듬해에 치러진 대회에서는 2승 3무 1패로 딥 블루가 이겼다. 인공지능 딥 블루가 인간을 이겼다는 사실에 사람들을 큰 충격에 빠졌다. 이후 인간은 더 이상 체스로는 인공지능 로봇을 이기지 못한다(알다시피 이후 이러한 불운은 2016년 바둑계에서 알파고와의 대결에서도 일어났다).

IBM사의 딥 블루

21세기에 들어와 인간을 능가하는 기계장치가

속속 등장하고 있다. 오늘날 우리는 이런 기계장치의 등장에 환호하기도 하고, 때로는 크게 반감을 갖기도 한다. 하지만 인공지능 기계장치가 모두 우리를 위협하는 요소가 되는 것은 아니다. 단순 생산이나 경제활동에서 인간의 부족한 부분을 채워줄 그런 장치로써 함께 공존이 가능하리라고 생각한다.

바이오닉스 맨: 인간을 위한 로봇

폴 버호벤(Paul Verhoeven, 1938~) 감독의 1987년 작품 '로보캅(Robocop)'이라는 SF 영화가 있다. 이후에 리메이크되기도 했던 이 영화의 주인공 알렉스 J. 머피는 사이보그 경찰이다. 우리나라에선 1988년에 개봉했던 것으로 기억한다. 88 서울올림픽이 개최된 해이고 화려한 SF 영화가 많지 않던 시절이라 영화 로보캅은 초등학생인 내 마음을 설레게 했다. 당시 위풍당당한 로보캅 영화 포스터에 흥분하지 않은 초등학생이 없었을 정도였다.

'로보캅' 영화 포스터

당시 나는 영화 '로보캅'이 너무나 보고 싶어 엄마와 지키지도 못할 약속을 했다. 앞으로는 공부를 정말 열심히 하고, 엄마한테도 효도하겠다고(물론 그 약속은 그후로도 지키지 못했다). 그리 풍족하지 않은 살림이었지만 엄마는 아들에게 선뜻 용돈을 주셨고, 그길로 집에서 5킬로미터나 떨어진 동시상영 극장까지 달려간 기억이 있다. 저 멀리 로보캅 얼굴이 그려진 극장의 대형 포스터가 보이자 가슴이 콩닥콩닥 뛰었다. 간판 속 얼굴은 실제 주인공과는 많이 달랐지만 아무렴 어떠랴. 그후로 같은 영화를 몇 번 더 본 것 같다(사실 로보캅은 초등학생 관람 등급이 아니었지만 당시에는 어찌어찌해서 볼 수 있었다).

영화의 주인공 머피는 원래 정의감이 강한 경찰이었다. 하지만 불행히도 흉악한 범죄자들을 추격하던 중에 그들로부터 무참히 살해된다. 머피의 아내와 아들, 동료들은 그가 정의를 지키기 위해 순직했다고 알고 각자의 인생을 살아간다. 그런데 사실 죽었다고 생각한 머피는 OCP라는 민간기업의 로봇경찰 프로젝트로 완전히 새롭게 부활한다.

하지만 머피는 얼굴, 뇌, 척추를 제외하고 신체의 모든 것이 기계와 전자장치로 대체되어 버린다. 그리고 그의 머릿속에 온전하게 자리잡고 있던 기억마저도 새롭게 프로그래밍해서 이전과 완전히 다른 사람으로 만들어버린다. 사이보그가 된 머피의 두뇌 속에는 절대 어길 수 없는 규칙 3가지가 프로그래밍되어 있었다.

첫째 공익을 위해 봉사한다(Serve the Public Trust).

둘째, 선량한 시민을 보호한다(Protect the Innocent).

셋째, 법을 준수한다(Uphold the Law).

주인공 머피의 머릿속에서는 과거의 기억이 모조리 삭제되었지만, 우연한 계기로 그는 과거의 기억을 되살려낸다. 이후 머피는 자신의 정체를 알게 되고, 한때 정체성으로 고뇌하지만 다시금 정의를 위해 싸우는 시민 로봇경찰로 살아간다.

인간의 뇌(brain) 이외의 부분인 팔, 다리, 몸통 등에 기계, 전자장치가 결합된 형태를 사이보그라고 한다. 사이버네틱스(cybernetics)와 생물(organism) 중 'cyb'와 'org'가 결합된 합성어이다. 이 합성어는 1960년 맨프레드 클라인즈(Manfred Clynes, 1925~)와 네이선 클라인(Nathan Schellenberg Kline, 1916~1983)이 함께 작성한 논문 〈사이보그와 우주(Cyborgs and space)〉에서 최초로 언급되었다. 이 논문에서는 곧 다가올 우주시대를 앞두고, 인간과 기계가 결합된 형태의 사이보그가 우주 진출에 유리할 것이라는 내용을 담고 있다.

우리가 흔히 사이보그라는 말을 접하게 되는 것이 SF 영화나 애니메이션이다. 미드의 조상 격인 '6백만 불의 사나이(1973)'에서부터 최근에는 '아이언 맨(2008)', '저스티스 리그(2017)' 등의 블록버스터 영화에서는 다양한 캐릭터의 사이보그가 등장한다. 이들은 모두 기계와 혼연일체가 되어 평범한 인간이라면 물리적으로 만들어낼 수 없는 힘과 속력, 연산능력 심지어 자유롭게 날아다니기도 한다. 이들의 신체 대부분은 기계·전자로 뒤덮여 있다.

흔히 인간을 닮은 로봇에서 느끼는 묘한 불쾌감을 일컬어 '불쾌한 골짜기(uncanny valley)'라고 한다. 다소 차이는 있지만 사이보그에는 그러한 느낌이 크지는 않을 듯하다. 이는 인간의 부족한 신체 부분을 뇌를 통한 의식으로 직접 통제하기 때문일 것이다(좁은 의미에서는 안경이나, 보청기 등도 신체의 부족한 부분을 채워주고 있어서인지 전혀 불쾌감이 없다).

앞서 언급한 미드나 영화 속 사이보그 주인공은 신체와 기계·전자장치가 결합된다는 공통점이 있다. 미드 '6백만 불의 사나이'의 주인공 스티브 오스틴은 기계로 제작된 팔과 다리 그리고 눈이 그의 신체와 연결된 상태다. 이와는 다르게 SF 영화 '아이언 맨'의 주인공 토니 스타크는 로봇 슈트(suit)를 입으면서부터 기계·전자장치와 한몸이 된다. 마치 서양 중세의 기사들이 전투에서 착용한 금속 갑옷처럼 보인다. 물론 기사들의 갑옷으로는 초인적인 힘을 발휘하기에는 어렵겠지만 적어도 자신의 신체를 보호하기에는 적합했을 것이다.

외골격 로봇

흔히 옷처럼 '입는 로봇'을 '외골격 로봇(robotic exoskeleton)'이라고 부른다. 외골격(外骨格)이란 글자 그대로 밖으로 노출된 뼈라는 뜻으로, 가재, 꽃게, 새우 등의 갑각류를 떠올리면 이해가 쉽다. 이름이 생소해서 그렇지 외골격 로봇도 SF 영화의 단골 소재이다. '에이리언 2(1986)'에서 주인공 리플리가 에일리언 퀸과의 대결 장면에서 나오는 파워로더(p-5000 powerloader), '아바타(2009)'의 앰프 슈트(AMP suit), '엣지 오브 투모로우(2014)'에서 전투용으로 등장하는 엑소수트(exsosuits) 등 다양한 형태를 보인다.

한편 외골격 로봇은 애니메이션에서도 자주 등장하는데 '기동전사 건담(1979)'에 등장하는 로봇 병기도 사람이 직접 탑승해 조종하는 외골격 로봇의 한 종류이다.

외골격에 관한 아이디어는 130여 년 전부터 구상되어 왔다. 1889년 러시아의 발명가 니콜라스 얀(Nicholas Yagn)이 '보행 보조 장치'로 특허를 출원했다. 기본적인 구성은 양쪽 다리에 스프링과 나무 프레임이 구성된 형태로 오늘날의 외골격 장치와 흡사해 보인다.

GE의 하디맨

특이한 점은 다리 근육을 움직여 이동하는 것 외에도 등에 멘 압축가스로 추진이 가능하다고 설명하고 있다. 그러나 얀의 아이디어는 실제로 구현된 것 같지는 않다.

이후 본격적으로 외골격 로봇에 관한 연구가 시작된 것은 1960년대였다. 60년대는 미국과 소련의 냉전 시기여서 양국 모두 군사력 증강이 매우 중요한 과제였다. 1960년대 초만 해도 미국의 로켓 기술은 소련에 뒤처져 있었다. 이런 분위기 속에서 미국 군 당국은 여러 분야에서 군사력을 증진시킬 방법을 고민했을 것이다.

그 방법들 중 하나가 외골격 로봇 하디맨(Hardiman)이다. 미국 GE(General Electric Company) 연구소가 미 해군의 지원을 받아 개발이 진행되었는데 영화 '유니버셜 솔저(1992)'에 등장하는 특수 병사를 만들고 싶었던 듯하다.

당초 개발 사양은 하디맨을 착용시 최대 680킬로그램의 물체를 쉽게 들어올 수 있도록 설계되었다. 이는 보통 사람의 힘을 25배 증폭시키는 무게이다. 마침내 1969년 하디맨 개발 프로젝트가 종료되었다. 개발된 하디맨은 얼핏 보면 영화에서 보았던 외골격 로봇들과 비슷한 모습을 가지고 있었다. 하지만 불행히도 당초 목표로 잡았던 성능을 내기에는 역부족이었다. 하디맨은 기본 무게가 750킬로그램으로 예상외로 무거웠고, 작동에 있어서도 사람이 탑승해 로봇의 관절 부위 등을 조종하기에는 큰 사고를 유발할 가능성이 많았다. 결국 이렇다 할 성과 없이 프로젝트는 마무리된다. 이후 주목할 만한 외골격 로봇은 등장하지 않는다.

그런데 하디맨이 탄생된 지 40여 년 후 미국에서 새로운 형태의 외골격 로봇이 등장한다. 2009년 미국의 방위산업체인 록히드 마틴(Lockheed Martin) 산하의 엑소 바이오닉스(Ekso Bionics)에서 외골격 로봇에 관한 새로운 프로젝트가 시작된 것이다. 이곳에서 탄생된 외골격 로봇은 괴력의 상징인 '헐크(HULC)'라는 이름의 외골격 로봇이다. 역시 군사용으로 개발된 헐크는 착용시 91킬로그램의 군장을 메고 20킬로미터 거리의 이동이 가능했다. 첨단기술로 무장한 동력식 외골격(power exoskeleton) 장치인 헐크의 전체 무게는 최대 5킬로그램으로, 착용한 병사의 팔다리의 움직임을 정확히 감지해 동작하기 위해 압력 센서(pressure sensor), 자이로 센서(gyro sensor), 전동기(motor) 등의 전자부품이 장착되었다.

헐크는 동력식 외골격이어서 전원장치가 필수적이다. 이를 위해 8개의 배터리가 장착되고, 최대 96시간 작동이 가능하다. 그런데 이러한 첨단 장비도 실용화에 몇 가지 걸림돌이 있었는데, 착용 시 신속한 이동이 어렵다는 점이다. 일촉즉발의 전장에서는 속도가 무엇보다 중요하다. 하지만 헐크를 착용했을 때 무거운 짐을 쉽게 들어 올릴 수 있었지만, 민첩하게 이동하는 건 어려웠다. 또한 기계장치와 인간의 신체를 결합하는 기기도 미흡해 착용할 때 근육에 무리

군사용 외골격 로봇

를 주는 경우가 많아 실전에 사용되지는 못했다.

그동안 외골격 로봇은 대부분 군사력 증강을 목적으로 한 군사용으로 개발되어 왔다. 하지만 최근에는 민간영역에 적용이 가능한 외골격 로봇의 개발이 활발히 진행되고 있다. 이 분야의 선두는 이스라엘 외골격 로봇 전문업체인 리워크 로보틱스(ReWalk Robotics)이다. 사고나 뇌졸중으로 하반신 마비를 가진 사람이 자유롭게 이동하기 위해서는 휠체어를 타야 한다. 휠체어가 곧 자신의 다리이며 자유인 셈이다. 하지만 집 밖으로 나서면 너무나 불편하고 또 위험하다. 휠체어에 의지한 채 도심을 이동하기에는 많은 장애물이 도사리고 있다. 이런 불편 외에도 그들은 무엇보다 자신의 두 발로 걷기를 간절히 원할 것이다.

리워크 로보틱스에서는 이들을 위한 외골격 로봇 리워크(ReWalk)라는 제품을 개발해 출시했다. 동력식 외골격으로 전원과 관련된 장치가 배낭에 들어 있고, 외골격 보조다리와 목발로 구성되어 있다. 아직은 SF 영화에 등장하는 장치와는 외관과 기능에서 차이가 있어 보인다. 하지만 휠체어 없이 자신의 의지대로 보행이 가능하다는 것만으로도 큰 장점이다(아직까지는 목발을 이용해 땅을 지탱하면서 이동해야 한다).

주요 기능으로는 직선 보행, 의자에 앉기와 일어서기, 계단 오르내리기, 경사진 곳의 보행이 가능하다. 전체 무게는 18킬로그램으로 1회 충전으로 8시간 사용이 가능하고 일반인의 평균 속도인 시속 3킬로미터의 속도를 낼 수 있도록 개발되었다.

2012년 봄 런던마라톤 대회에서 단연 화제가 된 인물이 있었다.

당시 32세의 클레어 로마스(Claire Lomas)라는 여성 참가자였다. 일반 참가자가 42.195킬로미터의 풀코스를 완주한다면 보통 24시간을 넘지는 않을 것이다. 아니, 열 시간을 넘지 않을 것이다. 하지만 로마스는 17일 만에 완주를 했다.

하반신이 마비된 클레어 로마스가 외골격 로봇을 착용하고 마라톤 결승선에 도착하고 있다.

사실 그녀는 2007년 승마 사고로 하반신 마비 판정을 받았다. 우울한 나날을 보내던 그녀가 리워크를 착용하면서부터 자신만의 히어로가 되어 다시 태어난 것이다.

4년 후인 2016년 로마스는 임신 16주차 임신부의 몸으로 노스이스트 잉글랜드(North East England)에서 열린 그레이트 노스런(Great North Run) 하프 마라톤 대회에 참가해 5일 만에 결승선에 도착했다. 그녀는 리워크를 착용하고 5일 내내 가파른 언덕길과 부상 등을 극복하며 끝까지 포기하지 않고 경기를 마쳤다.

로마스는 BBC와의 인터뷰에서 "외골격 안에서 서 있는 것조차 쉽지 않았다"고 말했다. 특히 "수트가 저절로 걸어주는 게 아니기 때문에 걷기 위해 마비되지 않은 몸을 사용해야만 했다"고 어려움을 털어놓았다.

로마스가 보통 사람처럼 마라톤에 도전하고, 많이 느리긴 해도 결승점까지 무사히 통과한 것도 리워크를 착용했기에 가능했다. 그녀는 결승선에 발을 내딛으며 환한 미소를 보여주어 보는 이를 뭉클하게 했다. 그리고 그 누군가에게 또 다른 희망을 안겨주는 순간이었다.

의료용 외골격 로봇은 아직까지는 생산량이 많지 않다. 착용하는 사람들의 체형이 다양해 단일 제품으로 생산하는 것이 어렵다는 문제도 있다. 그래서인지 가격이 비싸게 책정되어 있다. 대략 1억원 정도가 된다고 한다(보통 사람에게도 엄청난 금액인데 경제 활동이 어려운 장애인들이 구입하기에는 너무 부담스러운 가격이다). 이 같은 복합적인 문제 때문에 지금은 보급률이 낮지만 점차 보급률이 증가하는 추세이다.

고가의 가격에도 불구하고 리워크 제품은 2016년 기준 개인 판매대수 100대를 돌파했다고 한다. 일반 상품의 판매량과는 비교도 안 되지만 의미있는 판매량이라고 생각된다.

최근(2018년 7월) 미국 캘리포니아의 사이즈믹(Seismic) 사는 딱딱한 소재를 섬유 소재로 바꾸고 무게도 획기적으로 줄인 소프트 외골격을 2018년 연말까지 시판하겠다고 발표했다.

소프트 외골격은 2015년 미국 하버드 대학 코너 월시 교수가 개발한 제품이 대표적인데 와이어로 움직이는 형식이다. 허리에서 허벅지, 종아리를 거쳐 신발 뒤축으로 와이어가 연결되어 사용자가 다리를 움직이려고 하면 장치가 허리의 모터를 돌려 와이어를 당김으로써 훨씬 적은 힘으로 다리를 움직일 수 있다.

하버드대는 이스라엘 리워크 로보틱스(Rewalk Robotics) 사와 협력하여 소프트 외골격의 상용화를 추진하고 있다. 뇌졸중이나 근위

축증 환자의 재활훈련용으로 유용할 것으로 전망된다.

이제 금속이나 플라스틱 재질의 고가의 외골격 대신 구조도 간단하고 직물로 만들어진 가볍고 저렴한 소프트 외골격이 상용화되면 거동이 불편한 노인, 장애인 등은 물론 근력을 필요로 하는 건설 현장이나 물류창고에서도 유용하게 활용될 수 있다고 본다.

100세 시대가 코앞에 와 있다. 오래 살고 볼 일이다.

13
자율주행 자동차
미래형 꿈의 자동차

자율주행의 시작

1980년대 중반(2009년 재방영되기도 했다) 우리나라의 어린이들에게 큰 인기를 누렸던 '꼬마 자동차 붕붕'이라는 TV 애니메이션이 있었다. 당시 붕붕의 인기는 요즘의 뽀통령을 능가할 정도였다. 특히 '붕붕붕 꽃향기를 맡으면 힘이 솟는 꼬마 자동차~'라는 가사의 주제곡은 운동회, 소풍 등 교내 행사가 있을 때면 어김없이 불리는 합창곡이 되었다.

'꼬마 자동차 붕붕'은 마이카를 갖는 게 꿈인 소년 철이와 알에서 태어난 노란 자동차 붕붕이 만나면서 시작된다. 주요 스토리는 붕붕이 자신을 낳아준 엄마를 찾기 위해 철이와 함께 모험을 떠나면서 성장하는 얘기이다.

영화 '전격 Z작전'에 등장한 자율주행 자동차

붕붕은 흡사 생명체처럼 보이기도 한다(물론 애니메이션이기 때문이기도 하지만). 인간과 대화가 가능하고, 인간처럼 고통을 느끼고 때로는 슬퍼하기도 한다. 애니메이션에서 붕붕의 주식은 기름이다. 그러나 가끔 연료가 부족하거나 순간적인 힘이 필요할 때 꽃향기를 맡으면 갑자기 힘이 세지기도 했다. '꼬마 자동차 붕붕'은 스스로 알아서 판단해 이동 가능한 자율자동차처럼 보인다.

'꼬마 자동차 붕붕'과 함께 80년대를 주름 잡던 자율주행차가 있었다. 물론 현실은 아니었고 한편의 미드였다. '전격 Z 작전(원제는 Knight Rider)'이라는 미드에 등장한 KITT(Knight Industries Two Thousand)라는 자율주행 자동차다. 말하고 생각하는 인공지능 자동차였던 KITT는 붕붕보다는 좀더 생생하고 현실성 있게 보여서 그런지 당시 초등학생이던 나에게 동경의 대상이었다. 잘생긴 남자 주인공은 위기가 닥칠 때마다 손목에 찬 전자시계를 들여다보며 이렇게 외쳤다. "키트! 도와줘!" 이 장면을 흉내내며 친구들과 즐겁게 놀았던 기억이 아직도 생생하다.

'전격 Z 작전'이 첫 방영된 지 30년이 지났고, 나 또한 마흔을 넘긴 아저씨가 되었다. 아쉽게도 아직은 '키트'와 같은 완전한 자율주행 자동차를 볼 수 없지만, 모든 발명들이 그러했듯 언젠가는 현실로 다가올 듯하다.

벨 게디스

자율주행 자동차의 역사는 우리가 생각하는 것보다 오랜 역사를 가진다. 1939년 뉴욕 세계 박람회에서 제너럴모터스(GM) 사의 퓨처라마(Futurama)관을 디자인해서 유명해진 산업 디자이너 노먼 벨 게디스(Norman BelGeddes, 1893~1958)는 박람회에서 무선으로 제어되는 전기차를 시연해 보였다. 무인자동차에 대한 첫 시도라고 알려진 게디스의 시연 이후 한동안 이렇다 할 자율주행 자동차가 등장하지 않았다. 그로부터 50년 후인 1980년 초 독일에서는 밴(Van)을 이용해 시속 100킬로미터로 자율주행 시험에 성공하여 다시금 조명을 받기 시작했다.

게디스의 디자인 카

다시 시간을 건너뛰어 2012년 구글이 유튜브를 통해 깜짝 놀랄 만한 영상을 세상에 소개했다. 영상에는 앞을 볼 수는 없는 노인이 등장하는데 영상 속 노인은 집 밖으로 나와 길 한켠에 주차된 구글 자율자동차에 탑승해 별도의 운전 없이 동네 여기저기를 이동하면서 햄버거를 주문하고, 세탁소를 자유롭게 이동한다. 이 영상은 많은 이들의 뜨거운 호응을 얻었다. 아마 모두들 곧 다가올 자율주행 자동차의 시대를 예감했을 것이다.

구글의 자율주행차

자율주행 자동차란?

자율주행 자동차란 스스로 도로 상황을 판단, 제어해 운전자의 조작 없이 스스로 최종 목적지까지 주행이 가능한 자동차를 말한다.

운전자의 개입 없이 자동차 스스로 운행을 하기 때문에 사람이 운전할 때보다 더 안전한 주행이 요구된다. 이를 위해서는 도로의 주행 환경을 실시간으로 파악하고 감지된 요소에 대해 스스로 판단과 결정을 해야 한다. 이 같은 행위를 반복해가며 원하는 목적지까지 안전하게 도착하는 것이 자율주행차의 기본 기능이자, 가장 중요한 기능이다. 말하자면 자율주행차는 최첨단 인공지능 로봇인 셈인데, 여기에는 컴퓨터공학, GPS, 정밀센서, 전자제어, 인공지능 등 첨단 기술이 집합되어 있다.

각국의 자율주행차 개발 경쟁이 시작된 가운데 미국 도로교통안전국에서는 자율주행차의 기술 수준을 0~4단계, 총 5단계로 구분하고 있다. 레벨이 올라갈수록 탑승자의 책임과 권리가 조금씩 줄어드는(자동차의 역할이 커지는) 단계이다.

- 레벨 0 : 운전자가 직접 운전해 완벽하게 제어하는 차량. 지금 우리가 타고 다니는 차를 말한다.

- 레벨 1 : 운전자가 직접 운전하며 자동 긴급제동장치, 크루즈컨트롤, 차선이탈 경보 시스템 등의 보조기능이 있는 차를 말한다.

크루즈컨트롤
일정한 주행 속도에 고정시켜 놓으면 액셀러레이터를 놓아도 정해진 속도로 주행할 수 있도록 하는 정속 주행 제어법

- 레벨 2 : 레벨 1의 주행 보조시스템이 적용된 상태로, 고속도로 주행 시 차량과 차선을 인식해 앞차와의 간격을 유지하고 자동으로 핸들을 조정하는 단계이다. 운전자가 주행 상황을 주시해야 한다. 레벨 2단계는 이미 고급 옵션 자동차에 적용되어 있다.

- 레벨 3 : 레벨 3단계부터 자율주행차로 정의하고 있는데 가속, 주행, 제동이 모두 자동으로 작동되는 시스템을 갖춘 자동차를 말한다. 탑승자가 차에 앉아 있기만 하면 차 안에서 무얼 하든 어디를 보든 자동차가 알아서 주행한다. 2020년 이후에 실용화가 가능할 것으로 보인다.

- 레벨 4 : SF 영화 속의 완벽한 자율주행차로, 탑승자(운전자가 아니다)가 원하는 목적지만 선택하면 알아서 데려다주는 단계의 자동차다. 전문가들은 도입 시기를 2025년으로 예측하고 있다.

자율주행 자동차를 보통 오토노모스 카(autonomous car), 혹은 셀프드라이빙 카(self-driving car)라고 표현하는데 자율의 정도에 따른 구분이다. 오토노모스 카는 가속, 주행, 제동을 제어하는 레벨 3단계를 말하고, 셀프드라이빙 카는 속도와 방향까지 완벽히 자율적으로 주행하는 레벨 4단계를 말한다.

전문가들은 2018년 현재 레벨 2~3단계까지 와 있다고 보고 있는

가운데, 테슬라자동차는 레벨 3단계의 자율주행 자동차를 곧 상용화할 것으로 알려지고 있다.

자율주행 자동차의 핵심 기술

우리는 매일같이 주차장에서 자동차와의 랑데부로 하루를 시작한다. 한쪽 발로 브레이크 페달을 밟고 엔진스타트 버튼을 누름과 동시에 나와 자동차는 운명 공동체가 된다.

목적지를 향해 이동 중에는 두뇌와 손과 발, 눈과 귀는 쉴 틈이 없다. 두 눈은 차량의 앞뒤와 사이드 미러를 늘 주시하고, 곁눈질로 네비게이션을 응시한다. 시각과 청각 정보를 바탕으로 손과 발은 운전대, 액셀러레이터, 브레이크 따위를 쉴 새 없이 조작한다. 이렇게 무사히 직장에 도착하면 좋은 자리를 찾아 주차를 해야 비로소 매일 아침의 행사가 끝난다. 운전 습관이나 상황에 따라 약간씩 차이는 있겠지만 패턴이 비슷할 것이다.

그렇다면 인간이 아닌 인공지능이 운전하는 자율주행 자동차는 어떻게 주행해야 할까? 자율주행이 어느 정도 적용된 지하철이나 항공기의 경우 이동 경로가 고정되어 있고, 특별한 경우 외에는 변수가 거의 없다. 그에 비해 지상의 도로 상황은 너무나 위험천만하다. 자동차는 물론 오토바이, 자전거, 리어카, 무단횡단을 일삼는 행인, 앞 트럭에서 떨어뜨리고 간 적재물 등등 운전자는 매순간 긴장을 놓을 수 없다.

V2X(Vehicle to Everything communication)
주행 중 수집된 중요 정보(교통사고, 교통체증, 기타 도로의 위험사항 등)를 주변의 교통 인프라, 차량과 통신으로 정보를 실시간 교환하는 시스템을 말한다. 미래 자동차를 이끄는 통신 기술로 주목받고 있다.

라이다(LiDAR)
레이저를 발사해 그 빛이 주변의 대상 물체에서 반사되어 돌아오는 신호를 기반으로 거리 등을 측정해 주변의 모습을 정밀하게 감지해내는 장치이다. LiDAR는 Light Detection And Ranging의 약자이다.

자율주행 자동차는 이러한 도로 위의 주행 환경을 인지하고 위험을 판단해 주행 경로를 제어하면서 인간보다 정확하고 안전하고, 가장 빠른 시간에 목적지에 도착해야 한다. 이러한 임무를 수행하려면 다음 같은 몇 가지 기술이 필요하다.

주행 중 주변 환경을 인지하는 기술로는 센서, 정밀지도 및 위치 측정, V2X 통신 기술 등이 필수적으로 요구된다. 이후 이러한 장치들로 수집된 정보와 운행 정보가 조합되어 판단 시스템으로 전달된다. 그리고 판단된 정보를 이용해 현재 차량 상황과 더불어 앞으로 벌어질 일 등을 예측해 가장 안전하

기술	내용
환경 인식	레이더(radar), 라이다(LiDAR), 스테레오 카메라 등의 센서. 고정된 장애물, 움직이는 장애물(차량, 보행자 등), 도로 표시(차선, 횡단보도 등), 신호등 인식.
위치 인식 및 맵핑	GPS, INS 등 맵핑을 위한 센서. 자율주행 자동차의 절대적·상대적 위치를 추정.
판단	목적지까지의 경로 계획. 주행 상황별 동작 판단(차선유지 및 변경, 유턴, 비상 정지, 주차 등)
제어	주어진 경로에 따라 제어, 가·감속, 기어 등을 제어.
인터렉션	HVI를 통해 운전자에게 경고 및 정보 제공, 운전자로부터 명령 입력. V2X 통신을 통해 인프라 및 주변 차량과 주행 정보 교환.

자율주행 자동차의 요소 기술

고 빠르게 목적지로 향하게 되는 것이다.

현재 일반적인 자율주행 자동차의 주행 과정은 인지(도로 및 교통 상황 감지) → 판단(주변환경 상황 대처) → 제어(차량 제동) 등의 과정을 반복적으로 수행해 목적지에 도착하는 시스템이다.

자율주행 자동차, 인공지능을 품다

미국 로봇 공학자 한스 모라벡(Hans Moravec, 1948~)이 내놓은 '모라벡의 역설'의 내용은 "인간이 강한 것은 컴퓨터가 약하고, 컴퓨터가 강한 것은 인간이 약하다"이다. 최근 이슈가 되고 있는 인공지능 컴퓨터와 인간과의 대결에서도 자주 언급되는 역설이기도 하다. 인공지능의 총합체인 자율주행 자동차의 경우도 현재까지는 이 역설이 통용되는 듯하다.

우리는 일정한 교육과 연수를 통해 면허증을 취득하면 대부분 운전을 할 수 있다. 운전을 하는 동안 차선이나 신호등, 무단횡단 하는 사람, 갑자기 튀어나오는 자전거 등을 쉽게 인지하고 즉시 판단을 내린다.

그러나 자율주행 자동차는 다르다. 실험용 차량에는 최첨단 고가의 센서들이 부착되어 실시간으로 도로 상황과 차량 상태를 체크하고 실시간으로 판단 시스템에 전달한다. 이렇게 수집된 정보 중에서 불필요한 정보와 유의미한 정보를 빠르게 처리하고 즉시 결과값을 도출해 다음 동작을 결정해야 한다.

그런데 일반적인 상황의 정보는 즉각 처리할 수 있지만 인간도 판단하기 어려운 상황에 부딪힐 경우 자율주행 자동차의 정상적인 주행을 기대하기 어려울지 모른다. 애매모호한 상황에서 어떻게 스스로 판단해 안전한 결과를 도출하느냐가 관건이다.

자율주행에 있어서 가장 중요한 요소인 인지와 판단 기능을 강화하기 위해 인공지능에 관한 연구가 활발히 진행되고 있다. 전통 자동차 회사가 아닌 구글, 애플이 자율주행 자동차 개발에 뛰어든 이유도 바로 인공지능이 중요한 핵심이기 때문이다(우리나라도 네이버가 현대자동차와 손잡고 자율주행자동차 개발에 뛰어들어 시험운행을 마친 바 있다).

딥러닝(deep learning)
다층 구조의 신경망을 기반으로 하는 인공지능 알고리즘인 스스로 학습하는 기계, 즉 머신러닝(Machine Learning)의 한 분야로 많은 양의 데이터를 이용해 높은 수준의 추상화 모델을 구축하고자 하는 제어기법이다.

규칙기반 방식 (rule based approach)
특정 환경에서 발생하는 문제 해결에 있어서 어떤 전제를 설정하고 그것을 기초로 결론을 도출해내는 규칙을 적용하는 제어 시스템을 일컫는다.

특히 인공지능 분야에서 주목받는 알고리즘에는 딥러닝(deep learning) 기술이 있다. 딥러닝 기반의 알고리즘은 인간의 사고방식을 컴퓨터에게 가르쳐 스스로 학습하는 머신러닝(Machine Learning)의 한 분야이다.

예를 들어 어떤 사람이 '자동차'라는 물체를 두 눈으로 쳐다본다고 가정하자. 세상에는 수많은 자동차가 존재한다. 외양은 조금씩 다르지만 바퀴를 이용해 굴러간다는 대표적 특징을 가지고 있다. 인간은 이처럼 어떤 물체의 특징을 끄집어내어 그것이 '자동차'라고 인식을 한다. 이는 초보 운전자였던 사람이 반복할수록 운전 경험과 학습으로 운전 실력이 향상되는 데에서 착안한 것이다.

종전의 자율주행 기술은 주로 자동차 전문 엔지니어에 의해 구성된 규칙기반 방식(rule based approach)의 알고리즘이다. 하지만 딥러닝을 적용한 자율주행의 경우 마치 사람이 반복 주행과 학습을 통해 운전을 익혀가는 과정처럼 자율주행을 구현한다. 이 기술의 장점은 고가의 차량용 센서가 아닌 범용적인 센서를 이용하더라도 단시간에 자율주행에 근접할 수 있다는 점이다.

물론 딥러닝의 알고리즘은 꽤나 복잡하다. 2014년 이후부터 인공지능 분야는 딥러닝을 기반으로 빠르게 진화하고 있다. 기존의 자율주행 자동차보다 상황 판단이 정확해 보다 안전하게 주행할 수 있어 전 세계적으로 주목하고 있는 인공지능 기술 중 하나이다. 이는 인터넷과 빅데이터, 정밀 지도 등의 정보 융합으로 딥러닝 기반의 머신러닝이 이루어진다면, 완전 자율주행도 먼 미래가 아닐 것이다.

교통사고는 누구의 책임인가?

앞으로 제4차 산업혁명이 가져올 변화는 아무도 예측할 수 없다. 자율주행 자동차에서도 예측 불가능한 일들이 발생할지도 모른다. 그 중 하나가 사고 문제이다. 세계적인 기업들이 자율주행 자동차 시장에 뛰어든 가운데, 주행시험 중 크고 작은 사고가 일어났다. 그 중에는 사망 사고도 있는데 2018년 3월 기준 자율주행

옴니버스라는 이름의 영국의 승합 마차

자동차로 발생한 사망사고가 3명이나 된다. 앞으로 남은 과제는 자율주행 자동차의 안전성 확보와, 또 사고가 났을 때 책임 소재에 관해 법제도를 정비하는 문제가 남았다.

인간 사회에는 법(法, law)이라는 강제 규범이 있고 그것을 지켜야 한다. 당연히 탈것에 관한 법률도 존재하며 운전자의 운행 통제를 전제로 하고 있다.

세계 최초의 도로교통법은 1865년 영국에서 시행된 적기조례(赤旗條例, Red Flag Act)이다. 마차 사업을 보호하기 위해 시행된 이 법의 주요 내용은 다음과 같다.

- 붉은 깃발을 꽂은 마차를 만나면 자동차는 그 뒤를 따라가야 한다.
- 자동차가 말을 놀라게 하는 증기나 소리를 내는 것을 금한다.
- 시내에서는 자동차의 속도를 시속 3킬로미터, 교외에서는 6킬로미터로 제한한다.
- 장애물과 마주할 때는 반드시 나팔을 불어 경고해야만 한다.

증기기관이 발달한 1834년, 영국에서 21명의 승객을 태운 증기버스가 교통사고를 일으켜 2명이 사망한 사건이 발생했다(당시에는 가솔린 엔진이 발명되기 전이라 증기자동차가 운행되었다). 이것은 최초의 자동차 사망사고로 기록되었다. 이 사건으로 증기기관 자동차의 효율성보다 사고의 위험성이 더 크게 부각되면서 이후 자동차와 마차 사업주와의 갈등이 심화되었고 영국 정부가 마차의 손을 들어준 것이다(이것을 계기로 영국은 산업혁명의 발상지이면서도 자동차 산업에서 독일에 뒤처지게 되었다).

그런데 앞으로 자율주행 자동차가 도로 위로 쏟아져 나올 경우, 사고에 대한 대책이 있는가, 하는 문제가 대두된다.

자율주행 자동차가 사고를 냈을 때 누구의 책임일까. 탑승자인가? 운행을 허가한 정부인가? 아니면 제조사인가?

지금의 법으로는 분명 한계가 있다. 때문에 각국에서 자율자동차와 관련된 법을 개정하기 위한 움직임이 이루어지고 있다.

이 같은 분위기 속에서 국제적인 도로교통법인 '도로교통에 관한 협약(비엔나 협약)'에서 자율주행 자동차에 관한 내용이 개정되어 2016년 3월부터 발효되었다.

주요 개정 내용 중 하나가 '운전자는 항상 차량을 제어하고 있어야 한다'라는 조항을 '운전자가 제어할 수 있는 한'이라고 바꿔 운전자의 책임을 다소 완화하는 쪽으로 개정되었다.

자율주행 자동차의 연구와 상용화에 가장 적극적인 국가는 미국이다. 2016년 9월 미국 교통부와 미국 도로교통안전국은 자율자동차와 관련된 정책과 입법 방향을 제시했다. 〈연방 자율주행 차량 정책: 도로 안전에 있어서 다음 혁명 가속화〉라는 지침으로, 그 주요 내용은 일반 도로주행 시 자율주행 자동차가 갖추어야 할 기술적 성능에 관한 것이다. 아래와 같이 모두 15개 항목으로 구성되었는데, 구체성이 돋보인다.

① 데이터 기록과 공유(Data Recoding and Sharing)

② 사생활 보호(Privacy)

③ 시스템 안전(System Safety)

④ 사이버 보안(Vehicle Cyber security)

⑤ 인간-기계 인터페이스(Human Machine Interface)

⑥ 충돌 성능(Crash worthiness)

⑦ 소비자 교육과 훈련(Consumer Education and Training)

⑧ 등록 및 인증(Registration and Certification)

⑨ 사고 후 대처(Post Crash Behavior)

⑩ 연방, 주 및 지역 법률(Federal, State and Local Laws)

⑪ 윤리적 고려(Ethical Considerations)

⑫ 운영 설계(ODD: Operational Design Domain)

⑬ 인식과 대응(Object and Event Detection and Response)

⑭ 비상 대처(Fall Back)

⑮ 검증(Validation)

현재 이 지침은 법적 구속력은 없다. 하지만 향후 법 제정에 있어서 하나의 기준을 제시한다는 점에서 큰 의미가 있다.

우리나라도 2015년 8월 '자동차관리법'이 개정되어 자율자동차의 시험과 연구를 목적으로 한 임시운행에 관한 규정이 마련되었다. 이후 '자율주행 자동차의 안전운행 요건 및 시험운행 등에 관한 규정'(2016년 2월 시행)으로 구체화되었는데 이러한 법 개정은 다른 국가들과 비교해 볼 때 크게 뒤처진 것은 아니라고 관련 전문가들은 말하고 있다.

하지만 앞으로 본격적으로 자율주행차가 운행될 때를 대비해 관련 민·형사적 책임, 행정상 규제 등 각 영역별로 세분화해서 검토할 필요가 있다.

14
드론
벌처럼 날아 나비처럼 침투한다

드론이 뭐길래?

2018년 2월 9일 밤은 우리 국민들에게 잊을 수 없는 밤으로 기억될 것이다. 88올림픽 이후 꼭 30년 만에 동계올림픽을 개최함으로써 아시아에서는 일본에 이어 두 번째, 세계 8번째로 하계·동계 올림픽을 모두 개최한 국가가 되었다.

텔레비전 화면에 펼쳐진 평창 동계올림픽 개막식은 흡사 한 편의 SF 영화를 보는 것 같았다. 지구촌을 하나로 잇는 개막식의 감동이 절정에 이를 즈음, 수많은 불빛들이 반짝이며 평창의 밤하늘을 수놓았다. 별빛 같기도 하고 반딧불이 같기도 한 불빛들이 모였다 흩어졌다를 반복하더니 스노우보더의 형상이 되어 밤하늘을 날아다닌다.

그리고 다시금 흩어지더니 또 하나의 모양으로 변하기 시작한다. 올림픽의 상징 오륜마크였다.

텔레비전을 시청하던 국민들은 탄성을 냈다. '저게 뭐지?'

별빛 같은 물체는 얼핏 보면 컴퓨터 그래픽 같기도 하고 자세히 보면 회전하는 날개를 가진 것처럼 보였다. 그날 평창의 밤하늘을 아름답게 수놓은 반딧불은 LED 램프를 장착한 1218개의 드론(drone)이었다. 컴퓨터 그래픽이 아닌가 하는 착시가 있었지만, 실제로 구현된 드론 무리였던 것이다.

그날 우리가 보았던 드론 쇼는 사전에 녹화된 영상이었다. 강원도의 변화무쌍한 날씨 때문에 구현에 문제가 일어나지 않을까 하는 우려와 안전 때문에 불가피하게 결정된 조치라고 한다.

개막식에 사용된 1218개의 드론은 인텔사(Intel Corporation)에서 개발한 제품으로 유성을 뜻하는 슈팅스타(shooting star)라는 이름을 가지고 있다. 맞다. 우리가 알고 있는 그 컴퓨터 CPU 제조사 미국의 반도체 회사 인텔 맞다.(그런데 개막식에 사용된 1218개의 드론을 조종한 사람은 단 한 명이라고 한다. 놀랍지 않은가!)

슈팅스타는 크기가 약 15센티, 330그램의 무게로 1.5킬로미터 거리의 비행이 가능하다. LED를 반짝이며 약 5~8분간 비행할 수 있다. 인텔은 평창 동계올림픽을 통해 자신들이 CPU만 만들어내는 반도체 회사에 머물지 않음을 전 세계에 맘껏 홍보를 했다.

한편 인텔은 2015년 중국의 드론 제조사 유닉(Yuneec)에 6000만 달러(약 647억 4000만원)를 투자한 것을 시작으로 2016년에는 오토파일럿 소프트웨어와 알고리즘 관련 기술력을 갖춘 독일의 드론

전문업체 어센딩(Ascending Technologies)을 인수했다. 드론의 장밋빛 미래를 확신한 것이다.

날로 진화하는 드론

얼마 전 텔레비전 예능 프로그램에 나온 미혼의 유명 가수 김건모가 노후 준비로 드론 자격증을 취득하겠다고 했다. 이유인 즉 농업용 드론으로 비료 살포 작업 시 하루에 수백만 원은 너끈히 벌 수 있다는 것이다. 물론 웃자고 한 얘기일 것이다. 그렇게 고수익이 가능하다면 노후까지 기다릴 것이 아니라 나부터도 지금 당장 시작해야겠다.

최근 몇 년 사이 드론은 어느 새 우리 일상 깊숙이 들어와 있다. 아이나 어른들의 취미용에서부터 엔터테인먼트, 방송, 마케팅, 스포츠, 과학, 군사 등 드론이 쓰이지 않는 분야가 없을 정도이다. 특히 제4차 산업혁명의 시작과 함께 전 세계는 드론의 비상(飛上)에 이목을 집중하고 있다.

드론의 정확한 뜻은 '조종사가 탑승하지 않고 이동 가능한 무인 항공기(Unmanned Aerial Vehicle, UAV)'를 의미한다. 그런데 이런 무인 항공기가 이동할 때 내는 소리가 마치 벌이 날아다닐 때처럼 윙윙거린다고 해서 드론이라는 이름 붙여졌다.

드론이라는 존재가 대중매체에 등장하기 시작한 것은 1991년 중동의 걸프전(Gulf War) 때였다. 당시 미국 CNN과 국내 뉴스에도 연일 전쟁에 관한 보도가 한창이었다. 걸프전은 미국의 최첨단 군사 무기들의 실전이자 시험장이기도 했다. 그때 투입된 첨단 무기 중 하나가 포식자라 이름 붙여진 드론 프레데터(Predator)였다. 처음으로 세상에 그 모습을 드러낸 드론의 첫 등장이었다.

열기구 드론

오늘날 무인 항공기와 흡사한 용도의 비행체는 19세기에 처음 등장한다. 당시만 해도 이렇다 할 비행체가 없었던 터라 열기구를 이용한 무인 항공기가 전부였다. 이 단순한 열기구에 '풍선에 의한 폭격(bombing by balloon)'이라고 이름 붙인 군사용 열기구가 1849년 오스트리아에서 발명되었다. 이 열기구는 적진의 상공에서 폭탄을 떨어뜨려 타격을 입히는 것을 주목적으로 했는데 오스트리아는 이 발명품을 베니스와의 전쟁에서 사용한 바 있다.

이후 당대의 최신 무기였던 무인 열기구 폭격기는 미국의 찰스 페리(Charles Perley)가 1863년 '페리의 공중 폭격기(Perley's Aerial Bomber)'라는 이름으로 특허를 받았다. 그의 특허의 특징은 열기구에 장착된 타이머를 이용해 폭탄 바구니를 떨어뜨릴 시간을 조종할 수 있다는 점이다.

원시적이긴 해도 드론은 조금씩 발전해 나갔다. 1883년에는 영국인 더글러스 아치볼드(Douglas Archibald)가 '에디의 감시 연(Eddy's Surveillance Kite)'이라는 이름의 항공 촬영이 가능한 비행체를 발명한다. 물론 무인이었다.

테슬라

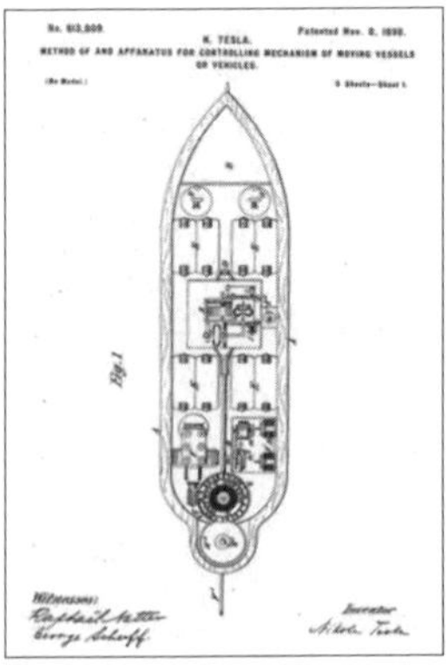

테슬라의 드론 관련 특허

20세기에 접어들면서 세계는 전자기파(electromagnetic wave)를 이용한 무선통신의 시대가 시작된다. 이는 영국의 물리학자 제임스 클러크 맥스웰(James Clerk Maxwell, 1831~1879)의 전자기파에 관한 이론을 독일의 물리학자 루돌프 헤르츠(Heinrich Rudolf Hertz, 1857~1894년)가 실험을 통해 증명한 특성을 발표한 덕분이다. 많은 학자와 발명가들에게 헤르츠의 전자기파는 상당히 매력적인 분야로 인식되었고, 이를 이용해 새로운 무선통신 방법에 관한 연구가 시작된다. 그 중에는 천재 발명가 니콜라 테슬라(1856~1943)도 있었다.

1890년대 중반, 테슬라는 무선 조정이 가능한 로봇 배를 2척 만들어 1만5000명이 모인 박람회에서 선보였다. 그 중 한 척은 잠수함처럼 물속 잠수도 가능했다. 테슬라는 이외에도 다양한 이동 수단을 무인으로 조종할 수 있다고 주장했으며, 이를 기반으로 1898년 관련 특허를 등록한다. 〈이동하는 선박 또는 차량의 메커니즘을 제어하는 방법 및 장치(Method of and apparatus for controlling mechanism of moving vessels or vehicles)〉라는 제목의 특허에는 다양한 이동 수단에 관한 무인화가 언급되어 있었는데 그 중에는 무인 항공기에 관한 내용도 있었다. 휴머니스트였던 그는 무인 이동 수단이 발명된다면 전쟁에 참가한 병사들의 안타까운 피해는 없을 것이라 생각한 것이다.

케터링 버그

테슬라의 아이디어를 바탕으로 구현된 무인기가 등장한 것은 1918년이다. 미국 GE의 엔지니어 찰스 케터링(Charles Franklin Kettering, 1876~1958)은 공격용 무인기 케터링 버그(Kettering Bug)를 발명했는데 그 시기가 제1차 세계대전 막바지 무렵이었다. 동체에 폭탄을 가득 싣고 적군을 향해 자동 비행으로 이동해 목표물에 도달하면 엔진을 꺼서 자폭하는 기능으로, 80킬로미터 이동이 가능했다. 설계상으로는 원거리 이동이 가능하도록 되어 있었지만, 실제로는 정확도가 떨어졌던 모양이다. 그러나 케터링 버그는 이렇다 할 활약을 보여주지 못하고 제1차 세계대전 종전과 함께 잊혀졌다.

한동안 잠자고 있던 드론이 다시 깨어난 계기는 1939년 제2차 세계대전이 시작되면서부터이다. 인류 역사상 최악의 사상자를 남긴 이 전쟁에는 각국의 최첨단 무기들이 총동원되었다. 중요한 무기로 인식되었던 드론도 본격적으로 전쟁에 투입되었다.

처칠 수상과 퀸비

영국에서는 여왕벌이라는 의미의 '퀸비(Queen Bee)'라는 무인기

라디오플레인 OQ-2

가 개발된다(영국과 꽤 잘 어울리는 이름이다!). 퀸비는 지상은 물론 기동성을 위해 바다에서도 이륙이 가능하도록 플로트(float, 수상 비행기의 하단에 장착된 서핑보드처럼 생긴 평평한 장치)가 장착되었다. 퀸비는 케터링 버그와 달리 일회용이 아닌 재사용이 가능한 무인기로 주로 훈련용 무인 표적기로 사용되었는데 당시 400여 대를 생산하면서 무인기 대량생산화의 시초가 되었다.

한편 미국 해군 제독 윌리엄 스탠들리(William Standley)는 1935년 영국군 초청으로 무인기 퀸비의 훈련 모습을 참관했다. 영국의 무인기에 강한 인상을 받은 그는 미국에서도 무인 표적기를 개발하도록 지시한다. 이후 미국에서 개발한 무인기를 수컷 벌을 뜻하는 드론(drone)으로 부르게 되었는데 이것이 오늘날까지 무인 항공기의 애칭으로 사용되고 있다.

제2차 세계대전이 한창이던 무렵 미국은 무인 표적기 개발에 열을 올렸다. 이때 등장한 드론이 라디오플레인 OQ-2(Radioplane OQ-2)라는 모델로, 영국인 레지날드 데니(Reginald Denny, 1891~1967)에 의해 개발되었다. 전직 영화배우였던 데니는 무선으로 모형을 조종하는 취미가 있었는데 취미를 새로운 본업으로 삼고 싶어서였을까? 그는 자신이 제작한 드론을 대공포 사격 훈련에 사용될 무인 표적기로 미 육군에 납품을 제안한다. 군 당국은 마침 영국의 퀸비에 호감이 갖고 있었던 터라 레지날드의 제안을 받아들인다.

데니 드론(Denny Drone)이라는 애칭으로도 불렸던 라디오플레인 OQ-2는 1939년 이후 제2차 세계대전이 연합국의 승리로 막을 내리기까지 약 1만5000여 대가 생산되었다. 전쟁에서의 드론의 가치를 확인하고 대량생산까지 이루어진 것이다.

마릴린 먼로로 개명하기 전의 노마 진 모턴스

전쟁 중에 미국 본토에서는 드론이 활발하게 생산되었고 언론도 드론에 뜨거운 관심을 보였다. 그런 가운데 라디오플레인 OQ-2를 생산하는 캘리포니아 공장에 취재차 방문한 한 사진작가가 공장 라인 이곳저곳을 촬영하던 중 아름다운 여성이 드론 부품에 페인트 작업을 하는 모습을 포착한다. 사진작가는 드론을 배경으로 빼어난 미모의 그녀를 촬영했다. 노마 진 모턴스(Norma Jeane Mortenson)라는 이 여성의 사진이 잡지에 실리게 되었고, 이후 그녀는 공장을 그만두게 된다. 그녀는 이름을 개명하고 배우로 변신해 헐리우드의 유명 여배우가 되었다. 그녀가 새로 개명한 이름은 마릴린 먼로(Marilyn Monroe, 1926~1962)였다.

드론은 단순 정찰뿐 아니라 전투용으로 크게 활약하는 가운데, 각국에서는 드론에 대한 필요성이 확산된다. 이는 제2차 세계대전 종전 이후에도 계속되어 지속적인 연구의 시작을 알리는 계기가 되었다. 1970년이 되자 드론 개발의 주도권은 이스라엘(Israel)에게 넘어간다.

현대식 드론의 등장

지중해 동남쪽 팔레스타인 지역에 위치한 이스라엘은 남한의 약 10분의 1의 면적을 가지고 있고 시리아, 이집트, 레바논, 요르단 등 여러 아랍 국가들과 국경을 접하고 있다. 2천 년을 떠돌던 유대민족이 2차대전 이후 팔레스타인 지역에 나라를 세운 탓에 역사적·지리적 원인으로 늘 주변 국가들과 분쟁이 잦았다. 상황이 이렇다 보니 이스라엘이 드론의 개발에 눈을 돌리는 건 당연했다.

1970년 이스라엘은 당시 미국에서 크게 활약하고 있던 드론 AQM-34 라이언 파이어비(Ryan Firebee) 12대를 비밀리에 들여온다. 개발 검토용이란 명목에서였다. 이렇게 해서 탄생된 것이 파이어비-1241(Firebee 1241)이라는 모델이다. 얼핏 보기에는 단순 카피 제품으로 느껴질 수도 있다. 하지만 파이어비-1241은 그 동안의 드론과 달리 '유인체(誘引體, Decoy)'라는 개념의 무인 항공기였다. 말하자면 전쟁에서 항공 작전 수행 중 레이더, 적외선 등의 탐지 장비들을 교란시켜 항공기를 보호하는 역할을 하는 것이다. 공격이나 정찰을 주목적으로 하는 그 동안의 드론에 비해 전혀 새로운 개념이었다. 이후 파이어비-1241는 제4차 중동전쟁에서 큰 활약상을 펼쳤다.

파이어비

1980년대에 접어들면서 기술의 발달로 산업 전반에 걸쳐 소형화, 경량화 경쟁이 불붙었다. 항공산업도 예외는 아니었다. 특히 이스라엘항공사(Israel aircraft industries)에서는 이 같은 기술적 진보 속에서 1970년대 말부터 드론에 관한 기술개발을 지속했는데 이렇게 탄생된 모델이 스카우트(scout)이다.

전투형 드론, MQ-1B 프레데터

고고도 드론, 글로벌 호크

스카우트는 날개를 유리섬유로 제작해 무게가 가벼웠고 전체적인 크기도 이전에 비해 소형화했다. 주 동력장치는 피스톤 엔진으로 동체 뒤쪽의 프로펠러를 회전시키면서 적진의 창공을 유유히 날아다녔다. 동체 중앙에 360도 모니터링이 가능한 카메라가 설치되어 정찰에도 유리했다. 그런가 하면 이전의 비행체들에 비해 통신 레이더 신호가 작아졌고, 기체의 크기마저 작아 격추가 쉽지 않았다. 스카우트는 1982년 레바논 전쟁에서 적진을 향한 정찰 작전에 투입되어 유효한 정보를 수집해 그 성능을 입증했다.

1990년대에 접어들어 드론은 정찰 관련 작전만 수행하는 데 그치지 않고 전투에 직접 참여하는 형태로 발전해 간다. 무인 전투기(Unmmanned Combat Air Vehicle, VCAV)라는 개념이 본격적으로 등장한 것이다. 그 대표적인 모델로는 미국의 프레데터 시리즈가 있다. 각종 화기를 장착할 수 있어 정찰용에서 공격용까지 다방면으로 미군의 작전 임무를 수행했다.

우리나라에서는 2018년부터 단계적으로 고고도 장기 체공형 무인기(High Altitude Long Endurance UAV)가 도입될 예정이다. 용어도 생소한 이 무인기는 미국의 노스럽 그러먼(Northrop Grumman)사의 RQ-4 글로벌 호크(Global Hawk)라는 현존 최강의 무인 정찰기다. 최대 크기는 전체 길이 14.5미터, 날개 길이 40미터를 자랑한다. 고고도라는 이름에 걸맞게 지상에서 13.7킬로미터 이상의 성층권 영역에서의 체공이 가능하며, 지상 30센티미터의 물체까지 식별이 가능하다. 기체 내에는 첨단 합성 영상레이더, 전자광학, 적외선 감시 장비 등의 정밀한 전자 장비가 내장된 상태에서 35시간 비행이 가능하다. RQ-4 글로벌 호크에 입장에서는 24시간도 모자랄 판이다. 앞으로 우리나라의 영공을 지키는 데는 RQ-4 글로벌 호크가 큰 몫을 해낼 것으로 기대된다.

드론의 세계를 경험하세요

미래전쟁의 상징처럼 보였던 전투형 드론이 이제는 민간영역까지 그 날개를 활짝 펼치고 있다. 최근 ICT(Information and Communications Technologies) 기술의 발전과 제4차 산업혁명의 물결 속에서 지금 드론은 탄생 100여 년 만에 가장 뜨거운 관심을 받고 있다. 휴일 공원에서 취미로 드론을 날리는 사람도 많아졌고, 방송 프로그램이나 광고 영상 촬영에 사용하는 것을 어렵지 않게 볼 수 있다. 그런가 하면 드론을 이용한 배달 서비스가 세계 곳곳에서 진행 중이다. 아랍에미리트(UAE)의 두바이 해변에서는 드론으로 커피를 배달하고, 미국에서는 프랜차이즈 패스트푸드점 배달 서비스를 시작했다. 마찬가지로 중국과 호주에서도 드론을 이용한 커피 배달 서비스가 개시됐다고 한다.

이외에도 거대 기업들이 드론에 큰 관심을 보이고 있다. 전 세계에서 사용자가 20억 명 이상인 페이스북(facebook)은 지구촌 오지에 인터넷을 제공하기 위해 태양광 패널이 장착된 드론 아퀼라(Aquila)를 개발해 시험 비행 중에 있다.

그런데 우리가 주위에서 흔히 볼 수 있는 드론은 앞서 살펴본 군사용 드론과는 다른 모습을 하고 있다. 여러 개의 프로펠러가 달려 있는 헬리콥터와 비슷해 보여서인지 드론을 일명 멀티콥터라고도 한다. 드론의 용도와 성능에 따라 프로펠러 개수가 달라지는데 3개의 프로펠러가 장착되면 트라이콥터(Tricopter), 4개면 쿼드콥터(Quadcopter), 6개면 헥사콥터(Hexacopter), 문어다리처럼 날개가 8개면 옥토콥터(Octocopte)라고 부른다. 일반적으로 쿼드콥터가 많이 사용되는데 이는 프로펠러를 회전시키는 주 동력장치인 전동기가 적게 들어가 경제적이며, 조작이 비교적 쉬워 초보자에게도 적합하기 때문이다.

드론 이전에도 취미 차원에서 무선 조종(radio control)이 가능한 헬리콥터나 비행기가 있었다. 사람에 따라서는 이전의 무선 조종 비행기와 큰 차이를 못 느낄 수도 있을 것이다. 하지만 이전의 무선 조종 장치들은 조종하는 사람의 시야를 벗어나는 것이 허용되지 않았다. 제아무리 고성능의 무선 조종 장치를 쓰더라도 시야를 벗어나면 헬리콥터가 되었건 비행기가 되었건 조종이 어렵다.

하지만 드론의 경우 위성항법장치(global positioning system, GPS), 카메라 그리고 주변 환경을 감지할 수 있는 각종 센서들이 내장되어 있어서 현재 위치(위도, 경도, 고도)를 쉽게 파악할 수 있고, 내장된 초음파 센서, 적외선 센서 등을 통해 주변의 장애물을 감지해 사고 방지도 가능하다.

또한 GPS 기반의 내비게이션으로 목적지를 찍어주면 조종 가능 반경 내의 목적지로의 자동 비행이 가능하다. 드론이 이처럼 빠른 시간 내에 대중화된 이유도 탁월한 비행 성능과 ICT 기술에 기반한 카메라, GPS, 각종 센서 등이 장착되면서 그 활용 범위가 무궁무진 해졌기 때문이다.

15
민간 우주여행

불 붙은 화성탐사 경쟁

우주 여행자

우리 같은 평범한 샐러리맨에게 주말은 오아시스와 같다. 건조한 일상에 오아시스가 없다면 삶이 얼마나 팍팍하고 메마를 것인가! 나는 주말이 되면 동네를 거닐거나, 세상에서 가장 안락한 자세로 소파와 한 몸이 되어 무념무상으로 TV 리모컨을 누른다. 그렇게 이리저리 누르다 보면 다양한 TV 프로그램이 스치듯 지나간다. 뉴스, 드라마, 홈쇼핑, 먹방, 예능, 광고 그리고 '열심히 일한 당신 떠나라'며 유혹

우주를 여행할 날도 머지 않았다.

은하철도 999를 모티프로 한 열차

하는 여행 프로그램 등등. 이런 다양한 프로그램의 홍수 속에 빠지다 보면 '텔레비전이 곧 현실이 아닐까?'라는 착각마저 든다.

하지만 나만의 오아시스는 아들 녀석의 등장과 함께 신기루처럼 증발해 버린다. 녀석은 리모컨을 두고 나와 종종 권력 다툼을 벌인다(물론 내가 항상 패하지만). 나의 백일몽은 그렇게 짧게 막을 내린다.

몇 해 전 어느 주말에도 한가로이 리모컨을 누고 있었다. 그날도 어김이 없이 아들 녀석이 달려들어 내 손에서 리모컨을 쏜살같이 낚아채더니 능숙하게 애니메이션 방송을 찾아낸다. 그때 익숙한 멜로디의 주제곡이 흘러나왔다.

기차가 어둠을 헤치고
은하수를 건너면
우주 정거장엔 햇빛이 쏟아지네
행복 찾는 나그네의
눈동자는 불타오르고…

앗! 이 노래는? 그렇다. 너무나 유명한 '은하철도 999'였다. 내가 아들 녀석만할 때 지직거리는 브라운관 텔레비전으로 본, 바로 그 은하철도 999!

수십 년이 지나 아랫배 나온 아저씨가 된 내 모습과 달리 철이는 예전 그대로의 꼬마였다. 아련한 그 시절이 떠오른다.

가수 김국환이 부르는 주제곡이 흐르며 애니메이션이 시작되면 벌써부터 마음이 설레기 시작한다. '은하철도 999'는 은하계의 다양한 행성을 여행하는 내용으로, '기계 인간'이 되고픈 주인공 철이(일본판의 이름은 호시노 데쓰로이다)가 묘령의 여인 메텔과 함께 안드로메다를 향해 여행을 떠나는 이야기다.(애니메이션에서는 미래를 배경으로 하고 있지만 여전히 빈부 격차가 존재하고, 부유한 사람들만이 '기계 인간'될 수 있었다.)

주인공 철이가 승차한 우주 열차는 다양한 세계관을 지닌 행성에 정차하고 철이는 그곳에서 많은 해답을 얻어가면서 성장해 간다.

인류는 태양계 안의 8개의 행성(행성의 영어 표현인 'planet'의 어원은 그리스어로 '헤매는 사람' 또는 '방랑자'를 뜻한다) 중 지구에서 살고 있다. 그 속에 살고 있는 우리는 본능적으로 질문하고 그 해답을 찾아 헤매는 '외로운 방랑자'다. 수백만 년 전에 등장한 신생 인류는 생존을 위한 답(아마 당시에는 식량을 구하거나, 위험한 동물이나 종족을 피해 이동했을 것이다)을 위해 지구촌 구석구석으로 이동했다.

내비게이션이 없어서였을까. 어떤 이들은 비옥한 땅에 정착하고, 또 어떤 이들은 사막이나 빙산 가득한 척박한 땅에 정착한다. 아마 선택의 여지가 없었을 것이다. 이런 이동 본능은 진화와 진화를 거듭해 오늘까지 이어져왔는지도 모른다. 물론 시대와 상황에 따라 찾고자 했던 해답은 다르다.

미국의 소설가 허먼 멜빌(Herman Melville, 1819~1891)의 소설 〈모비딕(Moby-Dick)〉에는 다음과 같은 구절이 있다.

“멀리 떨어진 것들에 대한 끊임없는 열망이 나를 괴롭힌다. 나는 금지된 해역으로 항해하기를 원한다.”

어떠한 위험이 가로막고 있어도 묵묵히 나아가기 위한 고집이 느껴지는 대목이다. 이런 본능과 고집 때문이었을까? 그동안 인류는 지구촌 이곳저곳을 들쑤시고 다녔다. 대륙, 섬, 사막 때로는 바다 깊은 곳, 북극과 남극 그리고 지구의 꼭대기 에베레스트 산(높이가 약 8850미터)까지.

이쯤 되면 행성 지구에는 더 이상 인간이 족적을 남기지 않은 곳이 없을 것 같다. 그래서였을까? 1969년 인류는 지구의 궤도를 벗어나 달 탐사를 시작으로 우주에까지 도약의 발자국을 남기게 된다.

‘외로운 방랑자’ 인류의 방랑벽은 어디까지일까?

잠깐만, 나 우주여행 좀 다녀올게!

2008년 모 항공사에 광고 중 ‘○○○, 넌 어디까지 가봤니?’라는 카피가 있었다(말도 많고 탈도 많았던 그 항공사다). 광고에 등장한 20대 젊은이들의 신선함 때문에 오래 기억에 남는 광고였다. 아마도 15초 광고를 본 뒤 다들 어디든 떠나고 싶은 충동을 느꼈을 것이다. 근래 텔레비전에도 여행 프로그램이 자주 나오는데, 국내는 물론 지구촌 곳곳과 심지어 오지까지도 찾아가 생생히 보여주고 있다.

인간은 언제부터 여행을 하게 되었을까? 여러 문헌들을 보면 인류에게 있어서 여행 문화는 수천 년 전부터 시작되었다고 한다. 동서양을 막론하고 초창기 여행은 권력과 자본을 가진 사람들의 전유물이었다. 15세기 들어 그 범위가 중산층으로 확대되어 보다 많은 사람들이 여행을 떠날 수 있었다. 오늘날에는 다른 나라로 여행을 가는 사람의 숫자가 전 세계적으로 12억 명에 이른다고 한다. 이제 사람이 갈 수 있는 곳이면 어디든 여행을 즐길 수 있다.

최초의 민간인 우주여행자 데니스 티토(왼쪽)

12억 명 여행객 중에서 쉽게 사람이 갈 수 없는 곳을 여행한 사람들도 있다. 그들이 떠난 곳은 바로 우주다. 흔히 지구를 벗어나는 경우는 특수 임무를 띠고 우주로 날아간 경우가 많다. 하지만 아직 적은 숫자이긴 하지만 자비를 들여 지구 밖을 여행한 사람들이 있다. 그 첫 번째 주인공은 미국의 부자 데니스 티토(Dennis Anthony Tito, 1940~)였다.

티토는 2001년 세계 최초로 자비로 우주여행을 한 인물로 알려져 있다. 그는 러시아의 소유즈(Soyuz) TM-32호를 타고 국제우주정거장(ISS)에 도착해 그곳에서 8일 동안 머물고 지구로 무사히 귀환했다. 억만장자였던 티토는 우주여행을 위해 2000만 달러(한화로 약 230억원)를 선뜻 지불했다. 이후 2016년 6월 기준으로 우주여행을 떠난 일반인은 모두 7명이다.(1961년 4월 12일 최초의 우주인 유리 가가린이 우주를 비행한 이후 지금까지 지구 궤도로 향한 사람은 약 560명 정도이다.) 사실상 특수 임무를 띤 우주인을 제외하고는 보통 사람에

스페이스X의 팰콘 헤비

게 우주여행이란 아직은 별처럼 멀게만 느껴진다.

과거 해외여행이 소수만이 누릴 수 있는 특권처럼 인식되던 때가 있었다. 우주여행에 있어서도 아직까지는 극소수만이 누릴 수 있는 전유물인 것만은 사실이다. 하지만 머지않아 보다 많은 사람들이 우주여행을 경험할 수 있는 시대가 될 것으로 보인다. 과거 냉전시대에는 우주 산업을 미국과 러시아 양국 정부가 독점하다시피 했다. 하지만 최근에는 우주 산업에 민간기업의 참여가 점차 확대되는 추세이다.

우주경쟁에 뛰어든 민간기업으로는 아마존 창업자 제프 베조스(1964~)가 세운 블루오리진(Blue Origin), 테슬라모터스(Tesla Motors) CEO 엘론 머스크(Elon Reeve Musk 1971~)의 스페이스X, 버진그룹 리처드 브랜슨(1950~)이 세운 버진 갤럭틱(Virgin Galactic)이 3파전 양상을 띠고 있다.

이들은 각기 우주여행 상품을 내놓겠다고 호언장담하고 있는데 세계 최고의 부자 제프 베조스는 2019년을 목표로 20~30만 달러(2~3억원)의 우주여행 티켓을 판매할 것이라고 밝혔다.

특히 엘론 머스크가 2002년에 설립한 스페이스X에서는 자신들의 계획이 단순히 허풍이 아님을 보여주는 사건이 있었다. 스페이스X는 2018년 2월 6일 초대형 우주로켓으로 개발된 팰콘 헤비(Falcon Heavy)의 시험 발사를 성공시켰다. 이 로켓은 팰콘 9라는 자사의 3

(왼쪽부터) 제프 베조스, 엘론 머스크, 리처드 브랜슨

개의 로켓을 다발로 묶은 형태로 높이 70미터, 폭 12.2미터로 이름 그대로 육중함이 느껴지는 로켓이다. 무게는 142만 킬로그램이고 27개의 엔진을 장착하고 있는데, 이는 보잉747 여객기 18대를 합쳐 놓은 추진력에 비교될 수 있다고 한다.

엘론 머스크가 팰콘 헤비를 내놓은 목적은 '화성 식민지 프로젝트'이다. 이런 이유로 팰콘 헤비는 최대 17톤의 화물과 승무원을 탑승시켜 화성으로 날아갈 수 있는 규모를 자랑한다. 화성에 인간이 거주할 도시를 건설하고, 나아가 이주 가능한 환경을 조성하기 위해서 사용될 로켓의 개발을 목표로 하고 있는 것이다.

물론 2018년에 발사된 팰콘 헤비에는 사람이 탑승하지 않았다. 엘론 머스크의 위대한 도전은 단계적으로 진행될 예정이다. 이번 프로젝트에는 재미있는 이벤트가 하나 있다. 엘론 머스크가 평소 타고 다녔던 테슬라모터스의 로드스터 전기 스포츠카에 '스타맨(starman)'이라는 이름의 마네킹을 태운 채 팰콘 헤비에 실어 우주로 쏘아 올린 것이다.

스타맨의 최종 목적지는 화성이다. 이변이 없는 한 스타맨은 몇 개월 내로 화성에 근접한 태양 공전 궤도에 도달할 것으로 보인다.

화성 침공

화성(Mars)은 태양계의 네 번째 행성으로 크기는 지구의 절반 정도이다. 공전 주기는 686일이고, 자전 주기는 지구와 비슷한 24시간 37분이다. 과거 동양권에서는 붉은색을 띠고 있다고 해서 형혹성(熒惑星)이라고 불렀고, 서양에서는 로마 신화에 나오는 전쟁의 신 마르스(Mars)의 이름을 따서 불렀다(3월을 뜻하는 March의 어원이다).

아마도 태양계 행성 중 인간의 관심을 가장 많이 받은 곳도 화성일 것이다. 이런 관심을 반영하듯 화성은 SF 소설이나 영화의 단골 소재로 수없이 등장하고 있다.

2015년에 출판된 SF 소설 〈마션(Martian)〉은 미국의 소설가 앤디 위어(Andy Weir, 1972~)의 작품으로 주인공 마크 와트니가 등장하면서 내뱉는 강렬한 대사로 시작된다.

"아무래도 ×× 됐다. 그것이 내가 심사숙고 끝에 내린 결론이다. 나는 ×× 됐다."

화성판 로빈슨 크루소 〈마션〉은 독자로 하여금 화성에 대해 유쾌한 동경심을 자극한다. 이와 달리 팀 버튼(Tim Burton, 1958~) 감독의 1996년 작 '화성 침공(Mars Attacks!)'은 화성인들의 지구 침공 내용을 B급 영화 형식으로 재미있게 표현한 영화이다.

화성은 이렇듯 우리에게 신비로움과 동시에 공포를 가져다주는 행성이다. 불타오르는 별 화성을 대중문화 속으로 본격적으로 끌어들인 사람은 SF 소설의 아버지 허버트 조지 웰스(Herbert George Wells, 1866~1946)의 〈우주전쟁(War of the Worlds, 1898)〉이다(이 소설은 2005년에 스필버그 감독 연출로 영화화되기도 했다).

소설 〈우주전쟁〉에 들어간 삽화

소설의 배경은 20세기 초 영국 런던 인근 작은 마을에 화성인들의 우주선이 착륙하면서부터 시작된다. 소설에서는 화성인을 다음과 같이 묘사하고 있다.

"그 빌어먹을 놈들은 어떻게 생겨먹었나?" 대위가 물었다.

"꼭 갑옷을 입은 거인입니다. 키가 1피트는 되고, 발이 세 개이며, 몸통은 알루미늄 같은 데다 튼튼하고, 거대한 머리통은 무언가로 덮여 있었습니다."

"말도 안 돼!" 대위가 소리쳤다. "무슨 잠꼬대 같은 헛소리야!"

"곧 아시게 될 겁니다. 무슨 상자 같은 걸 들고 있는데, 그걸로 화염을 발사해서 사람들을 순식간에 죽입니다."

소설이 발표된 19세기 말 당시만 해도 화성을 관찰하기 위해서는 맨눈이나 성능이 떨어지는 망원경을 이용해 멀리서 관찰하는 방법

퍼시벌 로렌스 로웰

뿐이었다. 그러다보니 다양한 상상력을 발휘는 것 말고는 화성의 실체를 확인할 별다른 방법이 없었다. 그런데 흥미롭게도 웰스의 소설에 등장하는 화성인은 흡사 문어와 같은 모습으로 묘사되고 있다. 우리나라와 달리 서양에서는 문어나 오징어 등을 공포의 대상으로 생각하는 것 같다.

이후에 등장하는 외계인들은 웰스의 소설에 등장하는 화성인과 비슷해 보인다(테드 창의 SF 소설 〈네 인생의 이야기(Story of Your Life)〉를 원작으로 한 영화 '컨택트(Arrival, 2016)'에 등장한 외계인 헥타포드 역시 문어와 흡사하다).

사실 웰스의 소설은 미국의 천문학자 퍼시벌 로렌스 로웰(Percival Lawrence Lowell, 1855~1916)이 1898년 발표한 〈화성에 생명체가 살고 있으며 운하도 있다〉라는 관측 결과를 바탕으로 쓰여졌다. 웰스를 비롯한 당시 사람들은 대부분 화성에는 생명체가 존재할 것이라 믿고 있었던 것이다.

소설이나 상상력 속에서나 접했던 우주탐사는 1957년 소련이 스푸트니크 1호를 우주로 쏘아 올리면서 현실이 되었다. 웰스가 소설 〈우주전쟁〉을 발표한 지 59년 만이다. 우주탐사는 미국과 소련의 냉전으로 더욱 과열된 양상을 띠기 시작했다. 우주탐사는 글자 그대로 미지의 우주 공간을 탐사하는 것을 말한다. 인간이 탐사선에 몸을 실어 지구를 벗어나느냐에 따라 유인(human) 탐사와 무인(robotic) 탐사로 구분한다.

인류의 우주탐사 시작은 무인탐사에서 시작되었다. 여기에는 단순히 기계뿐 아니라 행성 지구에서 인간과 함께 숨 쉬었던 생명체들의 희생도 크게 한몫을 했다. 우주탐사를 마치고 무사히 지구로 귀환한 생명체도 있었고, 인간의 이기심으로 인해 안타깝게 희생된 생명체(1957년 스푸트니크 2호에 탑승한 우주견 라이카)도 있었다.

냉전을 뜨겁게 달구었던 미국과 소련의 우주경쟁은 1969년 7월 20일 미국의 아폴로 11호가 달에 착륙해 성조기를 꽂음으로써 미국의 승리로 돌아갔다. 미국은 1972년 아폴로 계획을 마무리하고 유인 우주선 달 탐사 계획을 보류했다. 대신 민간영역에 도움이 될 만한 인공위성을 지구 궤도에 쏘아 올리는 계획을 세우고 통신, 날씨, GPS, 군사용 인공위성 개발에 박차를 가하게 된다.

화성과의 랑데부

우주와의 첫 랑데부 이후 사람들은 지구와 가까운 달만으로는 호기심을 만족할 수 없었다. 호기심은 태양계 전체로 뻗어 나갔으며 그 중심에는 화성이 있었다. 화성 탐사 계획은 달 탐사가 한창이던 1960년대부터 시작되어 그후로 50건 이상의 화성 탐사선이 쏘아 보내졌다.

지구와 화성은 공전 궤도가 다르다. 그 때문에 외행성인 화성과 지구와의 거리가 일정 주기마다 바뀐다. 지구와의 최단거리는 5452만 킬로미터고, 가장 멀리 떨어질 때는 1억207만 킬로미터로 꽤 차이가 난다. 이런 거리상의 문제로 화성 탐사는 보통 화성과 지구가 최단거

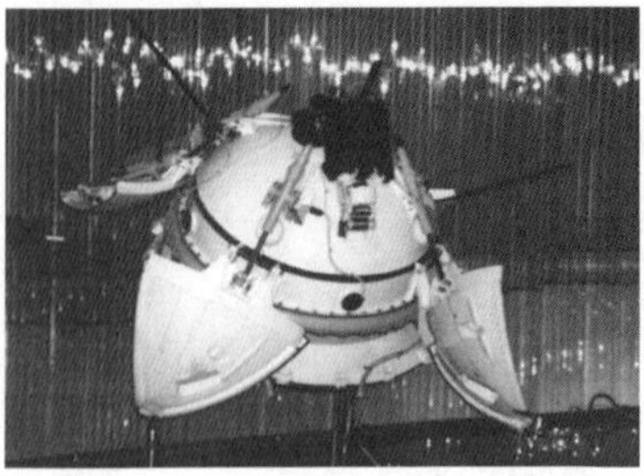

마스 3호

리가 되는 시점인 780일 만에 이루어진다.

미국은 1962년부터 1972년까지 무인 행성 탐사 계획인 매리너 계획(Mariner program)을 실행했다. 1962년 7월 22일 야심찬 계획과 함께 미국 최초의 행성 탐사선 매리너 1호(Mariner 1)가 발사되었다. 하지만 발사 293초 만에 시스템 오류로 허무하게 폭발하고 만다. 이후 시스템을 개선해 1964년 세계 최초로 매리너 4호(Mariner 4)를 화성 인근 궤도까지 도착시키는 데 성공한다.

아폴로계획이 한창이던 1969년에 발사된 매리너 6, 7호는 무사히 화성 궤도에 안착했다. 그리고 매리너는 화성 궤도 상공에서 여러 장의 사진을 촬영하는 데 성공한다. 흑백 사진 속의 화성은 달처럼 암석으로 이루어져 있고 이따금 분화구가 보였으며 대기가 없는 상태였다.

한편 행성 탐사에서 미국이 주도하는 가운데 소련은 화성만큼은 '최초'라는 수식어를 따고 싶어 했다. 1960년 소련은 마르스 프로그램(Mars program, 일명 마스닉 계획으로 불리기도 했다)이라는 무인 화성탐사 계획을 무리하게 진행했다. 프로젝트를 통해 개발된 첫 번째 탐사선 마스 1호(Mars 1960A)가 1960년 10월 10일에 발사된다. 소련의 우주 정복의 야망을 싣고서 의욕적으로 발사되었지만 실패하고 만다.

이후에도 소련은 지속적으로 화성 탐사선을 쏘아 올렸지만 모두 실패로 돌아갔다. 10여 년 동안 계속된 실패를 벗어나고자 소련은 마스 3호(Mars 3)를 개발 완료하고 1971년 5월 28일 발사했다. 다행히도 마스 3호는 아슬아슬하게 화성 궤도에 안착한다. 하지만 마스 3호의 행운은 거기까지였다. 인류 최초로 붉은 별 화성에 착륙했지만, 마스 3호는 착륙 몇 초 후 시스템 고장으로 허무하게 파괴되고 만다.

화성에 간 쌍둥이 로버

'잘코사니'라는 순우리말이 있다. '너의 불행은 곧 나의 행복'이란 의미로, 주로 미운 사람이 불행을 당한 경우에 고소해 하는 말로 쓰인다. 70년대의 화성 탐사 경쟁에서 미국이 소련에게 느꼈던 감정이 아닐까 싶다.

인류가 화성에 대해 가장 궁금해 하는 것은 "그곳에는 생명이 존재할까? 아니면 지금은 소멸했지만 과거의 흔적이라도 있을까?" 하는 점이었다. 이 같은 해답을 찾기 위해 소련이 가장 먼저 나섰지만 실패로 돌아가자 이런 기회를 발판 삼아 1970년 미국은 아폴로 계획의 후속으로 바이킹 계획(Viking program)이라는 거대 프로젝트를 시작한다.

바이킹 계획으로 화성 탐사선 바이킹 1호(Viking 1)와 바이킹 2호가 탄생했다. 이 둘은 동일한 사양을 가진 쌍둥이 탐사선이었다.

바이킹 1호가 촬영한 화성의 모습

바이킹 탐사선은 크게 모선인 궤도선(obiter)과 착륙선(lander)으로 구성되어 있다. 전체 중량은 2900킬로그램으로 궤도선이 2328킬로그램, 나머지 572킬로그램이 착륙선이다.

쌍둥이 바이킹 1,2호는 화성의 생명체 존재 여부를 알아보기 위해 머나먼 여행길을 떠나게 된다. 출발은 형님 먼저. 1975년 8월 20일 바이킹 1호가 케이프 커내버럴 공군기지(Cape Canaveral Air Force Station)에서 발사되었다. 동생 바이킹 2호도 형의 뒤를 따라 1975년 9월 9일 발사된다.

바이킹 1호는 1억 킬로미터나 외로이 비행해 출발 10개월 만인 1976년 6월에 화성 궤도에 도달했고, 적당한 착륙 지점을 물색 중이라는 소식을 지구에 전해왔다. 그 소식에 미국 전역은 환호했고, 바이킹 1호는 미국 독립기념일인 7월 4일에 착륙할 계획을 세운다. 이는 바이킹 탐사선이 지구를 출발하기 전부터 계획된 일이었다. 하지만 착륙 지점 선정에 어려움이 있어 계획된 날짜를 지킬 수가 없었다.

1976년 7월 20일 착륙선이 궤도선에서 분리되었다. 화성의 착륙 위치는 황금 평원이라 불리는 크리세 평원(Chryse Planitia)이었다. 불덩이처럼 달궈진 착륙선이 대기를 관통해 빠르게 화성의 지표면을 향해 돌진한 가운데 6.5킬로미터 상공에서부터 낙하산이 펼쳐진다. 착륙선이 사뿐히 미지의 땅에 닿을 때쯤 바이킹 1호는 착륙을 위해 3개의 가느다란 다리를 쭉 뽑아낸다.

잠시 후 가벼운 충격과 함께 서서히 먼지가 확산된다. 착륙 25초 후부터 지구에 송신된 영상에는 흙과 돌 외에는 바이킹 1호를 반기는 그 무엇도 없었다.

한편 동생 바이킹 2호는 형보다 17일 늦은 8월 7일에 화성 궤도에 진입한다. 그리고 1976년 9월 3일에 궤도선으로부터 착륙선이 분리되어 유토피아 평원(Utopia Planitia)이라 이름 붙여진 착륙지에 안착한다. 하지만 시스템 오작동으로 착륙 다리 1개가 바위 위에 내려졌다. 그러는 바람에 전체 균형이 깨어져 8도 가량 기울어진 상태로 착륙해야 했다. 다행히 전체 시스템에는 큰 문제가 없어 임무를 계속 수행할 수 있었다.

화성에 도착한 바이킹 착륙선에는 90킬로그램에 달하는 분석 장비가 가득 차 있었다. 360도 파노라마 영상 카메라와 자기장, 지진, 기온, 기압, 풍속 등을 감지할 수 있는 전자장치들이 탑재되었고 모든 전기(electric) 동력원은 플루토늄-238(plutonium-238) 동위원소를 이용한 열 발전기를 통해 공급되었다. 이런 장치들로 측정한 정보들은 자체적으로 데이터 처리가 가능했는데, 메모리 용량이 무려 8메가바이트였다. 오늘날 스마트폰으로 촬영한 사진의 용량만한 메모리 크기이다. 지금 기준으로는 대수롭지 않겠지만 1970년대임을 생각해 볼 때 기술적인 면에서 바이킹 호는 당시 최첨단 기술과학의 결정체인 것이다.

바이킹 1,2호의 핵심 기능은 로봇 팔이다. 인류가 양손을 이용해 오늘날의 문명을 건설했듯이, 바이킹 호에서도 로봇 팔이 핵심이었다. 로봇 팔을 이용해 화성의 토양 시료를 채취했고, 여러 분석 기능을 통해 생명체의 존재 여부를 확인했다. 바이킹 호에는 총 4개의 생물학적 실험장비가 탑재되어 있었는데 이를 기반으로 탄소 물질을 찾고자 했다(탄소는 생명에 있어서 중요 원소로 알려져 있다. 단백질, 탄수화물 등은 생물체에 필요한 화합물로 모두 탄소화합물이다).

하지만 바이킹 호는 탄소 분자를 찾지 못했다. 화성의 토양에서는 달에서보다 탄소 함량이 훨씬 낮았던 것이다.

그 외에도 생명체의 존재를 확인하기 위해 산소나 메탄 같은 기체의 농도를 확인했고, 인공 태양(크세논 아크 램프)을 이용한 배양법으로 방사성 탄소의 양도 측정했다. 다양한 방법으로 생명체의 존재 여부를 확인했음에도 화성에서는 좀처럼 생명체의 흔적을 찾을 수 없었다

크세논 아크 램프
크세논 가스가 봉입된 램프 내부에 두 개의 텅스텐 사이를 아크로 연결한 방전 램프 한 종류로 색 온도가 일정하고 지속적인 것이 특징이다.

펌웨어(firmware)
데이터나 정보를 변경할 필요가 없는 핵심적인 소프트웨어를 롬(ROM) 따위에 기록하여 하드웨어화 하는 것. 하드웨어와 소프트웨어의 중간에 해당하는 것으로, 처리를 빠르게 하고 회로를 단순하게 하기 위한 것이다.

인류의 쌍둥이 칙사 바이킹 호의 당초 작동 수명은 90일로 예상해 설계되었다. 인류가 척박한 땅을 개척해 가며 지구에서 생존했듯이 바이킹 1,2호 형제도 꽤나 긴 생명력을 유지한다. 바이킹 1호의 착륙선은 6여 년 동안 끈질기게 버티다가 펌웨어(firmware)를 업데이트하기 위해 지구와 교신 도중 사소한 실수로 송수신 안테나가 꺾여버리는 사고가 발생한다. 지구에서는 계속해서 교신을 시도했지만 바이킹 호는 더 이상 신호를 송신할 수 없었다. 바이킹 2호 착륙선의 경우 화성 체류 3년 6개월 시점에서 배터리 고장으로 임무를 마감하게 된다.

화성 착륙선에 인기가 모아지는 바람에 관심 밖으로 밀렸던 바이

킹 탐사선의 모선 격인 궤도선 바이킹 1호와 바이킹 2호는 착륙선과는 별개로 열심히 임무를 수행했다. 각 궤도선에는 선회하면서 화성 일대를 촬영할 수 있는 광학 및 적외선 이미지 장치들이 장착되어 있었다. 이 장치를 통해 4만6000여 장의 영상을 지구로 지속적으로 전송했다. 이로써 화성의 전체 표면 지형을 97퍼센트 파악할 수 있었고, 이를 기반으로 화성판 행성 지도를 만들 수 있었다.

바이킹 1호의 궤도 선회 우주선은 약 2년 동안, 바이킹 2호의 궤도선회 우주선은 약 4년 동안의 임무를 끝으로 지구와 교신을 끊는다.

리턴 투 마스(Return to Mars)

2003년 6월 10일, 미국 케이프 커내버럴 공군기지에서 델타 2(delta II) 로켓이 지구 궤도 너머 별빛 가득한 우주를 향해 발사되었다. 로켓에는 미 항공우주국(NASA)의 화성 탐사 '로버 계획' 실행을 위해 스피릿(Spirit)이라는 애칭이 붙은 탐사 로봇 로버(rover)가 실려 있었다. 정식 명칭은 MER-A(Mars Exploration Rover-A)였다.

한 달 뒤인 2003년 7월 7일에는 스피릿의 쌍둥이 동생 오퍼튜니티(정식 명칭은 MER-B(Mars Exploration Rover-B)이다)가 역시 로켓에 몸을 싣고 최종 목적지인 화성으로 기나긴 여정을 떠난다.

화성 탐사 로버의 애칭인 '스피릿'과 '오퍼튜니티'는 NASA와 완구회사 레고(LEGO), 비영리단체인 미국행성협회(planetary society)가 공동으로 주최한 에세이 공모를 통해 선정된 이름이다. 1만 여 개의 응모작 중에서 초등학생 소피 콜리스의 에세이가 뽑혔다. 러시아 출신의 소피는 태어나자마자 시베리아의 한 고아원에 버려졌고, 2살 때 미국으로 입양된 아이였다. 소녀의 당선 소감은 짧았지만 큰 울림이 있었다.

"전 고아원에서 살았습니다. 그곳은 어둡고 춥고, 또 외로웠어요. 별들이 반짝이는 밤하늘을 바라보면 기분이 좋아졌습니다. 하늘을 날아다니는 꿈을 꾸었죠. 미국에서 저는 모든 꿈을 이룰 수 있을 겁니다. 정신(spirit)과 기회(opportunity)에 감사합니다."

스피릿은 2004년 1월 4일, 7개월 간 4억8000만 킬로미터의 긴 여정 끝에 화성의 구세프(Gusev) 분화구 표면에 착륙한다. 그로부터 3주 후인 2004년 1월 25일에는 쌍둥이 동생 오퍼튜니티가 화성 적도 부근의 메리디아니 평원(Meridiani Planum)에 무사히 착륙한다. 앞날에 대한 행운의 암시였을까? 오퍼튜니티는 착륙 과정에서 예기치 않게 착륙지 주변 21미터 크기의 분화구에 튕겨져 안착했는데, NASA 관계자들은 이를 보고 "홀인원~!"이라고 환호했다. 이후 '이글 분화구(Eagle Crater)'라고 이름 붙이게 된다(이글은 골프 용어로 규정타수에서 2타 적게 친 것을 말한다).

오퍼튜니티와 스피릿에게 주어진 핵심 임무는 화성에서의 생명체 존재 여부를 확인하는 일이었다. 우주 어딘가에 반드시 있을 것으로 생각되는 생명체의 흔적을 화성에서도 찾고자 하는 것이다. 이러한 일련의 작업들이 지구 생명체 탄생의 비밀을 푸는 하나의 열쇠가 될 것이기 때문이다.

스피릿의 착륙선

특히 화성에서 생명체의 근원인 물의 흔적을 찾아내는 것이 쌍둥이 로버의 첫 번째 임무였다. 그리고 언젠가 실현될 유인 화성 탐사를 위한 사전 조사도 중요한 임무 중 하나였다. 현재의 기술로는 유인 탐사 이후 지구로의 안전한 귀환을 보장하지 못한다. 극단적으로 그곳에서 생존한다 하더라도 아직 화성이 인간에게 끼칠 위험 요소를 전혀 알 수 없기 때문에 이를 대비해야만 한다.

우리는 영화를 통해서 이 같은 상황을 간접 체험해볼 수 있다. 앤디 위어의 소설을 원작으로 한 영화 '마션(Martian, 2015)'에서 주인공 마크 와트니 박사는 화성 탐사 도중 갑작스런 사고로 화성 미아가 되어버린다. 곧 무인 행성에 홀로 남게 된 와트니 박사. 생존을 위해 주변의 도구를 이용해 감자 농사(와트니의 전공은 식물학이었다)를 짓거나 식수와 농업용수를 만들어내는 등의 생존 전략을 펼친다. 만일 영화가 아니라 현실이라면 악몽이다. 하지만 그 누군가 화성에 홀로 남게 될 때를 대비한 지침서 같은 영화가 아닐까 싶다.

다양한 임무를 끝마칠 때까지 오퍼튜니티 로버와 스피릿 로버는 화성에서 살아남기 위한 다양한 과학 장비들로 중무장해야 한다. 로버들은 높이 1.5미터, 너비 2.3미터, 길이 1.6미터로 무게는 180킬로그램이다. 마트에서 사용하는 이동 카트의 2배 정도의 크기이다. 로버들의 주요 에너지원은 자연의 무한 에너지인 태양이다. 쌍둥이 로버의 지붕에는 1.3제곱미터의 태양 전지판들이 이어 붙여져 있다. 장착된 태양전지를 이용해 화성일 기준으로 1솔(SOL, 화성의 하루 단위. 1솔은 24시간 37분 23초로 지구보다 자전 주기가 조금 더 길다) 동안 4시간을 충전해 140와트의 전력을 생산해낸다(효율이 낮은 백열등 2~3개 정도를 밝힐 수 있는 정도의 전력이다). 그리고 여분의 전기에너지는 리튬 이온 배터리(lithium ion battery)에 저장해 일몰 이후의 임무 수행에 사용된다.

로커-보기(rocker-bogie) 방식
울퉁불퉁한 지형이나 계단 같은 편차가 있는 지형에도 안정감 있게 움직일 수 있도록 설계하는 방식

미지의 화성 이곳저곳을 탐사하기 위해 로버에는 로커-보기(rocker-bogie) 방식으로 작동하는 바퀴가 6개 장착되어 있다. 모든 바퀴에는 전동기가 장착되어 전기에너지를 이용해 움직인다. 로버들은 최대 45도 경사각에서도 안정적으로 버틸 수 있도록 설계되어 있다. 하지만 좀더 안정성을 확보하기 위해 차체 기울기가 30도를 넘을 경우에 대비하는 알고리즘이 구성되어 있다.

오퍼튜니티와 스피릿의 최대 속도는 평평한 지면 기준으로 시속 0.16킬로미터이다. 이 정도 속도라야 어느 정도 안전이 확보될 것이기 때문이다. '안전, 또 안전'을 목표로 알고리즘이 구성되어 있기 때문에 로버들은 2초에 한 번씩 정지해 다음 동작의 진행 여부를 판단해야만 한다. 그 결과 로버의 실제 속도는 시속 0.03킬로미터 정도밖에 안 된다. 지구촌 거북이와도 게임이 안 될 정도로 느리다.

쌍둥이 로버들이 착륙한 화성 지표면은 한낮과 한밤중의 일교차가 너무 컸다. 한낮에는 섭씨 영상 21도지만 밤이 되면 영하 100도까지 떨어진다. 이런 큰 일교차로 인해 전체 시스템이 셧다운 되는

경우에도 대비해야 한다. 이런 문제점을 사전에 보완하는 차원에서 과학자들은 방사성동위원소 히터를 통해 일정 온도를 유지할 수 있도록 시스템을 구성해 두었다.

쌍둥이 로버에는 탐사를 위해 주행을 위한 항법 카메라, 자료 수집을 위한 파노라마 카메라, 그리고 로봇 팔에 부착된 탐사 장비들이 장착되었다. 원래 로버의 예상 생존 일은 90여 일이었다. 하지만 이 예측은 완전히 빗나갔다. 스피릿은 실제로 5년 넘게 생존한 것이다. 하지만 불행히도 이제는 교신이 끊어진 상태이다. 2009년 5월 1일 스피릿은 임무 수행 도중 부드러운 흙더미에 빠졌고, 중력이 지구의 38%에 불과한 화성의 악조건으로 인해 쉽게 헤어날 수 없었다. 이후 여러 차례 교신을 시도했지만, 태양 전지판에 먼지까지 쌓여 충전하기도 어려운 상태가 되어버렸다. 결국 모든 전력이 고갈된 상태가 되어 더 이상의 교신이 불가능했다.

한편 동생 오퍼튜니티 역시 모래 언덕에 바퀴가 파묻히는 사고가 발생한 적이 있었다. 지구에서는 오퍼튜니티를 구출하기 위해 화성의 지질 상태를 그대로 본뜬 환경을 만들고 여러 가지 탈출 방안을 시뮬레이션으로 진행했다. 그 결과 수많은 시행착오 끝에 사고 6주 만에 무사히 '지옥의 모래언덕'을 탈출한다. 이후에도 태양열 전지판이 먼지에 덮여 작동이 중단되거나, 메모리 문제로 운영체제(OS)를 재설치하는 등의 우여곡절도 많았다. 그러나 오퍼튜니티에게는 늘 행운이 뒤따랐다.

2018년 2월 17일, 오퍼튜니티는 화성 땅에서 5000번째 태양을 맞이했다. 당초 예상 시간에 비해 50배나 늘어난 수치이다. 14년 동안 오퍼튜니티가 화성 이곳저곳을 누빈 거리가 45킬로미터에 달한다. 인간으로 치면 체력의 한계를 느끼는 마라톤 코스 42.195킬로미터를 초과한 지 이미 오래다. 오퍼튜니티는 그 동안 22만5000장의 사진을 지구로 보냈으며, 그 중에는 귀여운 셀카도 포함되어 있다. 과학자들은 화성 탐사로 확보된 사진과 데이터를 분석해 고대 화성에 물이 존재했을 것이라는 지질학적 증거를 찾아내는 큰 성과를 이루었다.

이렇듯 2018년은 인류가 짝사랑하는 화성에 유달리 많은 애정을 보내는 해가 되고 있다. 화성의 공전 주기는 686일로, 지구의 공전 주기 365일의 두 배이다. 가까이 하기에는 너무 먼 지구와 화성이 그나마 가까워지는 시기가 2년 2개월 만에 돌아오는데, 그게 바로 2018년이다(그래서 화성을 향해 스페이스X의 팰콘 헤비 로켓이 2018년 2월에 발사됐다).

뿐만 아니라 2018년은 지구와 화성이 태양의 공전궤도에 가장 가까운 거리인 근일점(perihelion, 近日點)에 도달하는 시기로 보통 17~19년 만에 일어난다고 하는데, 8~9월쯤이면 수퍼 화성을 볼 수 있다고 한다.

이렇게 지구와 화성의 거리가 가까워진 시기를 놓치지 않고 지난 2018년 5월 5일 미국의 NASA에서는 아틀라스V 로켓에 '인사이트'라 이름 붙여진 화성 탐사선을 실어 보냈다. 지구를 떠난 '인사이트'는 6개월 가량 장기 여행 후 2018년 11월 즈음에 화성궤도에 진입할 것으로 예상된다. '인사이트'는 2011년 11월 26일 발사된 화성 탐사선 큐리오시티(Curiosity) 이후 7년 만에 발사된 화성 탐사선이다

(오퍼튜니티 이후에 화성에 도착한 탐사선으로 2018년 현재 화성에서 임무 수행 중이다).

'인사이트(Insight)'는 보이지 않는 곳까지 꿰뚫는 능력, 즉 '통찰력'을 말한다. 화성 탐사선 '인사이트'는 'Interior Exploration Using Seismic Investigations, Geodesy and Heat Transport'의 약자로 무척 긴 의미를 갖고 있다. 이름의 속뜻에서 가늠할 수 있듯이 화성의 지각 구조, 열 분포 등을 측정해 화성 내부 깊은 곳을 탐사하는 데 주 목적이 있다.

그동안의 화성 탐사가 물의 흔적이나 토양 성분을 기초로 혹시나 발견할지 모를 생명체의 존재를 확인하는 데 초점을 맞추었던 데 반해 '인사이트'는 탐사 목적이 다르다. 지금 화성에 머물고 있는 오퍼튜니티나 큐리오시티와 같은 이동형 로버들과 달리 '인사이트'는 한 곳에 고정되어 임무를 수행한다. 기본적인 구조는 6개의 바퀴와 로봇 팔로 구성되어 있는데 탐사에서 핵심적인 역할을 할 로봇 팔은 화성의 대지를 5미터 가량 파낼 수 있다.

인사이트의 임무는 2020년 11월까지로 예정되었으며, 상황에 따라 추가 미션을 진행할 계획이다. 2019년에는 '인사이트'로부터 전해올 화성의 새로운 발견에 관한 소식을 기대해 본다.

2020년 '인사이트'가 임무를 마칠 즈음에 또 다시 지구와 화성이 가까워지면, 유럽우주국(ESA)과 러시아연방우주국(RFSA)이 참여하는 화성 탐사 계획으로 엑소마스(ExoMars)라는 탐사선이 쏘아질 예정이라고 한다.

16

시간여행

타임머신에서 블랙홀까지

우주의 끝은 어디인가

2018년 3월 현재 지구 밖 우주로 가장 멀리 떠나 여전히 이동 중인 우주 탐사선이 있다. 인간이 창조해낸 걸작 보이저(Voyager)호다. 미국의 외행성 탐사계획의 일환으로 보이저 1호와 보이저 2호가 제작되었다.(외행성은 태양계에서 지구를 기준으로 지구 바깥쪽에서 태양을 중심으로 공전하는 행성을 말한다. 화성, 목성, 토성, 천왕성, 해왕성 등이 바로 외행성이다. 반면 내행성은 지구 안쪽으로 공전하는 수성, 금성이다.)

1977년 8월에 보이저 2호가 발사되었고, 9월에는 보이저 1호가 발사되어 어느 새 41년이라는 긴 시간이 흘렀다.

보이저 1호는 성간(Interstellar, 星間) 영역에 들어간 유일한 무인 탐사선이다. 현재 지구로부터 211억 킬로미터 떨어진 우주공간을 떠돌고 있다. 보이저 2호는 목성, 토성, 천왕성, 해왕성 등 거대 행성에 모두 근접 비행한 무인 탐사선으로 역시 지구로부터 175억 킬로미터나 떨어져 우주의 끝을 찾고 있는 중이다.(NASA 홈페이지에 들어가면 실시간 이동 거리를 확인할 수 있다. https://voyager.jpl.nasa.gov/mission/status/)

성간(Interstellar, 星間)
별과 별 사이의 공간을 의미하는 말로, 특정한 별의 항성계에 속해 있지 않은 공간을 뜻하기도 한다. 이 같은 성간 근처에는 성간물질 또는 성간매질이라 불리는 물질들이 분포되어 있기도 하다.

특히 보이저 호에는 어쩌면 있을지 모를 외계의 지적 생명체와의 조우에 대비해 지구인의 메시지를 담고 있다. '보이저 금제 음반(Voyager Golden Record)'이라 불리는 이 음반은 지름 30센티미터의 금박 LP이다. 수록된 음원에는 55개 언어로 구사된 지구인의 인사말(한국어로 '안녕하세요'도 수록되었다), 바람, 천둥, 동물 울음, 피그미족의 노래, 루이 암스트롱, 베토벤 등 지구의 다양한 소리들이 기록되었다. 이 같은 아이디어는 〈코스모스〉의 저자인 천문학자 칼 세이건(Carl Edward Sagan, 1934~1996)의 제안으로 실행되었다.

보이저 호와 지구와의 교신은 2020년이면 끊길 것으로 예상된다. 하지만 그후로도 보이저의 항해는 계속될 것이며, 약 300년 뒤에는 오르트 구름(Oort cloud, 태양계 주변을 둘러싸고 있는 원형 형태의 혜성 구름으로 추정) 대에 도달할 것으로 예상하고 있다.

2014년 개봉한 크리스토퍼 놀란(Christopher Jonathan James Nolan, 1970~) 감독의 '인터스텔라(Interstellar)'는 SF 영화로는 드물게 국내에서 천만 관객을 돌파했다(물론 나도 그 천만 숫자에 1을 보됐다).

영화의 내용은 인간의 욕망으로 인해 황폐해진 지구를 떠나 생명체가 살 수 있는 새로운 행성을 탐사하는 과정을 그리고 있다. 두 아이의 아버지이자 전직 NASA 파일럿인 주인공 쿠퍼는 해체된 NASA가 생명체가 살 수 있는 행성을 비밀리에 찾고 있다는 것을 우연히 알게 된다. NASA의 제안으로 그곳의 과학자들과 함께 우주 탐사를 떠나면서 가족과 생이별을 한다. '우린 답을 찾을 것이다. 늘 그랬듯이'라는 광고 카피처럼 영화의 결말부에서 또 다시 새로운 답을 찾기 위해 우주를 향해 돌진하는 주인공의 모습이 인상적이다.

영화 속에는 익숙한 물리 이론들이 등장한다. 상대성이론, 블랙홀, 웜홀 등 그 뜻은 정확히 몰라도 많이 접했던 이론들이다. 우주를 잘 묘사한 영상과 음악 등으로 3시간이라는 러닝타임이 전혀 지루하지 않았다. 특히 인상적이었던 것은 부모의 불타는 교육열을 자극한 듯, 미취학 아동이나 초등학생을 포함한 가족 단위 관람객이 꽤 많았다는 점이다(엔딩 크레딧이 올라갈 때만 보면 디즈니 애니메이션이라고 생각할 정도이다).

아이들은 한결같이 '재미있었다' '블랙홀이 이해가 된다'는 등 다양한 반응으로 부모를 기쁘게 했다.(천만 관객을 돌파한 것도 자녀의 과학교육을 위해 2~3번씩 본 열성 엄마들의 힘이 컸다!)

영화 '인터스텔라'의 제작에는 중력파 관측 공로로 2017년 노벨 물리학상을 수상한 미국의 이론물리학자인 킵 손(Kip Thorne, 1940~)이 자문을 맡았다. 세계적인 물리학자가 참여한 SF 영화라니 기대가 되었고 블랙홀, 웜홈, 상대성이론 등의 물리적 이론이 어떻게 구현될지 궁금했다. 영화를 보며 이젠 항성 간 유인 우주 탐사가 곧 실현되지 않을까? 라는 선부른 기대감을 갖기도 했다. 오래 전부터 인류는 외계 생명체에 대한 큰 기대감을 갖고 있었고 나 역시 무한한 우주 어딘가에 생명체가 존재한다고 믿고 싶다.

지구에서는 다양한 생명체의 탄생과 멸종이 반복되어 왔다. 이는 지구라는 대자연이 다양한 생명체가 살아갈 수 있는 환경적 기반이 되어주었기 때문이다. 이런 확실한 근거를 바탕으로 인류는 지구와 환경이 유사한 외계 행성을 찾게 되었다. 그곳에는 어쩌면 생명체가 존재하지 않을까? 라는 기대감을 안고서 말이다.

천문학자들은 지구처럼 생명체가 살아가기에 적합한 환경을 가진 우주 공간 범위를 '생명체 거주 가능 영역(habitable zone, HZ)'이라고 부른다. 이것은 다시 '항성 주위 생명체 거주 가능 영역(circumstellar habitable zone, CHZ)'과 '은하 생명체 거주 가능 영역(galactic habitable zone, GHZ)'으로 구분되며, 생명체가 살 수 있는 범위를 골디락스 존(Goldilocks zone)이라고 한다. 이는 너무 차갑거나 뜨겁지도 않은, 적정한 온도의 지대를 뜻한다. 지구처럼 거주 가능한 행성을 거느리면서 지구에 가장 가까운 별은 현재까지는 일명 '고래자리 항성'이라 불리는 타우세티(Tau Ceti)라고 과학자들은 말한다.

우주의 거리를 나타내는 천문 단위(Astronomical Unit, AU), 1AU는 약 1억5000만 킬로미터로, 태양에서 지구까지의 평균 거리를 기준으로 삼았다. 빛의 속도는 1초에 약 30만 킬로미터를 가는데 이 빛이 1년 동안 이동한 거리를 광년(光年, light year)이라고 하며 천문학에서 정한 단위 기호는 ly이다. 즉 1광년은 약 9조5000억 킬로미터이다. 만약 빛의 속도로 계산하면 평균 거리로 약 38만2500킬로미터 떨어져 있는 달은 1.3초, 태양은 8분, 태양계의 끝 해왕성은 4시간이 걸린다.

인류의 위대한 걸작 보이저 1호는 빛의 시간으로 약 19시간 거리에 있다. 인간이 거주 가능할 것으로 보이는 행성 타우세티의 거리는 얼마나 될까? 11.9 광년(ly)이다. 너무 가혹한 거리다. 인류의 기술력이 확보된 그날이면 탐사가 가능할까?

보이저 1호는 초속 17킬로미터 속도로 태양계 바깥으로 날아가고 있다. 혹자는 보이저 1호는 인류의 40여 년 전 기술이 아니냐고 반문할지도 모른다. 물리학자 킵 손이 예상하는 21세기 기술력은 초속 300킬로미터 정도로 우주를 넘나들 수 있다고 보고 있다. 이 속도로 타우세티까지는 1만3000년이면 가볍게 이동이 가능할 것이다. 이번 생에는 외계 생명체를 볼 수 없을 것 같다. 아쉽다.

당황하지 마시오!

영국의 작가 더글러스 노엘 애덤스(Douglas Noel Adams, 1952~2001)는 1979년 〈은하수를 여행하는 히치하이커를 위한 안내서(The Hitchhiker's Guide to the Galaxy)〉라는 기발한 제목의 소설을 내놓았다. 외계 종족 '보고인'이 '초은하 고속도로' 우회로를 건설하느라 지구가 파괴될 상황에서 간신히 목숨을 건진 주인공 아서

덴트가 은하계 여기저기를 전전하면서 벌어지는 코믹 SF 소설이다.

이 소설에 '순수한 마음(Heart of Gold)' 호라는 우주선이 등장한다. 순수한 마음 호의 핵심 동력장치에는 '무한 불가능 확률 추진(Infinite Improbability Drive)'이라 불리는 가상의 동력장치가 등장하는데 소설에서는 이렇게 묘사하고 있다.

'무한 불가능 확률 추진기는 초공간 속에서 지루하게 빈둥거리는 짓 따위를 하지 않고서도 별들 간의 광대한 거리를 눈 깜짝할 사이에 여행할 수 있는 놀랍고도 새로운 방법이다.'

다소 황당한 우주선이다. 핵심은 무한 불가능 확률 추진을 이용하면 단 몇 초 만에 항성 간 이동을 할 수 있다는 것이다. 이 얼마나 획기적인가! 죽기 전 이런 기술이 나오길 기대해야겠다.

결국 우리가 드넓은 우주를 탐사하기 위해서는 광속에 가까운 속도를 낼 만한 우주선이 개발되어야 하고 그래야 외계인들과의 조우가 가능할 것이다(어쩌면 그들이 먼저 개발하는 것이 더 빠를 수도 있겠다).

물론 아직은 실현 불가능하지만 항성 간 우주 탐사를 위한 먼 미래의 기술이 다양하게 제시되고 있다. 그 중에서 가장 일반적인 기술이 핵(nuclear) 에너지를 이용한 추진 체계이다. 핵은 지금까지 알려진 것 중 가장 큰 에너지를 뿜어낼 수 있는 요소이다. 핵의 첫 등장은 너무나 참혹했지만 이후 핵발전소, 핵잠수함 등 일부 장점으로 인해 우리에게 도움이 된 것도 사실이다. 과학자들은 핵융합으로 운동 에너지를 발생시킨다면 빛의 속도의 약 10분 1도 가능하다고 말한다. 결국 핵융합을 통해 발생된 에너지를 우주선에 적용한다면 광속의 약 10분의 1 속도를 만들어낼 수 있을 것으로 예측하고 있다.

프리먼 다이슨

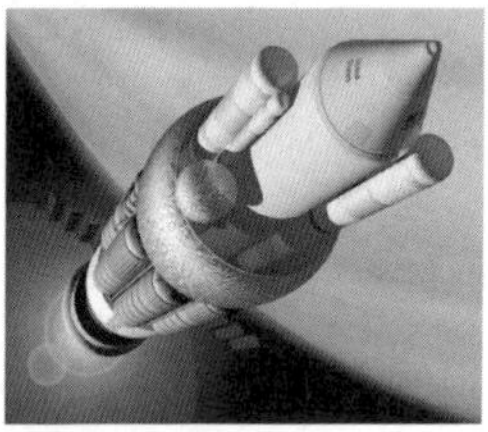

핵 추진 우주선

이런 이론은 영국 태생 미국 물리학자 프리먼 다이슨(Freeman John Dyson, 1923~)에 의해 제안되었다. 다이슨은 1957~1961년 진행된 핵추진을 이용한 우주비행 계획인 오리온 계획(orion project)에 참여한 바 있고, 또한 1968년에는 핵추진을 이용한 항성 간 우주비행을 제안했다. 그 내용은 광속의 30분이 1이 가능하며, 더 높이는 것도 가능하다는 것이다. 그리고 이런 기술은 22세기 후반쯤이면 구현이 가능할 것으로 예측했다. 실현 여부는 그때 가봐야 알 것이니 일단 기다려 보자. 그나저나 그때까지 살아 있으려나.

대항해 시대에 지구 곳곳을 탐험할 수 있었던 중심에는 범선이 있었다. 범선의 주 동력원은 지구의 자연풍이었다. 지구 어디서나 부는 바람이 범선의 주 동력원이 된 것이다. 어쩌면 지구촌 탐사에 사용된 범선이 우주 탐사에 사용될지도 모를 일이다.

우주 범선에 관한 이론을 맨 처음 내놓은 사람은 미국의 물리학자이자 SF 소설 작가인 로버트 포워드(Robert Lull Forward, 1932~2002)이다. 그는 1962년 한 대중잡지에 레이저 빔을 이용한 우주 범선에 관한 짧은 글을 기고했다. 그가 제안한 내용은 다음과 같다. 우주선에는 커다란 우주 돛이 장착되어 있고, 그 돛을 향해 특정한 곳에 장치된 강력한 레이저 빔을 발사하면 추진력이 발생해서 드넓은 우주를 항해할 수 있다는 이론이었다.

1960년대는 우주 개발이 한창이던 때라 포워드의 이론도 다른 아이디어 중 하나로 쉽게 잊혀졌다.(도대체 과학을 말하는 건지, 소설을 쓰는 건지, 이렇게 생각하는 분들도 있을 것이다. 하지만 누가 알겠는가? 모든 과학기술의 진보는 이런 황당함에서 시작되어 현실이 되는 것임을.)

그로부터 22년 후인 1984년 포워드는 자신의 이론에 좀더 전문성을 보완해 한 편의 논문으로 발표한다.

우주선 동력의 핵심인 돛의 크기는 무려 100킬로미터이고 무게도 1천 톤이나 된다. 그리고 달이나 우주 공간에 위치한 직경 1000킬로미터의 거대 프레넬 렌즈(Fresnel lens)로 태양광 에너지를 수집해 우주 돛에 전달한다. 그 에너지를 전력량으로 환산하면 7.2테라와트(TW)이다.

인류 최초의 항성 간 우주 탐사가 될지도 모르는 곳이 알파 센타우리(Alpha Centauri)인데 지구로부터 약 4.37광년(약 40조 킬로미터) 떨어진 별이다. 그나마(!) 가까운 거리다. 로버트 포워드는 자신이 제안한 이론 방식으로 우주 탐사에 접근한다면, 태양계에서 알파 센터우리까지 40년이면 충분히 이동 가능하다고 했다. 헌데 40년이라니! 아무리 기술이 발전한다 해도 다시 지구로 복귀하기에는 너무 긴 시간이다.

이 외에도 항성 간 우주 탐사에 관한 다양한 아이디어들이 제시되었는데, 그 중에는 세대 우주선(generation ship)과 냉동수면(Cold sleep 혹은 Cryonics) 방식도 있다.

세대 우주선은 항성 간의 이동을 목적으로 승무원의 세대 교체를 전제로 설계·운영되는 우주 탐사 방식이다. 거대한 우주선에 승선한 인류가 최종 목적지까지 이동하는 동안 자급자족하며 살아가야 한다. 이 경우 보통 수백 년 넘게 우주를 떠돌아야 한다. 때문에 처음 승선했던 승무원들은 모두 사라지고, 그들의 후손들이 대대손손 계속해서 목적지를 향해 이동하는 것이다. 애니메이션 '월-E(WALL-E, 2008)'에 등장하는 지구인들의 우주선 액시엄(Axiom) 호를 생각하면 이해가 빠를 것이다. 세대 우주선에 관한 아이디어를 제시한 사람은 로켓의 아버지 고다드(Robert Goddard, 1882~1945)이다.

한편 냉동수면은 SF 영화에 자주 등장하는 항성 간 이동에 관한 기술 방식이다. 이는 극저온 냉매를 이용해 인간을 얼려서 보관하는 방식으로, 우주선의 속도를 올리는 것에 대한 기술적 한계를 극복하는 차원에서 제안되었다. 최근에 개봉했던 SF 영화 '에이리언: 커버넌트(Alien: Covenant, 2017)'에서는 냉동인간 보관 캡슐에 대해 생생히 묘사하고 있다. 머나먼 행성을 개척하고자 대형 우주선에 냉동 캡슐을 가득 싣고 이동을 하는데 모두가 잠든 우주선을 관리하는 것은 인공지능(artificial intelligence, AI) 컴퓨터이다. 인간은 AI에게 모든 걸 의지한 채 미지의 우주를 떠돌아야 한다. 무사히 목적지에 도착할지는 미지수다.

하지만 냉동수면 등이 항성 간 우주탐사의 진정한 해답이 될지는 의구심이 든다. 누군가 이 같은 탐사를 마치고 지구로 귀환한다면 지구는 완전히 달라져 있을 것이기 때문이다.

보통 우주 탐사를 마치고 돌아오는 기간은 보통 수십~수백 년이 걸릴 텐데, 돌아온다 한들 가족도 지인들도 모두 이 세상 사람이 아닐 수도 있다. 어쩌면 영화처럼 유인원들이 지구를 지배하고 있을지도 모를 일이고. 아휴.

웜홀 속으로 빠져들다

4년 전 영화 '인터스텔라'를 처음 보았던 그날의 영상이 뇌리에서 잊혀지지 않는다. SF에 별 관심이 없던 지인들도 영화 인터스텔라를 많이들 기억하고 또 얘기를 한다. 그들은 한결같이 블랙홀(black hole)이나 웜홀(wormhole) 또는 그 복잡한 상대성이론이 인상 깊었다고 말한다. 물론 나도 그들도 이론을 잘 알지는 못한다. 그럼에도 불구하고 흥미를 느끼는 이유는 언젠가는 우리 눈으로 목격할 수 있는 날이 있지 않을까? 라는 기대감 때문인 것 같다.

블랙홀(black hole)
중력장이 극단적으로 강한 공간을 의미하며, 강력한 밀도와 중력장으로 입자나 전자기 복사, 빛을 포함한 모든 것이 빠져나올 수 없는 시공간 영역이다.

영화에 등장하는 웜홀은 지루하게 이동해야 할 우주공간을 재빠르게 이동 가능한 우주의 지름길로 묘사된다. 웜홀을 다룬 영화는 이전에도 있었는데, 그 대표작은 칼 세이건의 SF 소설을 원작으로 한 '콘택트(Contact, 1997)'이다(앞서 등장한 영화 컨택트(Arrival, 2016)와는 다른 영화이다. 흥미로운 점은 인텔스텔라의 주인공 쿠퍼와 컨

웜홀 우주여행 컨셉도

택트의 남자 주인공 팔머 조스 역할 모두 매튜 맥커너히가 맡았다). 이외에도 '스타트렉', '어벤저스', '토르' 등의 영화에서 웜홀이 등장한다. 또한 한류 스타 김수현이 외계인으로 등장하는 한국 드라마 '별에서 온 그대'에서도 웜홀이 언급된다.

웜홀을 문자 그대로 해석하면 '벌레 구멍'인데 미국의 이론 물리학자 존 휠러(John Archibald Wheeler, 1911~2008)가 이름 붙인 이론이다. 즉, 우주 공간에 존재하는 일종의 가상 터널을 말한다. 예를 들어 개미 한 마리가 둥그런 사과 표면을 여행한다고 가정하자. 개미는 약 45도 각도의 위치로 이동하고 싶어 한다. 개미의 이동 경로가 크게 2가지 길이라 가정했을 때, 1번 경로는 사과 표면을 따라 이동하는 방법. 그리고 2번 경로는 사과에 구멍을 내어 사선으로 이동하는 경로이다. 거리상으로 볼 때 (구멍을 만들어야 한다는 것을 제외하면) 2번 경로가 훨씬 더 빨리 목적지에 도달 가능하다. 이는 마치 사람들이 이동 경로를 줄이기 위해 산을 뚫어 터널을 만든 것과 유사한 이치이다.

아인슈타인의 그 유명한 일반상대성이론에 의하면 중력은 주위의 시공간(時空間)을 휘게 만든다고 했다. 즉, 중력의 크기에 따라 휘어지는 정도가 달라지는데 이 같은 시공간의 변화로 웜홀이 발생될 가능이 있다. 말하자면 웜홀은 멀리 떨어진 두 공간이 중력의 변화로 인해 공간을 휘어지게 만들고 이때 한 지점과 다른 지점을 연결해주는 통로가 일시적으로 생성되는 것이다. '인터스텔라'에서는 천체 물리학자 로밀리가 주인공 쿠퍼에게 웜홀을 설명하기 위해 종이를 구부리고, 연필로 종이를 관통해 설명하는 장면이 나온다. 여기서 종이는 우주공간이며, 종이를 관통한 연필이 웜홀인 것이다.

웜홀에 관한 이론이 대중문화에까지 영향을 끼치게 된 것은 물리학자 킵 손의 영향이 크다. 그는 1988년 발표한 〈시공간의 웜홀과 항성 간 여행에서의 유용성(Wormholes in spacetime and their use for interstellar travel: A tool for teaching general relativity)〉이라는 논문에서 이론적으로 웜홀의 존재 가능성을 지지했다. 논문을 발표하기 전에 킵 손은 절친 칼 세이건의 SF 소설에서 웜홀에 대한 자문을 했던 이력이 있었다. 소설의 여주인공 애로웨이 박사가 지구로부터 25광년 떨어진 베가별(Vega, 직녀성)까지 뾰로롱~ 하고 순식간에 이동하는데 이는 웜홀을 통해 가능했던 것이다. 정말 소설 같은 이야기이다.

그러면 인류 문명이 초고도로 발달하면 웜홀을 이용한 항성 간 우주여행이 가능하지 않을까? 이런 물음에 대해 킵 손 박사는 다소 비관적으로 보고 있다. 이는 웜홀의 안정성과 지속 가능성 등에 문제가 있어 어찌어찌해서 입구를 통해 이동한다고 해도 출구로 빠져나올 수 없다는 것이다. 물론 운 좋게 빠져나온다고 해도 다시 귀환하기도 어려울 것이다. 말 그대로 상상 속에서만 가능한 공간이 아닐까 생각이 든다.

2004년 우리나라에 고속철(KTX)이 개통되면서 서울-부산 간 이동 시간이 절반으로 줄어들었다. 사람들은 전국이 1일 생활권에 되어 시간을 절약하게 되었다며 좋아했다. 하지만 우리는 시간을 얻은 대신 낭만을 잃어버렸다. 이전의 열차는 덜컹거리는 리드미컬한 소리와 함께 창밖 풍경을 구경하는 맛이 있었다. 거기에 삶은 계란이 있으면 더할 나위 없었다. 그러나 요즘 고속철을 타면 차창 밖 전원 풍경은커녕 빠른 속도 때문에 현기증이 날 지경이다.

속도에 대한 인간의 욕망은 무한하다. 비록 웜홀과 같은 우주의 지름길이 아니더라도 인류는 또 다른 우주의 샛길을 만들어낼 것이다. 그리고 우리는 조금 늦더라도, 낭만적인 우주 풍경을 보며 우주여행을 하는 날을 기대해본다.

과거로 돌아갈 수 있다면

인간은 망각의 동물이다. 아이는 미래를 상상하고, 어른은 젊은 시절을 회상하며 시간을 거스르고(되돌리고) 싶어 한다. 누구에게나 돌려놓고 싶은 과거가 하나쯤은 있을 것이다.

어느 날 타임머신이 발명된다면 1991년으로 날아가
한창 잘 나가던 삼십 대의 우리 아버지를 만나 이 말만은 전할 거야
아버지 육년 후에 우리나라 망해요. 사업만 너무 열심히 하지 마요
차라리 잠실 쪽에 아파트나 판교 쪽에 땅을 사요. 이 말만은 전할 거야
2013년에 육십을 바라보는 아버지는 너무 힘들어 하고 있죠

남들처럼 용돈 한푼 못 드리는 아들 놈은 힘내시란 말도 못 해요
제발 저를 너무 믿고 살지 말아요. 학교 때 공부는 좀 잘하겠지만
전 결국 아무짝에 쓸모없는 딴따라가 될 거예요. 못난 아들 용서하세요

— 강백수, '타임머신'(2013)

가수 강백수의 노래 가사처럼 우리는 과거로 돌아가 살아오면서 겪었던 아픔이나 오점을 바꿔놓거나, 가까운 미래로 가서 매주 발행되는 복권 당첨번호를 알아내고도 싶을 것이다.(딱 일주일만 미래를 여행하고 돌아오면 좋겠다!)

할 수만 있다면 우리는 모두 시간여행을 꿈꾼다! 결별을 선언하고 돌아서는 연인을 붙잡을걸, 사고를 당한 그 장소에 가지 말걸, 그 사람에게 돈을 빌려주지 말걸….

과거로 돌아갈 수만 있다면 돌려놓고 싶은 일이 너무도 많다.

시간여행이 대중들에게 크게 알려진 계기는 SF 소설의 선구자 허버트 웰스(Herbert George Wells, 1866~1946)의 소설 〈타임머신(The Time Machine)〉이 그 시초이다. 1895년 발표된 이 작품은 웰스의 데뷔작이기도 하다. 소설은 시공간 이동이 가능한 '타임머신'이라는 기계장치를 개발한 시간여행자가

웰스 소설 〈타임머신〉을 원작으로 한 영화 포스터(1960)

쌍둥이 패러독스 예시

80만2701년이라는 미래로 향하는 에피소드를 묘사하고 있다.

우리는 미래사회를 상상하면 날아다니는 자동차, 깨끗한 도시, 인간과 AI로봇이 공존하는 모습을 떠올린다(비록 그곳이 지상이 아닐지라도 말이다). 그러나 웰스가 바라본 소설 속 지구는 디스토피아(dystopia)적이다. 소설에서는 부르주아 계급으로 진화된 지상의 엘로이(Eloi)족과 노동자 계급으로 진화된 지하세계의 몰록(Merlock) 두 종족이 분열하고 대립하는 암울한 미래상을 보여준다.

웰스의 작품 이후 시간여행은 많은 소설과 영화의 단골 소재가 되었다. 한편 이러한 영향력은 과학계까지 확장된 것처럼 보인다. 〈타임머신〉이 발표된 지 10년 후인 1905년 아인슈타인은 그 유명한 특수상대성 이론을 발표했다. 그 이론의 핵심은 '시간의 흐름은 환경에 따라 상대적'이라는 것이다. 예를 들어 두 명의 관찰자가 있다고 가정하자. 한 명은 정지된 상태이고 또 다른 한 명은 특정 방향으로 이동한다면, 두 사람은 같은 사건에 대해 서로 다른 경험을 하게 된다는 뜻이다. 무슨 이야기인지 이해가 되는가? 어렵다. 그래서 아직 타임머신이 발명되지 못하는 걸까.

흔히들 아인슈타인의 특수상대성 이론을 논할 때 자주 언급되는 예시가 있다. 바로 쌍둥이 역설(twin paradox)이다.

쌍둥이 형제가 있다(형과 동생이라지만 신체 나이는 거의 차이가 없을 것이다). 어느 날 형은 광속에 가까운 속도로 이동 가능한 우주선을 타고 우주여행을 할 기회가 생겼다. 동생은 무사히 지구로 귀환할 것을 기원하며 형을 떠나보낸다. 오매불망 형을 기다리던 동생의 시계는 어느덧 10년이 훌쩍 흘러버렸다. 다시는 못 보게 될 것 같았던 형은 광속에 가까운 속도의 우주선을 타고 다시 동생 앞에 나타난다. 형이 우주선에서 내리자 형제는 깜짝 놀란다. 동생은 너무나 늙어버렸고, 형은 10년 전과 크게 변하지 않았다. 이제 누가 형이고 누가 동생으로 불러야 할지 막막한 상황이 되어버렸다. 형이 광속에 가까운 우주여행을 했던 1년 동안 동생의 입장에서는 10년이 흘러버린 것이다. 즉, 아인슈타인의 특수상대성 이론은 '움직이는 물체는 정지한 물체보다 시간이 느리게 간다'라는 것으로, 쌍둥이 역설은 등속운동에 의한 시간 지연 현상을 예로 설명한 것이다.

시간 지연은 중력에 의해서도 일어난다. 빛도 중력의 지배하에 있다고 볼 수 있는데, 중력에 의해 공간이 왜곡되기 때문이다. 흔히 빛은 직선으로 이동한다고 생각하겠지만 중력이 강한 곳을 지나칠 때는 휘어지고, 속도 또한 느려진다. 이 같은 이론은 20세기 초 아인슈타인의 일반상대성 이론으로 제시되었다. 아인슈타인은 태양 주변을 지나가는 빛은 중력으로 인해 약 0.00049도가 휘어질 것이라고 이론적으로 예측한다. 이 같은 아인슈타인의 이론은 1919년 영국의 천문학자 아서 에딩턴(Sir Arthur Stanley Eddington, 1882~1944)에 의해 관측되었고, 에

아인슈타인의 이론을 증명한 1919년 에딩턴의 사진

딩턴은 그 결과를 여러 장의 사진으로 남겼다. 에딩턴의 관측으로 인해 일반상대성 이론을 두 눈으로 확인한 대사건이었다.

당시 전 세계의 언론은 이 결과를 주요 기사로 다루었고, '뉴턴주의는 무너졌다', '새로운 과학 혁명이 일어났다' 등의 찬사를 보냈다.

태양을 삼켜버린 블랙홀

영원불변의 존재라고 여겨졌던 빛도 중력이라는 힘으로 인해 크게 영향을 받는다는 것이 밝혀졌다. 태양이라는 거대한 중력 덩어리에 의해서 빛은 순식간에 왜곡됐다. 만약 태양보다 더 큰 중력을 발생하는 초거대 행성이 있다면 빛은 어떻게 될까? 중력장이 너무나 강력해 주변의 모든 걸 빨아들이고, 심지어 빛이 빠져나갈 수 없도록 체포해버릴 것이다. 이 같은 별을 우리는 블랙홀(black hole)이라고 부른다. 문자 그대로 검은 구멍이라는 뜻으로 이름에 걸맞게 주변의 모든 것을 어둠속으로 모조리 삼켜버린다.

블랙홀의 개념은 영국의 지질학자 존 미셸(John Michell, 1724~1793)에 의해 1783년 제시된 바 있다. '너무나 큰 질량으로 빛조차도 빠져나갈 수 없는 물체가 존재할 것'이라는 개념이었다. 당시만 해도 큰 주목을 받지 못하고 잊혀졌지만, 아인슈타인이 등장해 시공간에 관한 이론들을 제시하면서 다시 주목받게 된다. 블랙홀이라는 이름이 사용된 것

존 미셸

은 20세 중반부터인데 1969년 물리학자 존 휠러에 의해 '블랙홀'이라는 새로운 물리학 용어가 생겨났다. 지금은 학계를 넘어 전방위적으로 사용하는 일상 용어가 되었다.

블랙홀 컨셉도

그런데 빛조차 탈출할 수 없는 시공간이란 어떤 의미를 갖는 걸까? 만약 강력한 중력을 가진 블랙홀 주변으로 한줄기 빛이 지나간다고 가정해 보자. 그 빛이 직선 방향으로 이동하던 중 블랙홀 주변에 도달할 때쯤 강력한 중력장으로 인해 빛의 속도는 점차 느려져 제 속도를 내지 못한다. 그런가 하면 직선의 빛은 심하게 휘어지기까지 한다. 여기서 핵심은 '빛이 느려진다'는 것이다. 즉, 시간도 지연된다는 것을 의미하기 때문이다.

블랙홀 주변으로 아슬아슬하게 빛이 지나간다면 일정 부분 왜곡은 있을지라도, 이후 다시금 우주를 누빌 수 있을 것이다. 하지만 운 나쁘게도 블랙홀의 '사건의 지평선(event horizon)'이라 불리는 지점에 도달한다면 시간은 점차 더 느려지고, 빛은 강력한 중력에 이끌려 빠져나갈 수도 없게 된다. 결국에는 시간도 멈추어버린 상태가 되는 것이다.

사건의 지평선(event horizon)

블랙홀로부터의 탈출이 불가능해지는 경계면을 말한다. 블랙홀의 외부에서는 물질, 빛이 자유롭게 안쪽으로 들어갈 수 있다. 그러나 내부에서는 블랙홀의 중력에 대한 탈출 속도가 빛의 속도보다 커지게 되어 원래 있던 곳으로의 복귀가 불가능해진다.

아직까지는 우리의 눈으로 블랙홀의 존재를 볼 수는 없지만, 저명한 과학자들의 연구에 의하면 우주공간 어딘가에 반드시 블랙홀이 존재한다는 의견이 지배적이다. 그러나 아직 블랙홀의 영향력을 우리 눈으로 확인할 수 없어 아쉬운 대로 SF 영화를 통해 간접체험 하는 것으로 만족해야 할 듯하다.

영화 '인터스텔라'에서는 인류의 새 보금자리를 찾기 위해 우주 여기저기를 탐사하는 장면이 나온다. 주인공 쿠퍼 일행이 첫 번째로 탐사한 곳은 밀러(Miller) 행성이다. 영화 속 행성 밀러의 주위에는 초거대 질량의 블랙홀 가르강튀아(gargantua)가 존재한다(가르강튀아는 프랑스 작가 프랑수아 라블레(François Rabelais, 1494?~1553)의 풍자소설에 등장하는 거인의 이름에서 따왔다). 거대한 블랙홀으로 인해 밀러 행성에서의 시간은 지구에서보다 약 6만 배나 느렸다. 그래서 밀러 행성에서의 1시간은 지구에서의 7년이다. 이 엄청난 시차로 인해 주인공 일행은 그곳에서의 예상치 못한 상황으로 인해 지구 시간으로 23년이나 사용해버린다. 그리고 동료 한 명도 잃게 된다.

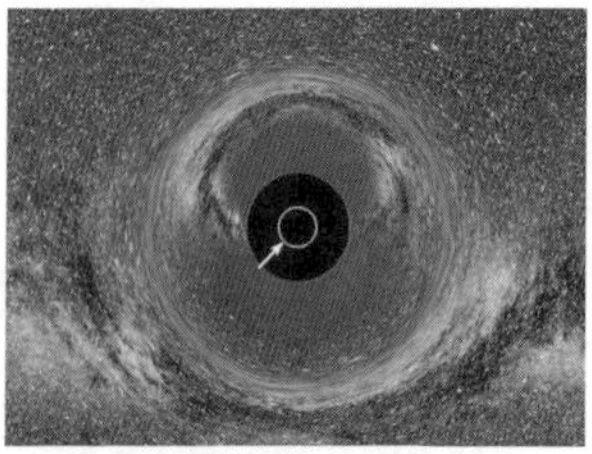

사건의 지평선

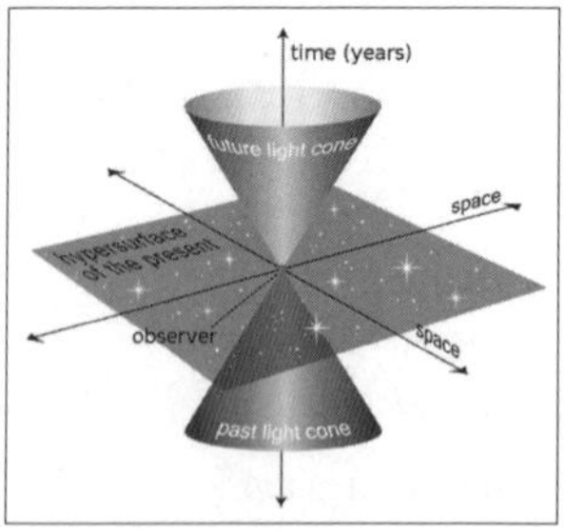

블랙홀 구조도

주인공은 우주가 무너지는 슬픈 마음을 안고 밀러 행성 궤도에 머물고 있던 모선으로 귀환한다. 모선에서 주인공 일행을 기다리고 있던 또 다른 동료는 이미 그들보다 한참 늙어 있었다. 비극은 여기선 끝나지 않았는데, 지구에서 보내온 영상 메시지 속의 아들과 딸은 더 이상 어린 아이들이 아니었다. 23년이나 시간이 흘러 아빠보다 늙어버린 모습이었다.

물론 이 이야기는 영화이기 때문에 미리부

터 가족과의 생이별을 걱정할 필요는 없을 것 같다.

우리는 모두 시간 여행자

영화에서만큼 크지는 않지만 속도와 중력에 의한 시간 지연은 이미 우리 일상에서도 진행되고 있다. 내 손 안의 스마트폰, 차량용 내비게이션, 지도 제작 등에 사용되고 있는 위성항법장치(global positioning system, GPS) 시스템 역할을 담당하는 인공위성은 현재 24개이다. GPS 인공위성은 지구 궤도 상공에서 12시간마다 지구를 한 바퀴씩 돌며 지구에 위치 측정 정보를 전해준다. GPS는 아인슈타인의 특수상대성 이론과 일반상대성 이론이 모두 적용되는 사례이다.

특수상대성 이론에 의하면 "빠르게 움직이는 물체는 시간 지연이 발생된다"고 했다. GPS는 시속 1만4000킬로미터의 속도로 지구 궤도를 돌고 있다. 이런 속도의 영향으로 지구 위에 버티고 서 있는 우리들 손목시계 시간보다 매일 약 7마이크로 초(0.000007초)씩 지연된다. 물론 우리가 몸으로 느끼기에는 너무나 미미한 시차이다.

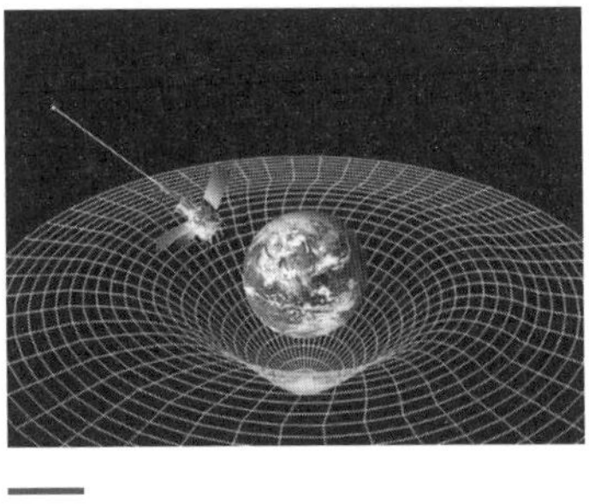

상대성 이론 예시

한편 일반상대성 이론에 의하면 "중력이 커질수록 시간 지연이 일어난다"고 했다. GPS는 지구의 지면을 기준으로 약 2

만200킬로미터 상공에 위치해 있다. 상대적으로 지구의 중심보다 중력이 약하다고 볼 수 있다. 그 결과 GPS는 지상에 비해 매일 약 45마이크로 초(0.000045초)가 더 빠르다.

상대성 이론으로 발생한 시차는 극히 미미하기 때문에 보통 사람들은 거의 느끼지 못한다. 하지만 GPS는 민간영역은 물론 대륙간탄도미사일(ICBM), 정밀유도폭탄 등 군사영역에서도 핵심 기술로 사용되고 있어 정밀도가 매우 중요하다. 그래서 GPS에는 정확성을 높이기 위해 시간차를 보정해주는 기능이 내장되어 있다. 만일 시간보정 기능에 문제가 생기면 지구촌은 순식간에 아수장이 되고 말 것이다.

사실 우리는 모두 시간 여행자이다. 비록 그 시차가 극히 작지만 말이다. 단독주택에 사는 사람과 고층 아파트에 거주하는 사람 간에도 일정 시차가 작용한다. 또 시속 920킬로미터의 고속으로 날아가는 비행기를 8시간 탔을 때, 지상에서 차나 도보로 이동하는 것보다 10나노 초(1나노=10억 분의 1)의 시차가 발생한다. 이는 단지 수치적 차이일 뿐 우리는 아무것도 느끼지 못한다.

우리는 이미 미래로 가는 방법을 상대성 이론을 통해 가볍게 맛보았다. 모두 이론적으로는 가능하다. 현재의 과학으로는 미래로 가는 시간여행은 어렵지만 말이다. 만약 지금 우리에게 광속에 가까운 우주선이 있다면, 항성 간 우주여행을 마치고 수백 년 후에 지구로 귀환할 수 있다. 또 만약 강력한 중력으로 무장된 블랙홀을 우리가 찾는다면, 그 주변에서 얼마간 머물고 다시 지구로 돌아오면 역시나 미래의 지구를 볼 수 있다. 물론 지구의 미래가 꼭 평화로울 것이란 보장은 없지만.

미래여행이 끝났다면 이제 과거로의 여행을 떠나보자. 다양하게 제시된 관련 이론 중에서도 물리학자 킵 손이 80년대에 발표한 웜홀 이론이 과거로의 시간여행에서 자주 인용된다. 앞서 살펴보았듯이 웜홀은 머나먼 우주공간을 빠르게 이동 가능하게 하는 일종의 지름길 역할을 한다. 웜홀은 우주의 공간과 공간 사이에 블랙홀이 연결되면서 생겨나는데, 입구와 출구가 있는 통로가 웜홀이다. 만약 이론적으로 웜홀이 만들어지면 쉽게 이동이 가능할 것이다. 하지만 쉽게 입구로 들어간다고 해도 출구는 어디로 나올지 아무도 알 수 없다.

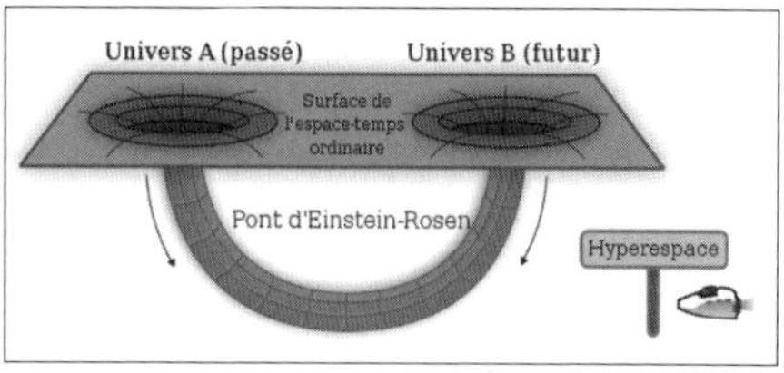

웜홀 시간여행 예시

가령 어찌어찌해서 인류가 웜홀을 통제할 수 있게 되었다고 가정해 보자. 웜홈은 2018년 만들어졌고, 입구(A라고 하자)와 출구(B라고 하자)가 존재할 것이다. 그런데 출구 B는 빛의 속도로 이동 가능한 기능이 있어서 우주 여기저기를 10년 동안 떠돌다가 2028년 다시 제 위치로 돌아왔다(단, 입구 A에서 관찰한 기준으로는 10년이고, 빛의 속도로 이동하는 출구 B의 기준은 1년이다). 하지만 이때 영화 '박하사탕'의 주인공처럼 누군가 "나 돌아갈래~"라고 외치고 웜홀의 입구 A로 몸을 던진다면 그는 어떻게 될까? 조심스럽게 출구 B를 나온 그는 기뻐한다. 2019년에 도착한 것이다.

누군가는 이런 얘기가 황당한 소설과 같다고 말할 것이다. 물론 아직은 실현이 불가능하다. 하지만 오래 전 SF 소설에 등장한 황당한 소재들이 지금 현실이 된 사례가 얼마나 많은가? 화상통화, 달 탐사, 인공지능 로봇 등이 실제로 적용된 사례를 보면 언젠가 시간여행도 가능하지 않을까?

'나는 네가 지난 여름에 한 일을 알고 있다'라는 영화 제목처럼 우리는 과거를 지나 현재에 와 있다. 우리에게는 저마다 되돌리고 싶은 기억이 있다. 아쉽지만 지금으로서는 과거를 바꿀 수 없다, 절대로. 하지만 우리는 좋든 혹은 나쁘든 과거의 경험을 바탕으로 현재를 살아가고 있다. 과거의 잘못된 부분은 보완해 가고, 경험하지 못한 부분은 새롭게 도전해 가면서 우리는 성장해 간다. 미래는 막연한 것이 아니고, 우리가 개척해야 할 방향이기 때문이다.

• 글을 마치며 •

"우리는 어디서 와서, 어디로 가는가?"

누구나 한번쯤은 생각해 봄 직한 이 철학적인 글귀는 프랑스 화가 폴 고갱(Paul Gauguin, 1848~1903)의 대표작 제목이다. 고갱의 인생을 통틀어 가장 힘든 시절에 그려진 이 작품은 보는 이로 하여금 '인간(더 나아가 생명체의 근원)의 근원은 무엇인가'라는 질문을 던지고 있는 것 같다.

우리는 어디서 왔는가?

흔히 우주 탄생의 표준적인 모델을 두고 빅뱅(big bang) 이론이라 부르고 있다. 지금으로부터 약 138억 년 전 우주는 무한히 작은 한 점에 모든 물질이 모여 있는 상태였다. 하지만 알 수 없는 대폭발의 충격으로 지금의 우주가 탄생되었다. 이것이 빅뱅이론의 핵심이다. 빅뱅 이후 우리가 살고 있는 푸른 별 지구는 약 45억 년 전 태양계의 일원으로서 자리잡게 된다. 행성 지구에 처음으로 생명체가 출현한 시기는 약 30억 년 전으로 거슬러 올라간다.

여기서 생물이라 함은 물질대사를 하고 외부의 자극에 즉각 반응해야 한다. 그리고 종족번식, 유지가 필요하다. 즉, 생식과 유전자 정보를 바탕으로 자신과 닮은 자손을 남겨 종족을 유지하는 것이다. 지구상의 '생명의 기원'을 두고 과학자들은 다양한 가설을 제시하고 있다. 가장 오래된 가설인 '원시수프 가설'을 시작으로 '진흙 촉매 가설', '작은 연못 가설', '용암 가설', '심해 열수구 가설(현재 과학계에서 가장 유력한 가설이다)' 등이 있다. 그 외에도 지구의 생명체는 외계에서 왔다는 가설도 존재한다.

어찌 됐건 오늘날 지구를 주름잡는 생물은 하나의 단세포 생물로 출현했다. 이어서 단세포 생물은 하나의 공통된 조상의 뿌리로 진화했다. 거듭된 진화로 단세포 생물은 좀더 복잡해지고 다양한 종으로 진화한다. 곧 지구는 이들에게 정복되고 만다. 행성 지구의 최초 정복자들은 2억2500만 년 전 지구상에 나타났고, 1억6100만 년 동안이나 지구를 정복했다. 그 정복자는 바로 박물관에서나 볼 수 있는 공룡이다.

우리는 무엇인가?

거대한 도마뱀 공룡이 멸종되었고, 지금까지와는 전혀 다른 형태인 종이 정복자로 등장한다. 약 200만 년 전 출현한 그들은 변화된 자연환경에 적응하고자 구부러져 있던 허리를 세운다. 그 결과 네 발 대신 두 발로 걷게 된다. 중력에 이끌려 대지를 지탱했던 그들의 양손은 이제 자유로워졌다. 그들은 자유로운 양손과 함께 손가락 마디마디까지 섬세하게 다룰 수 있게 된다. 이제는 맹수도 두렵지 않다. 양손을 이용해 도구를 제작해 맹수의 위험을 방어하는 도구를 창조해낼 수 있기 때문이다.

신체의 물리적인 진화와 함께 지적 능력까지 크게 향상된 그들은 새롭게 자연에 적응한다. 지능이 향상됨에 따라 도구 제작 기술의 의존도가 커졌고, 동시에 사냥도구를 적극적으로 사용하게 된다. 오늘날 호모 에렉투스, 호모 네안데르탈렌시스라고 부르고 있는 초기 인류이다.

이들 종의 지적인 진화는 계속되어 약 40만 년 전까지 활발히 진행되었던 것으로 과학자들은 추정한다. 그러나 그들은 어느 날 갑자기 사라져버렸다. 과학자들은 여러 가지 가설을 내놓았지만 그들이 어디서 왔으며, 왜 멸종이 되었는지 여전히 수수께끼로 남아 있다.

그들의 빈 자리에 약 20만 년 전 새로운 '지구의 정복자'가 등장했다. 그들은 2018년에도 여전히 그 위세가 꺾이지 않고 있다. '슬기로운 사람'이라고 이름 붙여진 현생 인류 '호모 사피엔스'이다. 이름에서도 가늠할 수 있듯이 사피엔스는 이전의 종보다 지적인 능력이 높았던 것으로 보인다. 이를 보여주듯 초기 인류 호모 에렉투스의 뇌 용량은 900~1200cc이고, 그보다 좀더 진화된 종인 호모 네안데르탈렌시스는 1300~1500cc의 뇌 용량을 가졌던 데 비해 호모 사피엔스는 1400~1800cc의 뇌 용량을 가지고 있다. 그동안 지구상에 출현한 생물 중 신체 대비 가장 큰 뇌 용량을 가지고 있는 것이다.

커다란 두뇌 때문이었을까? 사피엔스의 뛰어난 두뇌는 단순히 도구를 만들어 사용하는 데 그치지 않고 또 다른 능력을 발휘한다. 바로 상상력이다. 그들은 실제로 경험하지 않고도 마음만 먹으면 지구상(더 나아가 우주까지)에 펼쳐진 어떠한 현상이나 사물을 마음속으로 상상할 수가 있었다. 그들의 상상력은 급기야 실재하지 않는 종교, 신화, 신(神) 등을 만들어내는 능력까지 발휘한다.

지구상에 존재하거나 존재했던 모든 생물들은 생존을 위해 진화를 거듭했다. 인간의 생존을 위한 진화는 신체의 물리적 진화보다 두뇌적 상상력에 좀더 영향을 받았을 것이 분명하다.

우리는 어디로 가는가?

처음에는 인간의 상상력은 단순히 두뇌 속에서만 맴돌다가 쉽게 증발해버리는 그저그런 활동으로만 그쳤을 것이다. 하지만 그들의 단순했던 상상력은 종의 생존율을 높이기 위해 크게 활용된다. 도구를 만들거나, 가축을 기르고, 사나운 맹수로부터 종을 보호하기 위한 일련의 상황에서 큰 성과를 발휘했을 것이다.

상상력을 기반으로 한 창조 활동의 모티프는 지구상에 존재하는 모든 것이 그 대상이 되었다. 지구상에는 인간보다 신체적으로 월등한 생물들이 다양하게 존재한다. 육지에서는 사자, 호랑이, 말, 뱀, 코뿔소 등이 있다. 인간은 맨몸으로 그들을 당해낼 수 없다.

물이나 하늘도 사정은 마찬가지다. 인간은 공기가 없으면 살 수가 없다. 기껏해야 1~2분 정도는 물속에 잠수하여 버틸 수 있겠지만, 그 이후에는 생명 유지를 보장할 수 없다. 그나마 육지나 물속은 인간이 비교적 자유롭게 넘나들 수 있었다. 하지만 하늘의 경우는 전혀 달랐다. 창공을 유유히 날고 있는 새들과 인간은 전혀 다른 신체 구조를 가지고 있다. 용기백배한 인간이 높은 곳에서 점프해 양팔을 힘차게 내저어도 이내 추락하고 만다. 기계장치의 도움 없이 난다는 건 불가능하다. 추락하는 인간에겐 날개가 없다.

이렇듯 인류는 땅, 물, 하늘을 겪으면서 스스로 나약한 존재임을 인식하며 살아왔다. 그러나 인류는 신체의 열악함을 극복하고자 상상력을 발휘해 도구를 만들고 진화를 거듭해 오늘날 상상 그 이상의 세계를 창조해냈다. 우리의 먼 조상들이 자책만 하고 주저앉았다면, 이 글을 쓰는 나 역시 지구상에 존재하지 못했을 것이다. 지구 만세! 인간 만세다!

찾아보기

참고문헌

〈고대의 배와 항해 이야기〉 라이오넬 카슨, 가람기획, 2001

〈과학으로 만드는 배〉 유병용, 지성사, 2005

〈그리스 로마 신화 사이언스〉 이정모, 바다출판사, 2015

〈그림으로 보는 시간의 역사〉 스티븐 윌리엄 호킹, 까치, 1998

〈기상천외 발명백과〉 마우고자타 미치엘스카, 알렉산드라 미지엘린스카, 다니엘 미지엘린스키, 을파소, 2017

〈나는 하늘을 날고 싶다〉 이동호, 랜덤하우스코리아, 2005

〈낙타는 왜 사막으로 갔을까〉 최형선, 부키, 2011

〈너는 시방 위험한 로봇이다〉 오은, 살림, 2009

〈넥스트 모바일: 자율주행혁명〉 호드 립슨, 멜바 컬만, 더퀘스트, 2017

〈누구나 이해할 수 있는 상대성 이론〉 일본 뉴턴프레스, 아이뉴턴, 2006

〈당신 인생의 이야기〉 테드 창, 행복한책읽기, 2004

〈대항해시대〉 주경철, 서울대학교출판부, 2008

〈드론은 산업의 미래를 어떻게 바꾸는가〉 이상우, 이원영, 테크홀릭, 한즈미디어, 2015

〈로켓 꿈을 쏘다〉 정규수, 갤리온, 2010

〈마션〉 앤디 위어, 알에이치코리아, 2015

〈맥스 테그마크의 라이프 3.0〉 맥스 테그마크, 동아시아, 2017

〈바다의 역사 세계를 뒤흔든〉 서양원, 알에이치코리아, 2014

〈바이오닉맨〉 임창환, 엠아이디, 2017

〈바퀴, 세계를 굴리다〉 리처드 불리엣, Mid(엠아이디), 2016

〈발명상식사전〉 왕연중, 박문각, 2012

〈배 이야기〉 헨드릭 빌렘 반 룬, 아이필드, 2016

〈범선의 역사〉 에릭 아브란슨, 프랑코 지오게티, 예담, 2007

〈블랙홀과 시간여행〉 킵 손, 반니, 2016

〈비행기 구조 교과서〉 나카무라 간지, 보누스, 2017

〈비행의 시대〉 장조원, 사이언스북스, 2015

〈사이언티픽 아메리칸 발명 발견대사전〉 로드니 P. 칼라일, 책으로보는세상, 2011

〈사피엔스〉 유발 하라리, 김영사, 2015

〈새의 감각〉 팀 버케드, 에이도스, 2015

〈생명, 경계에 서다〉 짐 알칼릴리, 존조 맥패든, 글항아리사이언스, 2017

〈세상에서 가장 우아한 두 바퀴 탈 것〉 데이비드 V. 헐리히, 알마, 2008

〈스타트렉의 물리학〉 로렌스 M. 크라우스, 영림카디널, 2008

〈스페이스 미션〉 크리스 임피, 홀리 헨리, 플루토, 2016

〈실크로드 사전〉 정일수, 창비, 2013

〈알칼릴리 교수의 블랙홀 교실〉 짐 알칼릴리, 사이언스북스, 2007

〈어메이징 그래비티〉 조진호, 궁리, 2012

〈에덴의 용〉 칼 세이건, 사이언스북스, 2006

〈역사를 바꾼 신무기 〉 계동혁, 플래닛미디어, 2009

〈오토마타 이야기〉 박희정, 양철북, 2016

〈왜 지금 드론인가〉 편석준, 최기영, 이정용, 미래의창, 2015

〈우리는 어떻게 여기까지 왔을까〉 스티브 존스, 프런티어, 2015

〈우주로부터의 귀환〉 다치바나 다카시, 청어람미디어, 2002

〈우주전쟁〉 허버트 조지 웰스, 베가북스, 2005

〈우주전쟁〉 허버트 조지 웰스, 푸른숲주니어, 2007

〈원더랜드〉 스티븐 존스, 프론티어, 2017

〈은하수를 여행하는 히치하이커를 위한 안내〉 더글러스 애덤스, 책세상, 2005

〈이종필 교수의 인터스텔라〉 이종필, 동아시아, 2014

〈인공지능과 딥러닝〉 마쓰오 유타카, 동아M&B, 2015

〈인터스텔라의 과학〉 킵 손, 까치, 2015

〈일렉트릭 빅뱅〉 한근우, 사과나무, 2017

〈자동차의 역사〉 쿠르트 뫼저, 뿌리와이파리, 2007

〈장인〉 리차드 세넷, 21세기북스, 2010

〈조선해양 선박설계: 이론편〉 설병현, 쏘브, 2015

〈중력의 임무〉 할 클레멘트, 아작, 2016

〈지구에서 달까지〉 쥘 베른, 열림원, 2008

〈창백한 푸른 점〉 칼 세이건, 사이언스북스, 2001

〈처음 만나는 머신러닝과 딥러닝〉 오다카 토모히로, 프리렉, 2017

〈타임머신〉 허버트 조지 웰즈, 문예출판사, 2012

〈프랑켄슈타인〉 메리 셸리, 열린책들, 2011

〈해리포터 사이언스〉 정창훈, 이정모, 윤상석, 바다출판사, 2014

〈해저 2만리〉 쥘 베른, 열림원, 2007

〈허클베리 핀의 모험〉 마크 트웨인, 열린책들, 2010

〈화성인도 읽는 우주여행 가이드북〉 닐 코민스, 한빛비즈, 2017

〈히틀러의 비밀무기 V-2〉 트레이시 D. 던간, 일조각, 2010

〈힘과 운동 뛰어넘기—속 보이는 물리 1〉 한국물리학회, 동아엠앤비, 2005